Gasfeuerung und Gasöfen.

Eine Darstellung ihres Wesens und ihrer Beziehungen

zu den

pyrotechnischen Processen

der

Thonwaaren-Industrie, der Kalk- und Glas-Fabrikation

sowie

verwandter Industrieen.

Studien und Erfahrungen

von

H. Stegmann.

Zweite, völlig umgearbeitete und vermehrte Auflage.

Mit 92 in den Text gedruckten Holzschnitten.

Springer-Verlag Berlin Heidelberg GmbH 1881

„Das Princip der der Verbrennung vorhergehenden Umwandlung der Brennstoffe in Gase ist ein so ungeheurer Fortschritt in der Kunst, ökonomisch Wärme zu erzeugen, und in seinen Folgen so wichtig, dass wir denselben zu den grössten Fortschritten zählen können, die auf dem Felde der Wissenschaften erblüht sind."

C. Schinz.

ISBN 978-3-662-32151-5   ISBN 978-3-662-32978-8 (eBook)
DOI 10.1007/978-3-662-32978-8

Herrn Max Rösler

Direktor der Wächtersbacher fürstlichen Steingutfabrik

freundschaftlichst zugeeignet.

Vorwort zur ersten Auflage.

Wer den Vorgängen und Bestrebungen auf dem Gebiete der Feuerungstechnik mit Aufmerksamkeit folgt, wird die Beobachtung machen müssen, dass sich für die Gasfeuerung heute nicht nur ein lebhafteres und allgemeineres Interesse bekundet als früher, sondern dass sie auch namentlich in der keramischen Industrie mehr und mehr jene Bedeutung erlangt, welche diesem Feuerungssysteme unbedingt zuerkannt werden muss.

Dieser beachtenswerthen Erscheinung gegenüber machte sich der Mangel einer orientirenden literarischen Darstellung des Wesens der Gasfeuerung und ihrer Bedeutung für die verschiedenen keramischen Zwecke immer mehr fühlbar, so dass mir ein Versuch, diese Lücke unserer technischen Literatur auszufüllen, nicht als ganz verdienstlos sondern als geeignet erschien, dass Interesse für die Gasfeuerung zu fördern.

Eine weitere Anrege für meine Arbeit fand ich in dem Umstande, dass das Interesse, welches sich für die Gasfeuerung kundgiebt, nur zum Theil aus der verständigen Erkenntniss und Durchdringung derjenigen Principien hervorgegangen ist, welche diesem Feuerungssysteme zu Grunde liegen, dass es zum Theil aber auch auf irrigen Voraussetzungen beruht und durch Illusionen genährt wird, wie denn überhaupt die Feuerungskunde im praktischen Leben noch nicht jenes volle Verständniss gefunden hat, welches sie verdient und voraussetzt, um für Gewerbe und Industrie von wirklicher Bedeutung zu werden.

Es erschien mir daher nur den Verhältnissen angemessen, wenn ich mich mit meiner Darstellung nicht auf die eigentliche Technik der Gasfeuerung und die Beschreibung von Gasöfen beschränkte, sondern auch die Theorie der Gasfeuerung mit ihren Vorbedingungen in den Kreis der Betrachtung zog.

Das was ich in den Abschnitten über Wärme und Verbrennung, über die fossilen Brennstoffe und über die Theorie der Gasfeuerung gesagt habe, trägt in Form und Inhalt einem grösseren Leserkreise Rechnung, dem streng-wissenschaftliche Erörterungen nur in seltenen Fällen zusagen. Für das wissenschaftliche Studium einzelner Fragen der Gasfeuerung, insbesondere der Regenerativgasfeuerung, verweise ich auf die „Etude sur le Four à Gaz et à Chaleur régénérèe" von Mr. F. Krans (Paris, Eugène Lacroix), der ich für den III. Abschnitt einige Zahlenangaben entlehnt habe.

Was den mehr praktischen Theil des Buches, die Beschreibung von Gasfeuerungen und Gasöfen anbelangt, so bin ich bemüht gewesen, hier nicht nur möglichste Vollständigkeit zu erreichen, sondern auch die Bedeutung der beschriebenen Brenn- und Schmelzöfen hervorzuheben, wobei ich überall von dem Bestreben geleitet wurde, durch objektive Hinweise auf Mängel und Vorzüge dieser Apparate der konstruirenden Technik eine Anrege für künftige Arbeiten auf diesem Felde zu geben. Ueber hervorragende bedeutende Leistungen auf dem Gebiete der Brennöfen war leider wenig zu berichten, wie denn mehrere der vorgeführten Oefen noch lediglich Idee sind; demgegenüber ist es gewiss erfreulich, dass sich namhafte Techniker sehr ernstlich mit neuen Brennofenkonstruktionen beschäftigen.

Meine Arbeit, welche unter äusserst schwierigen Verhältnissen entstanden ist, hat durch einzelne werthvolle Mittheilungen von Industriellen und Technikern eine wesentliche Förderung erfahren, was ich hiermit dankend hervorhebe. Ich spreche zugleich die Bitte aus, mich auf begangene Irrthümer aufmerksam zu machen und mir auch künftig solche Mittheilungen einzusenden, welche für eine etwa nöthig werdende zweite Auflage von Werth sein möchten.

Braunschweig, am 27. Oktober 1876.

Der Verfasser.

Vorwort zur zweiten Auflage.

Seit Erscheinen der ersten Auflage dieser Schrift im Spätherbst 1876 — in einem verhältnissmässig kurzen Zeitraum also — haben Theorie und Praxis der Gasfeuerung eine Entwickelung erfahren, wie es in Dingen wissenschaftlich-technischer Natur fast beispiellos ist. Insbesondere ist, Dank der regen Theilnahme, welche die Wissenschaft für die Wärmetechnologie bekundet, auch für die Gasfeuerung endlich eine seither fast gänzlich mangelnde wissenschaftliche Grundlage gewonnen, auf der sich mit Erfolg weiter operiren lassen wird. Wichtige Untersuchungen über den Vergasungsprocess, über die Zusammensetzung der Generatorgase und die Chemie der hier in Betracht kommenden gasförmigen Kohlenstoffverbindungen haben einen klaren Einblick in die wissenschaftlichen Principien der Gasfeuerung eröffnet, und wenn schon jetzt eine Rückwirkung der wissenschaftlichen Hülfeleistung auf die praktische Technik vereinzelt zu erkennen ist, so darf wohl der Erwartung Raum gegeben werden, dass die Zukunft auf diesem Gebiete bedeutsame Fortschritte zeitigen wird.

Was speciell die keramische Gasfeuerung anbetrifft, so ist es grade diese, welche an der Fortentwickelung des Gesammtgebiets den grössten Antheil hat, allerdings mehr nach Masse als nach Werth der Leistungen. Hier macht sich im „Erfinden" ein Hasten und Drängen bemerkbar, das auf die ruhige Weiterentwickelung der Sache höchst nachtheilig einwirken würde, wenn nicht dafür gesorgt wäre, dass die Bäume nicht in den Himmel wachsen, und wenn diese jetzt wuchernde Art des Erfindens nicht auch schon das effektlose Ende der Erfindungen in den weitaus meisten Fällen einschlösse. — Es wird auch ferner noch der ernstesten Hingabe der Fachtechnik bedürfen, um der Thonwaarenindustrie einen Brennapparat bieten zu können, der den hohen Anforderungen entspricht, die von dieser Seite gestellt werden. —

Während die vorliegende Neubearbeitung, die als eine fast vollständig neue Arbeit bezeichnet werden kann, in ihrem allgemeinen Theile wiederum ein möglichst vollständiges und vervollständigtes Material für das Studium der Wärmechemie, des Verbrennungsprocesses, der Verbrennungserscheinungen und der Gasfeuerung insbesondere enthält, hat, im Gegensatz zu der ersten Auflage, welche für den speciellen Theil Vollständigkeit anstrebte, dieses Mal alles Dasjenige hier fern gehalten werden müssen, was nur den Umfang des Buches und den Preis desselben zu vergrössern, nicht aber seinen Werth zu erhöhen vermocht hätte. Um absolute Vollständigkeit zu erreichen, hätte der Umfang des Buches verdoppelt werden müssen. Wie gross aber dennoch die Bereicherung dieser Auflage ist, ergiebt sich aus der Vermehrung der Abbildungen, deren Zahl nach Ausschluss mehrerer veralteter oder praktisch werthlos gewordener Konstruktionen von 58 auf 92 gestiegen ist. Wenn daneben aus der ersten Auflage in diese zweite einzelne Darstellungen von Konstruktionen herüber- und einige andere neu aufgenommen wurden, ohne eigentlichen praktischen Werth zu haben, so lag hierfür entweder ein geschichtliches Motiv oder aber die Absicht zu Grunde, ein besonders originelles Moment der einen oder der anderen Konstruktion in einem Buche festzuhalten, das nicht nur den Industriellen orientiren und führen, sondern auch dem Fachtechniker durch Fingerzeige nützlich sein möchte.

Am Ende der Arbeit das Gewordene überblickend, kann sich Verfasser des Gefühls nicht erwehren, dass trotz der Hingabe, mit der er dieser seiner Lieblingsarbeit obgelegen, das Buch inhaltlich und formell weit hinter dem zurückgeblieben, was er zu bieten beabsichtigte. Wie vieles das Buch den Forderungen einer strengen Kritik gegenüber aber auch unerfüllt lassen möge, dessen ist sich der Verfasser bewusst, dass er überall da, wo er aus dem Rahmen des einfachen Berichterstatters mit seinem Urtheil heraustreten und nicht selten mit seinen früheren Ansichten brechen musste, dies mit der Lauterkeit ehrlicher Ueberzeugung geschehen ist.

Braunschweig, Ende Oktober 1880.

Der Verfasser.

Inhalts-Uebersicht.

Sechster Abschnitt.
Die Gasfeuerung in ihren Beziehungen zu der Thonwaarenindustrie, insbesondere zu der Fabrikation heller Verblendziegel.

Siebenter Abschnitt.
Gasöfen zum Brennen von Thonwaaren.

Druckfehler-Berichtigung.

Auf Bogen 2, S. 19, 21 und 28 ist anstatt der für schweres Kohlenwasserstoffgas geltenden Formel $C_2 H_4$ irrthümlich $C_2 H_2$ gesetzt worden.

Einleitung.

Wenn der denkende Mensch den Ursprung der Naturkräfte zu ergründen sich bemüht, deren Thätigkeit in tausendfachen Formen in die Erscheinung tritt, dann weist ihn die moderne Wissenschaft auf einen Punkt, der sein Denken weit hinaus führt über die Grenzen des von uns bewohnten Weltkörpers. Sie belehrt ihn, dass dieser selbst nicht die Quelle jener Kräfte sein kann, weil die Erde, deren Kraftvermögen längst verloren ging an den unendlichen Raum, in welchem sie sich bewegt, kaum mehr als ein ausgebrannter Aschenball ist, dass vielmehr alle Kraft von aussen, von der Sonne, ihr zugeführt wird in der Form von Licht und Wärme.

In den Alles belebenden Strahlen der Sonne wird der Erde alljährlich ein Wärmequantum zugetragen, gross genug, um eine Wassermasse im Umfang der Erdoberfläche bei 14 Fuss Höhe in Dampf zu verwandeln. Das ist eine Leistung vergleichbar derjenigen, die aus der Verbrennung von 180 Trillionen Tonnen Steinkohlen oder, um es anschaulicher zu sagen, aus einer solchen Quantität derselben resultirt, welche die Oberfläche der Erde 8 Zoll hoch bedecken müsste.

Freilich empfängt die Erde nur etwa ein Viertel dieser von der Sonne ausgesandten Wärme, während der Rest von der Atmosphäre zurückgehalten wird, immerhin aber übersteigt die Bedeutung dieses Wärmestromes doch alle Maassbegriffe. Wahrhaft klein erscheint demgegenüber die Energie und Quantität der zudem noch sehr hypothetischen Eigenwärme der Erde, welche von dem wärmeren Innern der Oberfläche derselben zugeleitet wird, denn diese Eigenwärme würde kaum hinreichen, alljährlich eine 3 Linien starke Eisdecke schmelzen zu können.

Ohne die stete Wärmezufuhr von der Sonne her würde das organische Leben auf der Erde alsbald erlöschen müssen; in kurzer Zeit würde sie unwirthbar, mit einer Eisdecke überzogen sein; die Temperatur ihrer Oberfläche würde sich nur wenig von der eisigen Kälte des Weltraumes unterscheiden und vielleicht nicht höher sein als die jener Weltkörper, welche sich so weit ab von der Sonne befinden, dass sie von dem Licht- und Wärmestrom derselben nicht mehr berührt werden.

Wenn wir sagen, die Sonne sei die einzige Kraftquelle für die Erde, und hinzufügen, dass Kraft und Wärme identisch sind, weil sich Wärme in Kraft und Kraft sich in Wärme umsetzen lässt, so steht damit nur in einem scheinbaren Widerspruche die Thatsache, dass neben der Sonnenwärme noch andere Wärmequellen fliessen, dass sich Wärme erzeugen lässt durch Elektricität, durch mechanische Arbeit und chemische Processe, denn auch diese Wärmequellen weisen auf die Sonne als letzte Instanz hin, auf den grossen Urquell alles Lebens und aller Kraft. Dahin auch weist der Ursprung jener Wärme, welche im Hauswesen, in den Gewerben und Industrieen allein vortheilhaft benutzt wird: das Kraftprodukt der Verbrennung von Heizstoffen, welche aus den Tiefen der Erde zu Tage gefördert werden: Steinkohle und Braunkohle, oder jenen, die sich noch auf der Oberfläche der Erde erzeugen: Torf und Holz. Kohle, Torf und Holz sind vegetabilischer Natur, und aus Stoffen entstanden, welche die Erde bietet. Man könnte daraus den Schluss ziehen, dass die in den Heizmaterialien angesammelte, durch die Verbrennung derselben freiwerdende Energie, die Wärme, irdischen Ursprungs sei, doch ist dem nicht so: die in Kohle, Holz, Torf, und in allen anderen brennbaren Substanzen eingeschlossene Kraft ist nichts anderes als von der Sonne ausgegangener Licht- und Wärmestoff, der in den Pflanzen verdichtet und konservirt wurde.

Wie die Pflanzen das Sonnenlicht und die Sonnenwärme in sich aufnehmen und in feste Form umwandeln, wie sie als Licht- und Wärmeakkumulatoren wirken, darüber giebt die Wissenschaft folgende Auskunft:

Die Bildungsmittel des Pflanzenkörpers sind Wasser, Ammoniak und Kohlensäure. Unter den chemischen Einflüssen des Sonnenlichts werden in den Zellen der Pflanze diese Stoffe zersetzt, der Kohlenstoff der Kohlensäure, der Wasserstoff des Wassers und der Stickstoff des Ammoniaks werden in der Pflanze gebunden und bilden die Organe derselben, während der Sauerstoff der Kohlensäure und des Wassers, aus den ursprünglichen Verbindungen befreit, der Atmosphäre für den weiteren Kreislauf zurück gegeben wird.

Die Pflanze verdankt das Vermögen, die irdischen Elemente in kraftäussernde Stoffe umzuwandeln, der ausserirdischen Sonne. Ihre leuchtenden und wärmenden Strahlen, sagt J. v. Liebig, indem sie Leben verleihen, verlieren ihre Wärme, und wenn durch ihren Einfluss die Kohlensäure, das Wasser, das Ammoniak zersetzt worden sind, so ruht nun ihre Kraft in den im Organismus erzeugten Produkten. Die Wärme, womit wir unsere Wohnräume erwärmen, ist Sonnenwärme, das Licht, womit wir die Nacht zum Tage machen, ist von der Sonne geliehenes Licht.

Von den in der Pflanze gebundenen und in der Kohle zurückbleibenden

Substanzen sind der **Kohlenstoff** und der **Wasserstoff** die Träger
der Wärme. In ihnen ist sie latent, und wahrnehmbar wird sie erst dann
wieder, wenn Kohlenstoff und Wasserstoff mit demselben Körper wieder
verbunden werden, von dem sie getrennt wurden, als die Pflanze sie in
ihre Organe aufnahm. Dieser, die schlummernde Wärme befreiende Körper,
ist der **Sauerstoff**, und in Freiheit gesetzt wird sie durch den Process
der Verbrennung, durch die chemische Verbindung von Sauerstoff und
Kohlenstoff, Sauerstoff und Wasserstoff, ein Vorgang, der noch des Näheren
zu erläutern sein wird. Vorab aber sei schon hier bemerkt, dass das, was
im Sinne der Chemie eine Verbindung genannt wird, eine so ausserordentlich innige Vereinigung zweier oder mehr verschiedenartiger **Urstoffe**
oder **Elemente** zu einem einzigen neuen Körper ist, dass dessen chemische
Eigenschaften von denen der Urstoffe vor ihrer Verbindung vollständig
verschieden sind, und dass eine solche chemische Verbindung durch mechanische Mittel nicht wieder in ihre ursprünglichen Bestandtheile zerlegt
werden kann.

Die Chemie kennt mehr als Sechszig solcher Urstoffe oder Elemente,
aus denen aller vorhandene Stoff besteht. Kupfer und Schwefel sind solche
Urstoffe. Wenn man Kupferspähne mit Schwefel innig mengt, so entsteht
ein graugrünes Pulver, in welchem das blosse Auge die beiden Stoffe nicht
mehr zu unterscheiden vermag, wohl aber ist es mit Hülfe eines Ver-
grösserungsglases möglich, die Kupfer- und Schwefeltheilchen noch einzeln
zu erkennen. Wir haben hier ein mechanisches Gemenge vor uns, aus
welchem durch mechanische Hülfsmittel die Einzeltheile wieder entfernt
werden können. Wird aber eben dieses Gemenge stark, bis zum Glühen
erhitzt, dann macht sich eine auffällige Veränderung an demselben bemerkbar: die Masse hat nach ihrer Abkühlung eine schwarze Farbe angenommen, sie zeigt auch im übrigen keine Aehnlichkeit mehr mit dem ursprünglichen Gemisch, es ist vielmehr durch den Process der chemischen
Aufeinanderwirkung ein ganz neuer Körper — Schwefelkupfer — gebildet,
der sich nicht durch mechanische, wohl aber durch chemische Mittel wieder
in Kupfer und Schwefel zerlegen lässt.

Das Wasser ist gleichfalls ein chemisch verbundener Körper, bestehend
aus Sauerstoff und Wasserstoff. Wenn man das Gas Wasserstoff verbrennt,
so verbindet es sich mit dem Gase Sauerstoff, und es entsteht als Produkt
dieser Verbindung das flüssige Wasser, das nur auf chemischem Wege
wieder in seine ursprünglichen Bestandtheile zerlegt werden kann.

Wenn sich einfache Körper chemisch mit einander verbinden, so geht
weder Stoff noch Kraft verloren, immer aber findet eine bemerkenswerthe
Zustands- oder Eigenschaftsveränderung statt, wie bei Wasserstoff und
Sauerstoff, die, indem sie sich chemisch miteinander verbinden, aus dem
gasförmigen Zustande in den **tropfbar-flüssigen** übergehen und
Wasser bilden. So verwandelt sich auf chemischem Wege der süsse Most

in Wein, dieser sich weiter in Essig. Wein und Essig haben ganz andere Eigenschaften als der Most: aus dem im Most enthaltenen Zucker wird der Alkohol des Weines gebildet; im weiteren Verlaufe des Processes entsteht aus dem Alkohol Essigsäure. Aus einer Verbindung des Quecksilbers mit Schwefel entsteht der farbenprächtige Zinnober; mit einem Wort, jede chemische Verbindung bringt andersgeartete Stoffe zuwege.

Neben diesen Veränderungen tritt bei allen chemischen Verbindungen die merkwürdige Erscheinung der Wärmeentwickelung auf, wie z. B. beim Löschen des Kalkes, bei der Mischung von Schwefelsäure mit Wasser, in sehr vielen Fällen aber macht sich diese Wärme für das Gefühl kaum bemerkbar, und in keinem Fall ist die entstehende Wärmemenge so bedeutend wie diejenige, welche bei der Verbrennung von Wasserstoff und Sauerstoff frei wird.

Wie überall da, wo einfache Körper eine chemische Verbindung eingehen sollen, die gegenseitig innigste Annäherung derselben und in sehr vielen Fällen auch Wärmeerhöhung erforderlich ist, so findet Verbrennung in unserem Sinne auch nur dann statt, wenn der Kohlenstoff und Wasserstoff der Heizmaterialien mit dem Sauerstoff in unmittelbare Berührung treten, und wenn die Verbrennung zunächst durch Einfluss äusserer Wärme eingeleitet wird. Eisen verbindet sich bereits bei gewöhnlicher Temperatur mit dem Sauerstoff, indem es rostet, und auch die Kohle wird unter gleichen Verhältnissen, wenn auch in kaum merklicher Weise, vom Sauerstoff angegriffen, aber erst in der Hitze, unter der Einwirkung von Feuer und bei Gegenwart sauerstoffhaltiger Luft geht der chemische Process der eigentlichen Verbrennung von statten.

Es hat lange gedauert und eine ganze Reihe hochbedeutsamer Entdeckungen nöthig gemacht, bevor man für das Wesen der Verbrennung eine bündige, wissenschaftlich-stichhaltige Erklärung zu geben vermochte, die zugleich aus dem Dunkel herausführte, in welches die alte Chemie diese Erscheinung eingehüllt hatte.

Bis auf die durch die Entdeckungen des französischen Naturforschers Lavoisier (1743—1794) gekennzeichnete Epoche der neueren Chemie hatte man über das Wesen der Verbrennung eine Anschauung, die ihre Grundlage in der Theorie fand, dass alle brennbaren Körper aus einer Zusammensetzung des unverbrennlichen Theiles, der Aschensubstanz, mit einem in alchemistisches Dunkel sich hüllenden Etwas, das Phlogiston, bestehen, und dass während der Verbrennung letzteres als ein flüchtiges Gas unter Zurücklassung der Asche entweiche. Erst Lavoisier, der unter dem Fallbeile der ersten französischen Revolution endete, fand durch umfassende Versuche und Untersuchungen, dass diese Ansicht eine dem wirklichen Thatbestande völlig entgegengesetzte, grundfalsche sei. Er entdeckte, dass, wenn man Metallspähne oder Eisendraht in geschlossenen Gefässen anhaltend glühe, nicht nur die geglühten Snbstanzen, sondern auch die Luft, in

welcher sie geglüht worden, ihren ursprünglichen Zustand wesentlich
geändert hatten. Die Metallspähne, der Eisendraht hatten nämlich
an Gewicht zu, und die sie umgebende Luft genau soviel ab-
genommen, als jene schwerer geworden waren. Die Luft hatte sich
aber auch hinsichtlich ihrer Zusammensetzung insofern sehr verändert, als
eine weitere Verbrennung in ihr nicht gelingen wollte; ferner war sie für
den thierischen Athmungsprocess vollständig untauglich geworden. Hieraus
erwies sich sehr klar, dass die Verbrennung keineswegs eine Trennung des
brennbaren Körpers von der Aschensubstanz, sondern vielmehr eine Verbindung vorher getrennt gewesener Körper sei, wobei sich das brennbare
Prinzip des Stoffes, welcher verbrannte, mit einem Theile der Luft, dem
Sauerstoff, unter Uebriglassung eines zweiten Theiles derselben, dem Stickstoff, zu einem neuen Körper, der Kohlensäure, umgebildet hatte, und durch
Rechnung ergab sich ferner, dass die atmosphärische Luft aus 21 Volumentheilen Sauerstoff und aus 79 Volumentheilen Stickstoff bestehe, welch'
letzterer an der Verbrennung, als für diese indifferent, nicht Theil genommen
hatte.[1])

Wie man über die Verbrennungserscheinungen bis zu der Entdeckung,
welche Lavoisier's Ruhm begründete, keine klare Auffassung gehabt hatte,
so war man auch bezüglich des Wesens der Wärme völlig im Dunkeln
geblieben.

Man betrachtete noch bis nach der mehrgenannten Entdeckung Lavoisier's die Wärme als einen undefinirbaren, gewichtslosen Stoff, der in
grösseren oder geringeren Mengen in die Körper eindringe und demgemäss
die verschiedenen Temperaturen derselben, ihre Ausdehnung und Zusammenziehung, wie auch die Veränderung ihres Aggregatzustandes bewirke. Man
wusste, dass bei Reibung, Druck und Stoss, bei mechanischer Arbeit überhaupt, Wärme fühlbar wurde, man erklärte sich diese Erscheinung aber
so, dass man annahm, das in die Körper eingeschlossene „Fluidum“
Wärme werde im eigentlichen Sinne des Wortes aus denselben ausgepresst,
indem Reibung oder Druck ihre Fähigkeit, den Wämestoff in sich festzuhalten, vermindern. Die gänzliche Unzulänglichkeit dieser Theorie und das
eigentliche Wesen der Wärme, dieses zwar schon viel früher von einigen
hervorragenden Denkern geahnt, wurde erst im Jahre 1798 vom Grafen
Rumford klar erkannt und in einer wissenschaftlichen Abhandlung dar-

---

[1]) Der holländische Arzt und Chemiker Joh. Baptista van Helmont (1577—1644) war der
Erste, der die Kohlensäure als Gas erkannte und sie in seiner Schrift „Ortus medicinae“ als
Gas silvestre „wildes Gas“ bezeichnete. Das Wort „Gas“ erscheint hier zum ersten Male,
das indess erst durch Lavoisier allgemein eingebürgert und seit der Einführung der Gasbeleuchtung zu einem internationalen wurde.

Im Jahre 1744 entdeckte Pristley, kurz nach ihm Scheele, den Sauerstoff als Bestandtheil
der atmosphärischen Luft, und 1772 wurde von Rutherford der Stickstoff als zweiter Bestandtheil derselben Luft aufgefunden. Schon 1762 hatte Cavendish das ausserordentlich leichte,
brennbare Wasserstoffgas entdeckt.

gelegt. Graf Rumford war zu jener Zeit in München mit dem Bohren von
Kanonen beschäftigt, und wurde durch den Umstand, dass sich hierbei
bedeutende Wärmemengen entwickelten, welche das die Kanonenrohre
umgebende Kühlwasser fast bis zum Sieden erhitzten, zu einem aufmerksamen
Studium der Frage geleitet, was Wärme sei und wodurch sie entstehe.
Auf Grund seiner exakten Beobachtungen und Untersuchungen gelangte
Graf Rumford zu der Erkenntniss, dass die Bohrspähne, bei deren Entstehen die Wärme fühlbar wurde, ihre Wärmekapacität in nichts verändert
hatten, was doch unbedingt der Fall hätte sein müssen, wenn die Theorie
richtig war, dass durch Reibung und Druck die Wärme aus einem Körper
entfernt werde, dass vielmehr die Wärme eine Art von Bewegung sein
müsse. Zu demselben Schlusse war auch Rumford's Zeitgenosse H. Davy
gekommen, der durch Reiben von Eisstücken Wärme erzeugte.

Die materielle Wärmetheorie, welche die Wärme als ein Stoffliches
betrachtet, war unmöglich geworden; sie musste der dynamischen oder
mechanischen Wärmetheorie den Platz einräumen, nach welcher die
Wärme nicht mehr als ein Stoff, sondern nur als ein besonderer Zustand
des Stoffes, als die Bewegung der einzelnen Massetheilchen innerhalb
eines Körpers betrachtet wird. Wärme und Bewegung sind hiernach
durchaus identische Begriffe; Wärme entsteht aus Bewegung und
umgekehrt diese aus jener.

Wenn auch so schon von Rumford und Davy der Grund für die
mechanische Wärmetheorie und ihre die Wissenschaft reformirende Konsequenzen gelegt worden war, so wurde der Ausbau derselben doch erst
durch den Arzt Dr. J. R. Mayer von Heilbronn und fast gleichzeitig, doch
unabhängig von jenem, durch den englischen Forscher Joule begonnen.[1]
Dr. Mayer war der Erste, der nach einer Aequivalenz zwischen einer
Kraft und ihrer Wirkung forschte und zu einem Resultat kam, das
ganz neue Gesichtspunkte über das Wesen der Naturkräfte erschloss.

Kräfte, sagt Dr. Mayer, sind Ursachen, und es muss auf dieselben
der Grundsatz volle Anwendung finden, dass die Wirkung der Ursache
entspricht und gleich der Ursache ist. Causa aequat effectum. Hat demnach
eine Ursache C (ausa) eine Wirkung E (ffectum), so ist $C = E$. Ist die
Wirkung E die Ursache einer anderen Wirkung $= \varepsilon$, so ist $E = \varepsilon = C$.
In einer solchen Kette von Ursachen und Wirkungen kann nie ein Glied
oder Theil eines Gliedes zu Null $=$ Nichts werden. Hat die gegebene
Ursache C eine ihr gleiche Wirkung E hervorgebracht, so hat damit C
aufgehört zu sein, eben weil sie zu E geworden ist. Da mithin C in E
und dieses in ε übergeht, so muss allen diesen Ursachen in Beziehung
auf ihre Quantität die Eigenschaft der Unzerstörbarkeit und hinsichtlich

---

[1] Die Mechanik der Wärme in gesammelten Schriften von J. R. Mayer. Zweite
Auflage. Stuttgart 1875.

ihrer Qualität die Eigenschaft der Wandelbarkeit zukommen. In unzähligen Fällen sehen wir eine Bewegung aufhören, eine Kraft scheinbar verschwinden, ohne dass eine Arbeit durch sie geleistet, ein Gewicht, eine Last gehoben, Zug oder Druck hervorgebracht wird. Die Kraft, welche die Bewegung bewirkt, kann aber nicht Null werden, und es fragt sich somit, welche Form diese Kraft anzunehmen fähig ist. Die Erfahrung giebt hierüber Aufschluss. Ueberall wo durch Reibung, Druck oder Stoss Bewegung vernichtet wird, tritt Wärme als Wirkung der Bewegung auf. Die Bewegung ist die Ursache der Wärme. So entstand das Gesetz von der Erhaltung der Kraft.

In seinem Vortrage über die Verwandlung der Kräfte[1]) bespricht Justus v. Liebig die bekannte Thatsache, dass in englischen Stahlfabriken der Schmied eine Stahlstange von 10—12 Zoll Länge an dem einen Ende bis zum Rothglühen im Feuer erhitzt, sie dann unter den Maschinenhammer bringt und sie zu einer dünnen Stange von ebenso vielen Fussen ausschmiedet, ohne — was für die Erhaltung der guten Beschaffenheit des Stahls wesentlich ist — sie wieder in's Feuer zu bringen.

Jede Stelle der Stange, welche der Hammer mit seinen starken und raschen Schlägen trifft, wird rothglühend, und es scheint dem Zuschauenden die Rothglühhitze der Stange entlang hin- und herzulaufen. Diese Rothglühhitze wird durch die Hammerschläge erzeugt, sie entspricht einer Wärmemenge, welche hinreichen würde, viele Pfunde Wasser zum Sieden zu erhitzen. Das im Feuer glühend gemachte Ende der Stange würde, im Wasser abgekühlt, kaum ebenso viel Lothe Wasser auf die Siedetemperatur erhitzt haben.

Zwischen den Hammerschlägen (der Ursache) und der Wärme (der Wirkung) muss nach den vorangegangenen Betrachtungen ein bestimmter Zusammenhang bestehen, welchen auszumitteln die Physiker die schwierigsten Versuche erdacht haben. Die erzeugte Wärme war ja nichts anderes als die umgewandelte Arbeitskraft; war der Satz von Mayer richtig, so musste ihr ein gleicher Wirkungswerth zukommen, man musste mit der erzeugten Wärme ebensoviel Hammerschläge hervorbringen können, wie zu ihrer Hervorbringung verbraucht worden waren.

Dass diese Voraussetzung in harmonischer Weise durch die Arbeiten Mayer's und Joule's bezüglich der Gleichwerthigkeit und Unzerstörbarkeit der Kräfte ihre unbedingte Bestätigung findet, kann nach dem Voraufgegangenen nicht zweifelhaft sein. Ein apodiktischer Beweis aber für die Richtigkeit der Ansichten dieser Forscher wurde beigebracht durch die Auffindung des Werthmessers für die Gleichgeltung der Kräfte: das

---

[1]) Wissenschaftliche Vorträge, gehalten zu München im Winter 1858. Braunschweig 1858. S. 583.

mechanische Aequivalent der Wärmeeinheit. Die Wärmeeinheit ist diejenige Wärmequantität, welche die Temperatur eines Liters oder eines Kilogramms Wasser um 1^0 C erhöht, und diese Temperaturerhöhung entspricht einer Arbeit von 425 kgm, d. h. einer Kraft, welche 425 k 1 m hoch zu heben vermag, die umgekehrt wiederum die Temperatur von 1 k Wasser um 1^0 C erhöht, wenn sie in Wärme umgesetzt wird.

Wenn die mechanische Wärmetheorie lehrt, dass Wärme nichts anderes sei als die Bewegung der kleinsten Massetheilchen innerhalb der Körper, und dass die Temperatur, welche wir empfinden oder durch das Thermometer messen, die Energie oder die Grösse dieser Bewegung anzeige, so leitet uns dieser Satz unmittelbar hinüber zu der Lehre von den Atomen, deren, wenn auch nur kurze Betrachtung umsomehr nöthig ist, als erst durch die Atomtheorie auch die Verbrennungserscheinungen eine anschauliche Erklärung finden können.

Die von Dalton begründete neuere Atomlehre geht von der Anschauung aus, dass die gesammte Materie, alle Stoffe, gleichviel ob sie fest, flüssig oder gasförmig sind, aus einem Aneinander von unendlich kleinen und untheilbaren Theilchen, Atomen, besteht, von denen in den Urstoffen je zwei physikalisch, nicht chemisch, zu einem Molekül vereinigt sind, während bei chemisch-verbundenen Körpern so viel Atome sich zu einem Molekül vereinigen, wie Atome in die Verbindung eintreten. Demnach besteht ein Molekül Wasser entsprechend seiner chemischen Zusammensetzung aus 2 Atomen Wasserstoff und 1 Atom Sauerstoff.

Diese kleinsten, der freien Existenz fähigen Theilchen, die Moleküle, welche als solche sich jeder Messung entziehen und nur in ihrer Häufung zu einer Masse für uns fassbar werden, müssen innerhalb der Massen durch Zwischenräume von einander getrennt sein, weil nur so die Zusammendrückbarkeit derselben erklärt werden kann. Diese Moleküle müssen sich in einer kontinuirlichen, schwingenden Bewegung befinden, deren Intensität abhängig ist einmal von der physikalischen Beschaffenheit der Körper selbst, dann von der auf die Moleküle einwirkenden Energie.

Die molekulare Bewegung ist Abstossung und Anziehung zugleich. Befinden sich diese beiden gegensätzlichen Kräfte im Gleichgewicht, oder ist doch die letztere noch grösser als die erstere, dann vollzieht sich die Bewegung noch innerhalb des atomistischen Zusammenhangs; ersterenfalls befinden sich die Massen im starren, letzterenfalls im flüssigen Zustande, im gasförmigen Zustande endlich dann, wenn die Abstossung die Anziehung beträchtlich überwiegt, derart, dass die Moleküle sich frei von einander ablösen können.

In einem starren Körper ist die Kraft der Molekularbewegnng nicht gross genug, um die Anziehung je zwei benachbarter Moleküle zu überwinden, jede Quantität zugeführter Wärme aber, gleichgültig auf welchem Wege die Zuführung geschieht, ob direkt oder indirekt, vergrössert das

Abstossungsvermögen gegenüber der Anziehung soweit, bis der anfänglich starre Körper durch den flüssigen Zustand hindurch in den gasförmigen übergeht. Sonach liegt der Unterschied zwischen dem festen, flüssigen und gasfärmigen Zustande lediglich in der verschiedenen Intensität der Molekularbewegung.

Die Gasmoleküle sind in ihren Bewegungen ganz frei und nicht durch den Zusammenhang des einen mit dem anderen gebunden, wie es bei den festen Körpern der Fall. Jene haben daher auch von Natur das Bestreben oder die Tendenz, sich in einer von ihnen einmal angenommenen Richtung gradlinig fortzubewegen, so lange, bis sie mit einem anderen Molekül zusammenprallen, oder gegen ein anderes Hinderniss stossen, was zur Folge hat, dass sie eine andere, durch den Stoss bedingte Bahn einschlagen. Ausserdem muss angenommen werden, dass auch die Atome sich innerhalb des Moleküls in Schwingung befinden, und endlich muss allen Gasmolekülen auch noch eine rotirende Bewegung eigen sein.

Nach dieser Betrachtung muss es erklärlich scheinen, dass ein in einem luftleeren Raum gebrachtes Gas denselben vollständig auszufüllen strebt. Ist dieser Raum ein Gefäss, so werden die Moleküle bei ihrem unaufhörlichen Umherfliegen fortwährend gegen die Wandungen des Gefässes anstossen und von hier wie elastische Bälle nach der Mitte des Gefässes hin zurückgeschleudert werden. Diese kontinuirlichen Stösse der Moleküle auf die Wände eines ein Gas einschliessenden Behälters sind in ihrer Gesammtwirkung eben das, was man als die Elasticität oder Spannkraft der Gase bezeichnet.[1]

Da die Spannkraft für alle Gase bei gleichen Temperaturen und bei konstantem Druck dieselbe ist, so müssen gleiche Raumtheile der verschiedensten Gase eine ganz gleiche Menge von Molekülen enthalten, andererseits müssen die Moleküle jedes einzelnen Gases ein anderes Gewicht besitzen, was daraus zu schliessen ist, dass gleiche Raumtheile verschiedener Gase sehr verschiedene Gewichte haben. Da endlich bei gleicher Spannkraft der Gase die Energie ihrer Moleküle nothwendig dieselbe ist, so muss in logischer Schlussfolgerung die Bewegungsgeschwindigkeit der Moleküle bei den verschiedenen Gasen auch eine abweichende sein, derart, dass die Moleküle der schweren Gase sich langsamer, die der leichten sich rascher bewegen. Man hat dann auch durch Rechnung gefunden und die Richtigkeit derselben durch die beobachtete Diffusionsgeschwindigkeit der Gase bestätigt erhalten, dass die Moleküle des Wasserstoffs, als des specifisch leichtesten aller Gase, die grösste Bewegungsschnelligkeit haben, und einen Weg von 1698 m in der Sekunde zurücklegen, während die

---

[1] Aus der Spannkraft der Gase oder ihrem Drucke hat man die Grösse der Atome zu bestimmen gesucht und gefunden, dass der Durchmesser eines Gasatoms etwa $\frac{1}{100000}$ mm beträgt, und dass 9 Trillionen derselben 1 g wiegen.

Weglänge des Kohlenoxyds nur etwa ein Drittel, die des Sauerstoffs und Stickstoffs nur etwa ein Viertel jener Weglänge beträgt.

Von dem specifischen Gewichte[1]) der Gase ist auch die Geschwindigkeit abhängig, mit welcher sich verschiedene, chemisch nicht aufeinander einwirkende Gase mischen, sich gegenseitig durchdringen, diffundiren. Die Thatsache, dass dies geschieht, war lange bekannt. Pristley bewies sie zuerst durch Versuche, glaubte aber noch, dass wenn man die Mischung nicht recht sorgfältig vornehme, ein schwereres Gas sich unter einem leichteren ansammele und nicht in dasselbe aufsteige. Dalton beschäftigte sich zuerst (1803) mit der Prüfung dieser Voraussetzung und konstatirte, dass der Mischungsvorgang ganz unabhängig sei von dem specifischen Gewicht der Gase, und dass die Atome sehr rasch durcheinander diffundiren, bis eine vollständige, gleichmässige Mischung stattgefunden habe. Im Weiteren fand Graham, dass die Diffusionsgeschwindigkeiten der Gase sich umgekehrt verhalten wie die Quadratwurzeln ihrer specifischen Gewichte. Folglich diffundirt Wasserstoff, welcher 16 mal leichter ist als Sauerstoff, 4 mal schneller als letzterer.

In der nachstehenden Tabelle sind neben den specifischen Gewichten die theoretischen und die beobachteten Diffusionsgeschwindigkeiten, die erhalten werden, wenn die Gase eine dünne poröse Thonplatte durchdringen müssen, nebeneinandergestellt.

<h3 style="text-align:center">Diffusion der Gase.</h3>

	Specif. Gew.	Quadratwurzel des specif. Gew.	$\dfrac{1}{\sqrt{\text{Spec. Gew.}}}$	Beobachtete Geschwindigkeit, Luft = 1.
Wasserstoff	0·06926	0·2632	3·7794	3·830
Sumpfgas	0·5590	0·7476	1·3375	1·344
Wasserdampf	0·6235	0·7896	1·2664	—
Kohlenoxid	0·9678	0·9837	1·0165	1·0149
Stickstoff	0·9713	0·9856	1·0147	1·0143
Aethylen	0·9780	0·9889	1·0112	1·0191
Sauerstoff	1·1056	1·0515	0·9510	0·9487
Kohlensäure	1·52901	1·2365	0·8087	0·812

Anschliessend an die voraufgegangenen Betrachtungen ist hier noch zwei anderer Erscheinungen in der Stoffwelt Erwähnung zu thun, die ihre

---

[1]) Zur Bestimmung des Eigen- oder specifischen Gewichts der Körper wägt man gleiche Raumtheile, setzt bei festen oder flüssigen Substanzen das Wasser, bei gasförmigen aber die Luft = 1, und bringt die erhaltenen Gewichte in ein arithmetisches Verhältniss zu der Einheit. Das specifische Gewicht eines Volumens Sauerstoff ist 1,1056 und um diese Zahl grösser als ein gleiches Volumen Luft.

Erklärung ebenfalls nur durch die Atomlehre finden können: die Wärmekapacität der Körper und die Veränderung ihres Volums, letztere ausgedrückt durch den Ausdehnungskoëfficienten.

Alle Körper lassen sich zwar auf eine einheitliche Temperatur erwärmen oder auch abkühlen, doch ist die Wärmequantität, welche erforderlich ist, die Temperatur irgend eines Körper um 1⁰ C zu erhöhen, seine specifische Wärme, für fast jeden Körper eine andere.

Die genaue Bestimmung der specifischen Wärme einer grösseren Anzahl fester Elemente durch Dulong und Petit führte nun zu dem Ergebniss, dass die specifische Wärme sich umgekehrt verhält wie die Atomgewichte der Elemente, oder dass, wenn man das Atomgewicht eines Elements mit seiner specifischen Wärme vervielfältigt, man annähernd immer dieselbe Zahl erhält, welche die Atomwärme ausdrückt. Die genannten französischen Forscher schlossen daraus, dass die Atome der verschiedenen Urstoffe dieselbe Kapacität für Wärme besitzen oder eine gleiche Atomwärme haben. Mit anderen Worten kann man sagen, dass die Atome aller Elemente starren — nicht aber flüssigen oder gasförmigen — Zustandes ganz gleiche Wärmemengen in sich aufnehmen, um sich um 1⁰ C. höher zu erwärmen, und dass die Differenz in der Wärmekapacität der verschiedenen Elemente lediglich darin ihren Grund hat, dass in einer Gewichtseinheit derselben die Anzahl der Atome immer eine wesentlich andere ist. Da beispielsweise das Atomgewicht des Schwefels 32, das des Quecksilbers aber 200 ist, und da die Atomgewichte zugleich auch die Verbindungsgewichte sind, so muss bei der Verbindung dieser beiden Elemente jedes Quecksilberatom ein Schwefelatom vorfinden, folglich muss ein Gewichtstheil Schwefel 6¼ mehr Atome enthalten als das des Quecksilbers. In 32 Schwefel und in 200 Quecksilber ist daher die Zahl der Atome ganz gleich, und es muss, wenn das eben erwähnte Gesetz richtig ist, dieselbe Wärmemenge, welche hinreicht, 1 Schwefel um 1⁰ C. höher zu erwärmen, auch genügen, die Temperatur von 6¼ Quecksilber um 1⁰ C. zu steigern, was in der That denn auch der Fall ist.

Die mittlere Atomwärme der festen Elemente, das Produkt aus Atomgewicht und specifischer Wärme, ist 6,4. Während nun aber dieses Gesetz für alle festen Elemente seine Gültigkeit hat, trifft es für flüssige oder gasförmige Körper nicht zu; so ist beispielsweise die Atomwärme von Eis doppelt so gross wie die des flüssigen Wassers, es übt also der Aggregatzustand einen grossen Einfluss auf die Wärmekapacität aus.

In der nachstehenden Tabelle sind die für die Feuerungstechnik wichtigen Gase mit ihrer specifischen Wärme verzeichnet. Die Zahlen bezeichnen diejenigen Wärmemengen, welche erforderlich sind, das betr. Gas um 1⁰ C. zu erwärmen und zwar bei konstantem Druck, d. h. bei freier Ausdehnung des Gases, im Gegensatz zu der specifischen Wärme bei konstantem Volumen, wobei die Gase sich nicht ausdehnen können.

Specifische Wärme der Gase bei konstantem Druck:

Luft	0,2375	Kohlensäure . . .	0,2169
Waserstoff . . .	3,4090	Sumpfgas . . .	0,5929
Sauerstoff . . .	0,2175	Oelbildendes Gas .	0,4040
Stickstoff	0,2438	Wasserdampf . .	0,4805.
Kohlenoxyd . . .	0,2450		

Von den vorstehenden durch Regnault ermittelten specifischen Wärmen haben sich nur diejenigen für Wasserstoff, Sauerstoff und Stickstoff als bei verschiedenen Temperaturen konstant erwiesen, nicht aber die der Kohlensäure. Regnault fand die specifische Wärme dieses Gases innerhalb der Temperaturgrenzen von

$$- 30^0 \text{ bis } + 10^0 \text{ zu } 0,18427$$
$$+ 10^0 \text{ „ } + 100^0 \text{ „ } 0,20246$$
$$+ 10^0 \text{ „ } + 210^0 \text{ „ } 0,21692.$$

Die specifische Wärme der Kohlensäure steigt daher bedeutend mit der Temperatur, und wenn man diesen Umstand bei der Berechnung der Flammentemperatur oder der mit den Rauchgasen entweichenden Wärme unberücksichtigt lässt, vielmehr den Mittelwerth zwischen dem Temperaturintervall von $+ 10^0$ bis 210^0 mit 0,2169 auch für höhere Wärmegrade zu Grunde legt, so wird man zu falschen Resultaten gelangen müssen. Ferd. Fischer[1] empfiehlt für den praktischen Gebrauch die mittlere specifische Wärme der Kohlensäure zwischen $+ 10^0$ (der mittleren Jahrestemperatur) und der Endtemperatur der Feuergase zu Grunde zu legen, und giebt zu diesem Zwecke nachstehende Mittelwerthe an:

Temperaturgrade	Mittlere specifische Wärme
0 — 50	0,19420
10 — 100	0,20246
10 — 150	0,20914
10 — 200	0,21564
10 — 250	0,22197
10 — 300	0,22812
10 — 350	0,23409.

Die wirkliche specifische Wärme der Kohlensäure berechnet Fischer nach den Regnault'schen Zahlen zu

Temperaturgrade	Specif. Wärme	Temperaturgrade	Specif. Wärme
0	0,18715	400	0,28441
100	0,21464	500	0,30344
200	0,24001	600	0,32035
300	0,26327	700	0,33514

---

[1] Chemische Technologie der Brennstoffe von Dr. Ferdinand Fischer. Braunschweig 1880. S. 143.

Auch die specifische Wärme der Kohlenwasserstoffgase wächst mit der steigenden Temperatur (Aethylen nach E. Wiedemann: bei 0° 0,3364, bei 100° 0,4189, bei 200° 0,5015), und auch für Wasserdampf ist die Steigerung der specifischen Wärme wahrscheinlich.

Die den Körpern zugeführte Wärme bewirkt die Ausdehnung ihres Volumens, wie umgekehrt Wärmeentziehung eine Verminderung desselben zur Folge hat. Während aber die festen und flüssigen Körper bei gleicher Erwärmung eine sehr ungleiche Ausdehnung erfahren, dehnen sich die Gase unter denselben Verhältnissen fast genau um denselben Betrag aus, so dass man praktisch für alle Gase ein und denselben Ausdehnungskoëfficienten zu Grunde legen kann. Es ist dies derjenige der atmosphärischen Luft, die sich bei Erwärmung um 1° C. um $\frac{1}{273}$ ihres Volumens ausdehnt, oder in Decimalen ausgedrückt um 0,00366. Ein Raumtheil Luft von 0° C. auf 100° C. erhitzt, wird daher zu 1,366 Raumtheilen u. s. w.

Der Ausdehnungskoëfficient der übrigen Gase ist dem der atmosphärischen Luft zwar sehr nahe aber nicht ganz gleich; das Gesetz von Gay-Lüssac, dass alle Gase sich bei gleicher Erwärmung auch gleichmässig ausdehnen, ist deshalb nicht ganz richtig. Im Allgemeinen ist der Ausdehnungskoëfficient der Gase um so kleiner, je geringer ihr specifisches Gewicht ist, und so erfährt Wasserstoff die kleinste, Kohlensäure aber die grösste Ausdehnung unter den bekannteren Gasen.

Die Kraft, welche durch die Molekulararbeit der Ausdehnung und Zusammenziehung repräsentirt wird, ist eine geradezu erstaunliche. Das Eisen wird durch Erwärmung von 0° C. auf 100° C. um ein $\frac{1}{800}$ seines Volumens vergrössert; dieser Ausdehnung proportional entfernen sich die Moleküle des Eisens von einander und vollbringen dadurch eine Arbeit, welche gleich ist dem Heben eines Gewichtes von 5500 k auf 1 m Höhe. Um 1 k Wasser von 0° C. in Dampf zu verwandeln, sind 637 W. E. erforderlich, was gleich ist einer Arbeitsleistung von 228,3 kgm. Bei 100° C. wird das Wasser vollständig zu Dampf verflüchtigt, über diesen Punkt (Siedepunkt) erhebt sich die Temperatur des siedenden Wassers nicht, die demselben darüber hinaus zugeführte Wärme wird lediglich für die Verdampfung aufgewendet. Diese für die Messung scheinbar verloren gehende Wärme (537 W. E.) wird latent (gebunden) durch die Arbeit der Molekularbewegung, durch welche die dampfförmig werdenden Moleküle auseinandergedrängt werden, derart, dass sie ein 1700 mal grösseres Volumen einnehmen als diejenigen des Wassers. Wird nun der Dampf in den Cylinder der Dampfmaschine geleitet, dann stürzen sich die Moleküle mit der gesammten ihnen innewohnenden Kraft gegen die Wandungen des Cylinders und gegen die Fläche des Kolbens, der dem Anprall der Dampfmoleküle weicht und die Energie auf das Getriebe der Maschine überträgt.

Dass sich auch hier wieder das Gesetz von der Erhaltung der Kraft bewahrheitet, bedarf nicht der weiteren Erklärung. Zwar wird nur ein

Theil der im Dampf enthaltenen Energie in maschinelle Arbeit umgesetzt, während ein anderer durch die sich reibenden Theile der Maschine in Reibungswärme verwandelt wird, ohne dass jedoch ein Verlust an Kraft dabei eintreten könnte, ebensowenig dann, wenn die Energie des Dampfes durch die Abkühlung desselben in Wärme verwandelt wird. Hierbei wird die Spannkraft desselben wieder aufgehoben, die Moleküle streben zu einander zurück und verdichten sich wieder zu Wasser; sie stürzen aufeinander mit einer Quantität lebendiger Kraft, welche derjenigen gleichkommt, die zu ihrer Trennung aufgewendet wurde, und genau dieselbe Wärmemenge, welche früher gebraucht wurde, um ihnen Spannkraft zu verleihen, kommt jetzt wieder zum Vorschein.[1])

Durch die Verdampfung des Wassers erleidet dasselbe nur vorübergehend eine physikalische Veränderung, eine chemische aber erst dann, wenn die Dampfmoleküle sich in Wasserstoff- und Sauerstoff-Moleküle spalten und hierdurch die wahre Gasnatur annehmen, welche dem Wasserdampf nicht zukommt. Waren für die Verdampfung von 1 k Wasser bereits 637 W. E. aufgewendet, so erfordert die chemische Zersetzung des Dampfes gleichen Gewichts noch 3192 W. E. oder 3829 W. E., wenn Wasser von 0^0 C. in seine Elemente zerlegt wird.

Hiermit sind wir an einem Punkte angelangt, von welchem aus uns das eigentliche Wesen der Verbrennung im Lichte wissenschaftlicher Klarheit entgegentritt.

Wenn die Wärme als die Bewegung der kleinsten Massetheilchen betrachtet wird, so kann die bei der Verbrennung sich entwickelnde Wärme eben nichts anderes sein als das Produkt einer Bewegung, die wiederum, da Kraft unschaffbar ist, nur als eine gewesene Kraft in anderer Form in die Erscheinung tritt. Für die Zersetzung des Wassers wurde eine Quantität Wärme aufgewendet, die sich in Molekularbewegung umwandelte, indem die Elemente des Wassers in Freiheit gesetzt wurden; diese Bewegung wird sich in Wärme umsetzen müssen, wenn sie aufgehoben wird. Das geschieht nun eben, wenn die Wasserstoff- und Sauerstoffmoleküle sich wieder vereinigen und jene centralisirende Bewegungsrichtung zu einander nehmen, die im Zusammenprall, in der Wiederentstehung von Wasser ihr Ende findet. Die Atome von 2 Gewichtstheilen Wasserstoff und 16 Gewichtstheilen Sauerstoff stürzen mit einer solchen Energie aufeinander, dass die aus der Bewegungshemmung entstehende Wärmemenge genügt, 66924 k Wasser um 1^0 C. zu erhöhen, sie ist also genau so gross, wie diejenige, welche für die Zersetzung des Wassers verbraucht wurde, und entspricht einem Arbeitswerthe von annähernd 30 Millionen kgm.

Die zwischen den Wasserstoff- und Sauerstoff-Atomen liegenden Ent-

---

[1]) Die Wärme betrachtet als eine Art der Bewegung von John Tyndall. Braunschweig 1875. S. 186.

fernungen sind so klein, dass sie sich jeder Messung entziehen würden, und dennoch gewinnen die Atome, indem sie diesen Weg zurücklegen, eine hinreichende Geschwindigkeit, um sich mit dieser ungeheueren Kraft auf einander zu stürzen.[1]

Ein weiteres und schönes Beispiel für die ausserordentliche Energie der Molekularbewegung bietet die Verbrennung des Diamanten, dessen Verbrennlichkeit schon Newton aus der starken Strahlenbrechung desselben geschlossen und die man im Jahre 1694 in Florenz durch das Verschwinden des Krystalls im Focus eines kräftigen Brennglases bewiesen fand. Aber erst Lavoisier hatte im Jahre 1773 die wahre Natur des Diamanten erkannt, indem er das durch die Verbrennung desselben erhaltene Verbrennungsprodukt als Kohlensäure analysirte und so die Entdeckung machte, dass der Diamant Kohlenstoff ist. Damit war die Identität von Kohle und Diamant begründet worden.

Bringt man einen zuvor glühend gemachten Diamanten in reines Sauerstoffgas, so verbrennt er mit glänzendem Licht. Es stürzen sich die Atome des Sauerstoffs von allen Seiten auf den Edelstein, und jedes Sauerstoffatom, indem es die Oberfläche des Diamanten trifft und seiner Bewegung durch den Zusammenstoss beraubt wird, erzeugt denjenigen Zustand, welchen wir Wärme nennen. Und diese Wärme ist so heftig, die Anziehungskraft innerhalb dieser Molekularerscheinung ist so mächtig, dass der Krystall weissglühend wird und vollständig zu Kohlensäure verbrennt.[2]

Nachdem nunmehr der Verbrennungsprocess als ein Akt hochgesteigerter Molekularbewegung und die Wärme als der fühlbare Ausdruck der Energie erkannt worden ist, mit welcher die Atome von Sauerstoff, Wasserstoff und Kohlenstoff in chemische Verbindungen eintreten, erübrigt es noch, mit wenigen Worten der wesentlichsten Eigenschaften dieser Elemente zu gedenken.

Den Sauerstoff (O) stellen wir billig obenan, nicht nur wegen seiner einzig dastehenden Eigenschaft, sich mit allen übrigen Elementen, mit Ausnahme nur eines (des Fluors), verbinden zu können, sondern auch seiner quantitativen Bedeutung wegen, denn er repräsentirt als Bestandtheil der atmosphärischen Luft, des Wassers, der Metalle und der organischen Bildungen fast die Hälfte des gesammten Erdgewichts. Der Sauerstoff ist ein farb-, geruch- und geschmackloses Gas, das bis auf die neueste Zeit zu den permanenten Gasen gezählt, indess nebst Stickstoff und Wasserstoff gegen Schluss des Jahres 1877 durch die Physiker Pictet und Cailletet verflüssigt wurde.

Man pflegt den Sauerstoff gewöhnlich als das die Verbrennung unterhaltende Gas, und die sich mit ihm verbindenden Körper als die verbrenn-

---

[1] John Tyndall, a. a. O. S. 186.
[2] John Tyndall, a. a. O. S. 59.

lichen zu bezeichnen, was indess nur relativ richtig ist, denn wie man den Wasserstoff und das Leuchtgas im Sauerstoff, so kann man auch umgekehrt den Sauerstoff im Wasserstoff und im Leuchtgase verbrennen, in welchem Falle letztere die Stelle des die Verbrennung unterhaltenden Stoffes einnehmen.[1])

Wie der Sauerstoff einerseits die Lebensluft und als solcher für thierische Lebewesen die Grundbedingung ihrer Existenz ist, so vollziehen sich andererseits unter seinem Einfluss die Verwesung entlebter Organismen und die Verwitterungsprocesse in der Welt unorganischer Stoffe.

Neben dem Sauerstoff und mit demselben nur mechanisch verbunden tritt in der Atmosphäre der Stickstoff (N) auf, dessen chemische Eigenschaften in Bezug auf die Verbrennung vollständig indifferent sind. Auch dieses Gas ist ohne Farbe, Geruch und Geschmack und kommt ausser in der Luft noch in vielen organischen Stoffen vor.

Ist dem Stickstoff bei dem Verbrennungsprocesse auch keine aktive Rolle zugewiesen — er ist nicht blos nicht brennbar, sondern er vermag auch das Feuer zu ersticken — so ist er doch dadurch für die technische Wärmeerzeugung von Wichtigkeit, dass er als unzertrennlicher Begleiter und als Verdünnungsmittel des Sauerstoffs den Effekt der Verbrennung abschwächt, derart, dass die Verbrennung von Kohle in atmosphärischer Luft nur etwa den fünften Theil derjenigen Wärme producirt, welche entwickelt wird, wenn die Verbrennung im reinen Sauerstoffgase stattfindet, etwa entsprechend dem Verhältniss, in welchem der Stickstoff mit Sauerstoff, neben geringen Mengen Kohlensäure, die Luft bildet, welche aus 79 Raum- oder 77 Gewichtstheilen Stickstoff und 21 Raum- oder 23 Gewichtstheilen Sauerstoff besteht.

Diese den intensiveren Wirkungen des Sauerstoffs entgegenstehenden Eigenschaften des Stickstoffs sind von grossem Werth, da die heftige Wärmeentwickelung bei der Verbrennung in einer reinen Sauerstoffatmosphäre die Verbrennungsapparate sehr bald zerstören würde.

Das Wasserstoffgas (H) findet sich im freien Zustande nur in kleineren Mengen, so z. B. in vulkanischen Gasen, es bildet dagegen mit Kohlenstoff, Sauerstoff, Stickstoff verbunden, einen wesentlichen Bestandtheil der organischen und unorganischen Stoffwelt. Es ist ebenfalls farb-, geruch- und geschmacklos und verbindet sich nur mit den genannten Elementen, mit dem Sauerstoff aber so energisch, wie es im Reich der Chemie weiter nicht mehr der Eall ist. Die Verbindungsneigung dieser beiden Körper zu einander ist eine so grosse, dass, wenn sie zusammengebracht und durch den elektrischen Funken entzündet werden, eine heftige Explosion entsteht,

---

[1]) Ausführliches Lehrbuch der Chemie von H. E. Roscoe und C. Schorlemer. Braunschweig 1877 1. S. 152. Ueber Brennstoff etc. von Dr. C. William Siemens. Berlin 1874. S. 11.

und obgleich damit nur eine schwache Lichtentwickelung verbunden, so ist doch die entstehende Hitze eine so bedeutende, dass sie das im stärksten Kohlenfeuer unschmelzbare Platin leicht verflüssigt. In der Wasserstoffgasflamme wird die unschmelzbare Kreide so stark erhitzt, dass sie weisses, prächtig glänzendes Licht ausstrahlt (Drumond'sches Kalklicht).

Der Kohlenstoff (C) ist ein ausserordentlich feuerbeständiger Körper, der bei der höchsten noch zu erzeugenden Temperatur weder schmelzbar noch für sich vergasbar ist. Dagegen nimmt er in Gegenwart von atmosphärischer Luft und unter Einwirkung einer angemessenen hohen Temperatur Gasform an und verbrennt mit Sauerstoff zu Kohlensäure oder Kohlenoxyd. Bemerkenswerth ist sein Vorkommen in drei wesentlich von einander verschiedenen Formen als Diamant, als Graphit und als Kohle, in letzterer mit anderen Stoffen mechanisch verbunden. Kohlenstoff bildet einen Hauptbestandtheil des Thier- und Pflanzenkörpers, ist in grossen Mengen und in Verbindung mit Sauerstoff im kohlensauren Kalk enthalten, und in Verbindung mit Wasserstoff im Erdöl, Asphalt etc.

Mit der Kenntniss dieser Stoffe ist indess wenig gedient, wenn man nicht auch das Gesetz kennt, nach welchem dieselben sich in eine chemische Verbindung begeben. Dieses Gesetz, das gleichsam der Schlüssel zu den Geheimnissen der chemischen Funktionen ist, lautet so: chemische Verbindungen finden nur nach genau bemessenen, unabänderlichen Gewichtsmengen der Stoffe statt. Dadurch unterscheidet sich die chemische Verbindung so wesentlich von der mechanischen Mengung, denn während man hier von dem einen Stoffe mehr, von dem anderen weniger in das Ganze hineinbringen kann, fordert und nimmt die chemische Verbindung von jedem Stoffe nur ein ganz bestimmtes Quantum.

Die Gewichtsverhältnisse, in welchen sich ein Körper mit einem anderen verbindet, werden bezeichnet durch die Atomgewichte derselben. Als Einheit sowohl dem Volum wie dem Gewichte nach dient das leichteste aller Gase, der Wasserstoff, es ist = 1. Sauerstoff hat das Atomgewicht 16, ein Raumtheil desselben ist 16 mal schwerer als ein gleiches Maass Wasserstoff. Kohlenstoff ist = 12 in dem gleichen Sinne; bei allen chemischen Verbindungen, die zwischen Sauerstoff, Kohlenstoff, Wasserstoff und allen anderen Elementen geschlossen werden, kann dasselbe nur innerhalb der Grenzen ihrer Atomgewichte oder einer Vielheit derselben geschehen.

Von den vielfachen Verbindungen, welche Sauerstoff und Kohlenstoff und Wasserstoff untereinander eingehen, können hier nur diejenigen in Betracht gezogen werden, welche für die Wärmeerzeugung von praktischer Bedeutung sind. Dahin gehören in erster Reihe die Verbindung der Kohle mit Sauerstoff zu Kohlensäure und Kohlenoxyd und des Sauerstoffs mit Wasserstoff zu Wasser.

Die Kohlensäure (CO_2) entsteht nach der Formel $C + 2O = CO_2$ aus der Verbrennung von

$$1 \text{ Vol.} = 12 \text{ Gewichtstheilen Kohlenstoffgas} \quad \text{und}$$
$$2 \,\text{„} \; = 32 \quad\quad\quad \text{„} \quad\quad\quad \text{Sauerstoff,} \quad \text{welche}$$
$$\overline{2 \text{ Vol.} = 44 \text{ Gewichtstheile Kohlensäure}}$$

geben, woraus sich ergiebt, dass durch die chemische Verbindung eine Verdichtung der anfänglichen 3 Volumen zu 2 Volumen stattgefunden hat. Die Wärmeproduktion beträgt 96960 W. E. oder für 1 Gewichtstheil Kohlenstoff 8080 W. E.

Das Kohlensäuregas bildet sich nicht nur, wenn Kohle und kohlehaltige Körper bei reichlichem Luftzutritt verbrennen, sondern auch dann, wenn organische Substanzen verwesen.

Obwohl die Kohlensäure in 1 cbm auf 0^0 C reducirt 0,5363 k Kohlenstoff oder in 100 Gewichtstheilen 27,27 Kohlenstoff neben 72,73 Sauerstoff enthält, so ist dieselbe doch nicht nur nicht brennbar, sondern bringt die Flamme zum Erlöschen. Wenn aber Kohlensäure über oder durch glühende Kohlen geleitet wird, so nimmt sie noch 1 Volum Kohlengas auf nach der Formel $CO_2 + C = 2\,CO$ und es entstehen aus

$$2 \text{ Vol.} = 44 \text{ Gewichtstheilen Kohlensäure} \quad \text{und}$$
$$1 \,\text{„} \; = 12 \quad\quad\quad \text{„} \quad\quad\quad \text{Kohlenstoffgas}$$
$$\overline{4 \text{ Vol.} = 56 \text{ Gewichtstheile Kohlenoxyd (CO),}}$$

ein brennbares, äusserst giftiges Gas, das in 1 cbm gleichfalls 0,5365 k Kohlenstoff enthält und unter Aufnahme von noch 1 Volum Sauerstoff mit charakteristisch blauer, kurzer Flamme wieder zu Kohlensäure verbrennt. Die Wärmeproduktion beträgt 134568 W. E. oder für 1 Gewichtstheil 2403 W. E.

Die Kohlensäure kann aber auch innerhalb glühender Kohlen zersetzt und durch Abgabe von Sauerstoff an dieselben zu Kohlenoxyd reducirt werden, wie sich andererseits dies Gas möglicherweise bei Luftmangel auch direkt bilden kann nach dem Verhältniss

$$1 \text{ Vol.} = 12 \text{ Gewichtstheile Kohlenstoffgas und}$$
$$1 \,\text{„} \; = 16 \quad\quad\quad \text{„} \quad\quad\quad \text{Sauerstoff} \quad \text{geben}$$
$$\overline{2 \text{ Vol.} = 28 \text{ Gewichtstheile Kohlenoxyd.}}$$

Die einfachste Verbindung des Wasserstoffs ist die mit Sauerstoff zu Wasser (H_2O)

$$2 \text{ Vol.} = 2 \text{ Gewichtstheile Wasserstoff und}$$
$$1 \,\text{„} \; = 16 \quad\quad\quad \text{„} \quad\quad\quad \text{Sauerstoff} \quad \text{geben}$$
$$\overline{2 \text{ Vol.} = 18 \text{ Gewichtstheile Wasser;}}$$

es findet auch hier eine Verdichtung der Gase statt, indem sie sich chemisch verbinden. Die Wärmeproduktion beträgt 68924 W. E. oder für den Gewichtstheil Wasserstoff 34462 W. E.

Das Wasserstoffgas geht mit Sauerstoff einerseits und mit Kohlenstoff andererseits eine grössere Reihe komplicirterer Verbindungen ein, von denen hier nur beiläufig das Sumpf- oder Grubengas (Methan) und das schwere Kohlenwasserstoffgas (Aethylen) zu nennen sind, da dieselben in einem späteren Abschnitte eingehender zu besprechen sein werden.

Die zur Erzeugung von Wärme dienenden Stoffe, die Heizmaterialien, bestehen aus Kohlenstoff, Wasserstoff, Sauerstoff, Stickstoff, grösseren oder geringeren Mengen Wasser und festen unorganischen Bestandtheilen, die bei der Verbrennung entweder verflüchtigt werden, oder als Asche und Schlacke zurückbleiben. In grossen Durchschnittswerthen enthalten 100 Gewichtstheile aschenfreier Substanz von

	Kohlenstoff.	Wasserstoff.	Sauerstoff.	Stickstoff.
Anthracit	95	2,5	2,5	Spur
Steinkohle	82	5	13	0,8
Braunkohle	69	5,5	25	0,8
Torf	59	6	33	2
Holz	50	6	43	1.

Aus dem Gehalt an Kohlenstoff, Wasserstoff und Sauerstoff lässt sich auf dem Wege der Rechnung die in Wärmeeinheiten ausgedrückte Verbrennungswärme, der absolute Wärmeeffekt, ermitteln, welche ein Brennstoff bei der Verbrennung entwickelt. Die Ermittelung des absoluten Wärmeeffekts hat wiederum zur Voraussetzung die von Favre und Silbermann kalorimetrisch gefundenen, nachstehend mitgetheilten Verbrennungswärmen, welche 1 k Wasserstoff, Kohlenstoff und deren brennbare Verbindungen bei der Verbrennung erzeugen:

Wasserstoff zu Wasser verbrennend	34462	W. E.
Wasserstoff zu Wasserdampf „	29633	„
Kohlenstoff zu Kohlensäure „	8080	„
Kohlenstoff zu Kohlenoxyd „	2473	„
Kohlenoxyd zu Kohlensäure „	2403	„
Leichter Kohlenwasserstoff CH_4 zu Wasser verbrennend .	13063	„
Leichter Kohlenwasserstoff CH_4 zu Wasserdampf „ .	11856	„
Schwerer Kohlenwasserstoff C_2H_2 zu Wasser „ .	11858	„
Schwerer Kohlenwasserstoff C_2H_2 zu Wasserdampf „ .	11168	„

Da es auf den Umfang der Wärmeproduktion keinen Einfluss hat, ob die Verbrennung rasch oder langsam erfolgt, ob der Kohlenstoff direkt zu Kohlensäure oder erst zu Kohlenoxyd und dieses dann zu Kohlensäure verbrennt, und da die oben angeführten Zahlen die reine Verbrennungswärme anzeigen, so kann man mit Hülfe derselben sehr rasch den absoluten Wärmeeffekt eines seiner chemischen Zusammensetzung nach bekannten Brennmaterials ermitteln; derselbe ist gleich der Gesammtmenge aller Wärmeeinheiten, welche sich ergiebt, wenn Wasserstoff und Kohlenstoff einzeln verbrannt werden, abzüglich derjenigen Anzahl von Wärmeeinheiten,

2*

welche für die Zersetzung der innerhalb des Brennstoffs vorhandenen Verbindungen aufgewendet wird.

Es muss nämlich berücksichtigt werden, dass die Brennmaterialien den Kohlenstoff, Wasserstoff und Sauerstoff nur zum Theil isolirt enthalten, zum Theil aber auch aus Verbindungen dieser Elemente bestehen, und dass diese Verbindungen auf Kosten der bei der Verbrennung frei werdenden Wärme zunächst getrennt werden müssen, bevor Wasserstoff und Kohlenstoff sich mit dem Sauerstoff der atmosphärischen Luft verbinden und Wärme disponibel machen können. Da die Zersetzung zweier chemisch gebundenen Körper ebensoviel Wärme konsumirt, wie producirt wird, wenn sie sich chemisch wieder verbinden und in den Zustand zurückkehren, in welchem sie sich vor ihrer Zersetzung befanden, und da die Verbrennungsprodukte immer gasförmig sind, obwohl sie zum grossen Theil aus dem festen Kohlenstoff gebildet wurden, so muss man bei der Berechnung des absoluten Wärmeeffekts den Aufwand für die geleistete innere Arbeit mit in Betracht ziehen.

Die von Favre und Silbermann gefundenen Verbrennungswärmen überheben uns zwar einer umständlichen Untersuchung über den Umfang der Zersetzungswärme, da ihre Zahlen nur die effektive Wärme angeben, welche bei der Verbrennung frei wird, während die Zersetzungswärme von ihnen vernachlässigt wurde, immerhin gewährt es einen tieferen Einblick in den Gang des Verbrennungsprocesses, wenn man auch diejenigen inneren Vorgänge kennen lernt, welche nicht unmittelbar von praktischer Bedeutung sind, wie z. B. die Vergasung des Kohlenstoffs.

Da der Kohlenstoff als fester Körper mit dem Sauerstoff und Wasserstoff keine Verbindungen eingehen kann, vielmehr erst durch seine Vergasung für diese Verbindungen geeignet wird, und da die Zahl 8080 nur diejenige Wärmemenge bezeichnet, welche durch die Verbrennung des festen Kohlenstoffs zu Kohlensäure fühlbar wird, so muss nothwendig eine andere Quantität von Wärme für die Umformung des festen Kohlenstoffs in gasförmigen aufgewendet worden sein, welche in der Zahl 8080 keinen Ausdruck gefunden hat.

Die Vergasungswärme des Kohlenstoffs wird gefunden, wenn man die Wärmemengen einander gegenüberstellt, welche entwickelt werden, einmal durch Verbrennung von festem Kohlenstoff in Kohlenoxyd, und einandermal von Kohlenoxyd in Kohlensäure. 1 k fester Kohlenstoff wird durch Verbindung mit $1\frac{1}{3}$ Sauerstoff zu Kohlenoxyd umgeformt, wodurch 2473 W. E. fühlbar und $2\frac{1}{3}$ k Kohlenoxyd gebildet werden, von welchem 1 k wieder 2403 W. E. entwickelt, wenn es zu Kohlensäure verbrannt wird. Demnach beträgt die gesammte Wärmeproduktion des aus 1 k Kohlenstoff entstandenen Kohlenoxyds $2403 \cdot 2\frac{1}{3} = 5607$ W. E., und $5607 + 2473 = 8080$ W. E. überhaupt für die vollständige Verbrennung von 1 k Kohlenstoff.

Diese beträchtliche Differenz in der Verbrennungswärme der gleichen Substanzen (5607—2473 = 3134 W. E.) kann nur daher rühren, dass bei der Verbrennung des festen Kohlenstoffs zu Kohlenoxyd eine Quantität Wärme für die Vergasung aufgewendet worden ist, die nicht fühlbar werden kann, weil sie in der Vergasungsarbeit aufging. Die eben gefundene Differenz ist der Ausdruck für diese Arbeit, und wenn man die wahre Verbrennungswärme des Kohlenstoffs in Kohlensäure finden will, so muss man der von Favre und Silbermann angegebenen Zahl noch die Vergasungswärme von 3134 hinzufügen und erhält so die Summe von 8080 + 3134 = 11214 W. E.

Die in der obigen Tabelle der Verbrennungswärmen aufgeführten Kohlenwasserstoffe bestehen ihrer chemischen Formel nach der leichte aus 12 Gewichtstheilen Kohlenstoff und 4 Gewichtstheilen Wasserstoff, der schwere aus 24 Gewichtstheilen Kohlenstoff und 4 Gewichtstheilen Wasserstoff, und da beide Gase sind, so braucht der Kohlenstoff nicht erst in flüchtige Verbindungen übergeführt zu werden; wenn nun beide einfache Gemenge von Kohlendampf und Wasserstoff wären, so müssten ihre absoluten Wärmeeffekte sein:

$$\tfrac{3}{4} \, . \, 11214 + \tfrac{1}{4} \, . \, 34462 = 17026 \text{ W. E. für } CH_4$$
$$\tfrac{6}{7} \, . \, 11214 + \tfrac{1}{7} \, . \, 34462 = 14535 \quad \text{„} \quad \text{„} \quad C_2H_2$$

während nach Favre und Silbermann für ersteres nur 13063 und für das andere nur 11858 W. E. sich ergeben

Die Differenzen

$$17026 - 13063 = 3963 \text{ und } 14535 - 11858 = 2677$$

repräsentiren also mit ziemlicher Annäherung die Anzahl Wärmeeinheiten, welche in beiden Gasen zur Trennung des Kohlenstoffs vom Wasserstoff verbraucht wurden.[1])

Dass diese Zahlen nur annähernd den Werthen entsprechen, welche rechnungsmässig gefunden werden, kann nicht befremden, denn es ist nicht immer oder allein die procentische Zusammensetzung eines Körpers für seine Wärmekraft und den Umfang der inneren Molekulararbeit massgebend, sondern es ist auch von wesentlichem Belang die Art und Weise, wie die Atome in einer chemischen Verbindung zu Molekülen aneinandergelagert sind, ob sie lockerer oder fester zusammenhalten.

So erklärt es sich, dass selbst chemisch-einfache Körper von genau derselben Zusammensetznng und unter gleichen Verhältnissen bei der Verbrennung erheblich verschiedene Wärmemengen entwickeln können. Natürlicher Graphit und Diamant sind ihrer chemischen Zusammensetzung nach ganz gleicher Art, und doch liefert ersterer bei der Verbrennung 7810 W. E., letzterer aber nur 7770 W. E., und derselbe Kohlenstoff als chemisch-reine Holzkohle gar 8080 W. E.

---

[1]) **Technologie der Wärme** von R. Ferrini, Deutsch von M. Schröter. Jena 1878 S. 133.

Auffälliger noch ist die Thatsache, dass zwei in ihrer chemischen Zusammensetzung nicht unterscheidbare Verbindungen von $C_2\,H_4\,O_2$, Essigsäure und Ameisensäure-Methyläther, jede lediglich infolge einer anderen Lagerung der Atome eine andere Verbrennungswärme haben, 3505 W. E. und 4197 W. E., während dieselbe rechnungsmässig für beide doch die gleiche sein müsste, nämlich 3232 W. E., die allein aus dem in der Verbindung enthaltenen 0,4 Kohlenstoff, $0,4\,.\,8080 = 3232$, herrühren kann.[1]

Die berechnete Verbrennungswärme dieser Verbindungen würde eine viel höhere sein, wenn nicht nur der Kohlenstoff sondern auch der Wasserstoff in fühlbare Wärme umgesetzt werden könnte; dies kann hier aber deshalb nicht der Fall sein, weil Wasserstoff und Sauerstoff sich in einer solchen Aequivalenz befinden (2 Atom Wasserstoff auf 1 Atom Sauerstoff), dass sie chemisch miteinander verbunden sein müssen, und weil die Trennung dieser Verbindung ebensoviel Wärme beansprucht, wie entwickelt wird, wenn sie aufs neue entsteht. Die Wirksamkeit des Wasserstoffs ist also in diesem Falle bezüglich des Wärmeeffekts gleich Null.

Man muss sich hier daran erinnern, dass die bei der Verbrennung freiwerdende Wärme nichts anderes ist als das Maass der Energie, mit welcher die Atome von Kohlenstoff, Wasserstoff und Sauerstoff zusammenstossen, wenn sie aus dem freien Zustande in eine chemische Verbindung eintreten, es kann aber immer nur diejenige Art der chemischen Verbindung zwischen Sauerstoff und Wasserstoff Wärme disponibel machen, welche isolirten, nicht erst aus einer Verbindung zu befreienden Wasserstoff, in sich aufnimmt.

Ein Beispiel möge die Richtigkeit auch dieses Satzes beweisen.

Der ebenfalls zu der Reihe von $C_n\,H_n\,O_n =$ Verbindungen gehörende Aethyläther enthält nach der Formel $C_4\,H_{10}\,O$ in 100 Theilen 64,9 Kohlenstoff, 13,5 Wasserstoff und 21,6 Sauerstoff, und da 16 Theile Sauerstoff 2 Theile Wasserstoff für sich beanspruchen, so binden die im Aethyläther vorhandenen 21,6 Theile des ersteren 2,7 Theile des letzteren, und lassen nur 10,8 Theile Wasserstoff frei, d. h. für die Wärmeerzeugung wirksam werdend. Die Verbrennungswärme des Aethyläthers berechnet sich daher zu

$$0,649\,.\,8080 + 0,108\,.\,34462 = 8965 \text{ W. E.}$$

Aus dem Voraufgegangenen ergiebt sich die Folgerung, dass man bei Ermittelung des absoluten Wärmeeffekts das Mayer'sche Princip der Aequi-

---

[1] Es ist vielleicht nicht richtig, die Verbrennungswärme des Kohlenstoffs in flüssigen Kohlenwasserstoffen als derjenigen der festen Kohle gleichwerthig anzusetzen. Wurtz hat die Hypothese aufgestellt, dass flüssiger Kohlenstoff gleich jedem anderen flüssigen Körper eine gewisse Menge latenter Wärme enthalten müsse. Wird nun diese bereits flüssige Kohle verbrannt, so wird sie um so viel mehr Wärme entwickeln, als sie beim Uebergange aus dem festen in den flüssigen Zustand gebunden hatte. Bei den Kohlenwasserstoffölen hat man durchweg einen höheren als den theoretischen Heizwerth beobachtet.

valenz von Wärme und Arbeit berücksichtigen muss, und dass man demgemäss sagen kann:

„Der absolute Wärmeeffekt eines Brennmaterials ist die algebraische Summe der Wärmemenge, die durch Verbrennung des in 1 k desselben enthaltenen Kohlenstoffs und Wasserstoffs entwickelt wird, und der Wärmemengen, welche durch Zersetzungen vorhandener Verbindungen und die molekulare Arbeit der Verflüchtigung konsumirt werden, wenn das Brennmaterial fest oder flüssig ist." [1]

Wenn man den absoluten Wärmeeffekt eines Brennstoffs kennt, dann kann man auch die theoretischen Temperaturen ermitteln, welche bei der Verbrennung erzeugt werden können. Die in Graden der Thermometerscala ausgedrückte Temperatur, der pyrometrische Heizeffekt, wird aus der Menge der bei der Verbrennung entstehenden Verbrennungsprodukte und der specifischen Wärme derselben in der Weise berechnet, dass man ermittelt, auf wie viel Grade die Temperatur jener mittels ihrer specifischen Wärme durch die Verbrennungswärme gesteigert werden kann, wobei man indess den Verlust zu berücksichtigen und an der Gesammtwärme zu kürzen hat, der bedingt und herbeigeführt wird durch die Verdampfung des im Brennmaterial nie fehlenden hygroskopischen Wassers.

Die Menge der bei der Verbrennung sich bildenden Verbrennungsprodukte ist eine ausserordentlich variabele Grösse, ebenso wie die Zeit, in welcher sich die Verbrennung eines gewissen Quantums Heizstoff vollzieht, da aber diese und andere Faktoren den wirklichen Heizeffekt beeinflussen, so kann man auf dem Wege der Rechnung immer nur die theoretische Temperatur, nicht die faktische finden. Um diese berechnen zu können, müsste man auch die in der Praxis auftretenden, den Verbrennungsprocess begleitenden Erscheinungen genau kennen, was indess nicht der Fall ist.

Die Grundlage für die Ermittelung des pyrometrischen Heizeffekts ist in der Menge und Quantität der Verbrennungsprodukte gegeben. Basirt man die Berechnung derselben auf 1 k Kohlenstoff und Wasserstoff, so lässt sich nach den auf S. 18 mitgetheilten Verhältnissen, in welchen diese mit Sauerstoff Kohlenoxyd, Kohlensäure, Wasser bilden, mit Leichtigkeit ermitteln, wie viel Sauerstoff 1 k der Brennsubstanz zu ihrer Verbrennung erfordert. Die Verbrennung von 1 k Kohlenstoff bedarf hiernach 2,666 k Sauerstoff, oder dem Volumen nach, auf 0° C und 760 mm Barometer reducirt, da 1 k Sauerstoff 0,700 cbm einnimmt und 1 cbm demnach 1,428 k wiegt, 1,89 cbm Sauerstoff, welcher von Stickstoff in dem Volumenverhältniss 1 : 3,76 begleitet wird.

Aus der nachstehenden Tabelle ergeben sich die Gewichtsverhältnisse, in welchen sich Wasserstoff, Kohlenstoff und brennbare kohlenstoffhaltige

---

[1] Ferrini, a. a. O. S. 132.

Gase mit Sauerstoff verbinden, die Verbrennungsprodukte und die Anzahl der entstehenden Wärmeeinheiten.

Brennsubstanz.	Sauerstoffbedarf.		Verbrennungsprodukte.	Absol. Wärmeeffekt.
1 k Wasserstoff und	8 k Sauerstoff geben		9 k Wasserdampf und	34462 W. E.
1 k Kohlenstoff „	1,333 k „	„	2,333 k Kohlenoxyd „	2473 „
1 k Kohlenoxyd „	1,572 k „	„	2,572 k Kohlensäure „	2403 „
1 k Kohlenstoff „	2,667 k „	„	3,667 k „	„ 8080 „

Sieht man, um zunächst ein einfaches Beispiel für die Berechnung des pyrometrischen Heizeffekts zu erhalten, von dem Stickstoff als für die Verbrennung indifferenten Körper ab, und denkt sich die Verbrennung von 1 k Kohlenstoff im reinen Sauerstoff vor sich gehend, so wird die Verbrennungswärme zwar auch nur 8080 W. E. betragen, wie bei der Verbrennung in atmosphärischer Luft, die Verbrennungsprodukte werden ersterenfalls aber kleiner sein als letzterenfalls, nämlich nur 3,667 k Kohlensäure betragen, und da die specifische Wärme derselben 0,216 ist, so wird die absolute Verbrennungswärme im Stande sein, 1 Gewichtstheil Kohlensäure auf $\frac{8080}{0,216} = 37402$ W. E. zu erhitzen, und es erzeugt demnach 1 k Kohlenstoff im reinen Sauerstoff verbrannt eine Temperatur von $\frac{37407}{3,667} = 10202^0$ C. Bei der Verbrennung in atmosphärischer Luft begleiten den Sauerstoff aber 9 Gewichtstheile Stickstoff (specifische Wärme 0,244), welche an der Erhitzung ebenfalls theilnehmen, und so muss nothwendig die Temperatur eine geringere werden. Die specifische Wärme der Verbrennungsprodukte beträgt in diesem Falle 3,667 . 0,216 + 9 . 0,244 = 2,988 und die Flammentemperatur demnach $\frac{8080}{2,988} = 2704^0$ C.

So lange man, von rein theoretischen Voraussetzungen ausgehend, den Heizeffekt aus dem Gewicht und der chemischen Zusammensetzung der Brennstoffe zu bestimmen sucht, ist die eben angedeutete Methode die zunächstliegende. Sie hat aber für die Praxis der Wärmeerzeugung oder für die Wärmemesskunst keinen höheren Werth, da man den Gang der Verbrennung und die chemische Beschaffenheit der gebildeten Verbrennungsprodukte, als Grundlage der Ermittelung des theoretischen Heizeffekts, auf spekulativem Wege nicht zu erkennen vermag. Man muss deshalb im praktischen Leben zu einer anderen Methode greifen und die Produkte der Verbrennung ihrer Qualität und Quantität nach durch die Gasanalyse bestimmen.

Da man auf diesem Wege immer nur Angaben in Volumen erhalten kann, so muss man nach Dr. H. Bunte's Vorgehen[1]) die obige Tabelle in der Weise umgestalten, dass die Volumeneinheit der Verbrennungsprodukte zum Ausgangspunkt genommen und die betr. Werthe auf 1 cbm Kohlenoxyd, Kohlensäure und Wasserdampf bezogen werden.

Diese Methode bietet der ersteren gegenüber mancherlei und grosse

---

[1]) Journal für Gasbeleuchtung. 1878. Nr. 4.

Vortheile, unter anderen auch den, dass die specifische Wärme von Sauerstoff, Stickstoff, Wasserstoff, Kohlenoxyd und atmosphärischer Luft, auf gleiches Volumen bezogen, nahezu die gleiche ist, während jedes dieser Gase seinem Gewichte nach eine andere specifische Wärme hat. Für jedes der genannten Gase sind 0,307, rund 0,31 Wärmeeinheiten pro cbm erforderlich, um seine Temperatur um 1^0 C zu erhöhen; eine Ausnahme machen nur Kohlensäure und Wasserdampf, deren specifsche Wärme grösser ist und 0,427 resp. 0,382 W. E. beträgt.

Da sich das Volumen der Gase mit Druck und Temperatur ändert, diese Aenderung aber unter den in Betracht kommenden Verhältnissen nach dem Boyle- Mariotte und Gay- Lüssac'schen Gesetz (S. 13) für alle Gase annähernd gleichmässig erfolgt, so kann man die Berechnung des Heizeffekts auf das Normal-Volumen bei 0^0 C und 760 mm Druck basiren und erhält dann die in folgender von Dr. H. Bunte aufgestellten Tabelle verzeichneten Werthe.

Gasförmige Verbrennungsprodukte.	Brennsubstanz.	Verbrauchter Sauerstoff.	Wärmeprodukt.
Bei der Bildung von 1 cbm H_2O aus 1 cbm H	und 0,5 cbm O	entstehen	3088 W.E.
„ „ „ „ 1 „ CO	„ 0,5363 k C	„ 0,5 „ O	„ 1327 „
„ „ „ „ 1 „ CO_2	„ 1 cbm CO	„ 0,5 „ O	„ 3007 „
„ „ „ „ 1 „ CO_2	„ 0,5363 k C	„ 1,0 „ O	„ 4334 „

Aus dieser Tabelle ergiebt sich zunächst, dass bei der Verbrennung von Wasserstoff zu Wasser, von Kohlenstoff zu Kohlenoxyd und von Kohlenoxyd zu Kohlensäure auf jedes verbrauchte Sauerstoff-Volumen das doppelte Volumen Verbrennungsprodukt entsteht, dass ferner bei der vollkommenen Verbrennung des Kohlenstoffs, von der Ausdehnung durch die Temperaturerhöhung abgesehen, die entstehende Kohlensäure denselben Raum einnimmt, wie ihn der verbrauchte Sauerstoff besass. Es ergiebt sich endlich noch daraus, dass 1 cbm Kohlenoxyd und 1 cbm Kohlensäure genau gleiche Gewichte Kohlenstoff, und zwar 0,5363 k, enthalten.

Als Ergänzung zu der Tabelle muss noch angeführt werden, dass das in die Verbrennung eintretende Sauerstoffvolumen zu dem begleitenden Stickstoffvolumen hier in demselben Verhältniss steht wie es in der atmosphärischen Luft der Fall ist; es gelangen mit 1 cbm Sauerstoff 3,76 cbm Stickstoff in den Verbrennungsraum resp. in die Verbrennungsprodukte, aus 1 cbm Kohlenoxyd und 0,5 cbm Sauerstoff entstehen daher 1 cbm CO_2 + 1,88 cbm Stickstoff = 2,88 cbm Verbrennungsgase.

Da nun nach der' Tabelle bei der Bildung von 1 cbm Kohlensäure aus 0,5363 k Kohlenstoff und 1 cbm Sauerstoff (+ 3,76 cbm Stickstoff) 4334 W. E. frei werden, so berechnet sich die Temperatur, welche die Verbrennungsgase annehmen, zu

$$\frac{4334}{(1 \cdot 0{,}427 + 3{,}76 \cdot 0{,}31 =)\ 1{,}60} = 2708^0 \text{ C.}$$

also um 4^0 C. höher als bei der Zugrundelegung von Gewichtsverhältnissen, welche geringe Differenz der Abrundung der specifischen Wärme der in Betracht kommenden Gase zur Last zu legen ist.

Sind derartige Heizwerthbestimmungen und Berechnungen der durch Verbrennung entstehenden Temperaturen auch sehr instruktiv und für die Beurtheilung des Heizwerthes nicht ohne allen Werth, so darf man ihnen im praktischen Leben doch keine allzugrosse Bedeutung beilegen und nie ausser Acht lassen, dass diese theoretischen Werthe in der Praxis der Wärmeerzeugung nicht erreicht werden können, weil der Verbrennungs-process in Wirklichkeit niemals jenen idealen Verlauf nimmt, der die voll-ständige Verbrennung bewirken und die theoretische Temperatur zum Aus-druck kommen lassen müsste.

Aber wenn auch dies der Fall, die Verbrennung eine vollkommene wäre, so würde es doch andererseits wieder nicht möglich sein, dass die Verbrennungsprodukte jene hohen, theoretischen Temperaturen annehmen können, ohne wieder in ihre Einzelbestandtheile zu zerfallen, sich zu zer-setzen oder zu dissociiren. Es ist nach dem Voraufgegangenen bekannt, dass ein zusammengesetzter Körper, wenn er genügend erhitzt wird, sich in seine Bestandtheile aufzulösen beginnt, und dass die Lebhaftigkeit der Zersetzung mit der Temperatur zunimmt. Wenn also die Temperatur der Flamme eines brennenden Gases höher ist als die Anfangstemperatur der Zersetzung, so wird das Produkt der Verbrennung sich zersetzen und dadurch einen Theil der gleichzeitig entwickelten Wärme verbrauchen, was eine Verminderung der Temperatur bewirkt. Es ist leicht einzusehen, dass auf diese Art ein Zustand des mobilen Gleichgewichts erreicht wird, bei welchem eine kontinuirliche Zersetzung auf der einen Seite gerade so viel Wärme aufzehrt, wie auf der andern Seite durch die kontinuirliche Verbrennung erzeugt wird. Die Temperatur, welche von nun an sich kon-stant erhalten wird, ist die wahre Temperatur der Flamme.[1]

Ohne der späteren Detailbetrachtung dieses Gegenstandes vorzugreifen, mag schon hier erwähnt werden, dass die zu 6750^0 C. berechnete Tempe-ratur der Verbrennung des Wasserstoffs in Sauerstoff (Knallgas) zu Wasser von Deville und Debray mit nur 2500^0 C. beobachtet wurde, und dass Bunsen bei der Verbrennung von Knallgas im geschlossenen Gefäss und unter einem Druck von etwa 10 Atmosphären, also unter ausserordentlich gün-stigen Voraussetzungen, 2844^0 C. erhielt.[2] Da die Verbrennungsprodukte der gewöhnlichen Feuerungen vorwaltend aus Kohlensäure und Wasserdampf bestehen, und da diese schon bei $10-1400^0$ C. wieder zersetzt werden, so kann man annehmen, und diese Annahme mit den Erfahrungen der Praxis stützen, dass die Maximaltemperaturen mit der Dissociationsgrenze zu-sammenfallen, oder dieselbe doch nicht weit überschreiten.

---

[1] Ferrini, a. a. O. S. 151.

[2] Gasometrische Methoden von Rob. Bunsen, 2. Auflage. Braunschweig 1877. S. 326.

Wie die tägliche Erfahrung lehrt, geht die Verbrennung nur dann vor sich, wenn an den verbrennlichen Körper von aussen Wärme übertragen wird. Diese Wärme bewirkt zunächst die Erhitzung der Brennsubstanz und, wenn diese ein fester Körper ist, die Zersetzung desselben in Gase, welche sich in Gegenwart von atmosphärischer Luft entzünden.

Die Temperatur, bei welcher ein Körper in Verbrennung geräth, nennt man die Entzündungstemperatur.[1]) Sie ist nach Bunsen[2]) die niedrigste Temperatur, bei welcher Gemengtheile eines Gasgemisches die Fähigkeit erlangen, sich miteinander zu verbinden. Denkt man sich in einer verbindungsfähige Bestandtheile enthaltenden Gasmasse eine Gasschicht durch äussere Ursachen auf die Entzündungstemperatur erhitzt, so wird die Verbindung in dieser Schicht erfolgen, und durch die dabei erzeugte Verbrennungswärme eine Temperaturerhöhung eintreten. Ist diese Temperaturerhöhung hinreichend, um die angrenzende Schicht durch die an dieselbe abgegebene Wärme auf die Entzündungstemperatur zu erhitzen, so wird auch diese Schicht verbrennen und ebenso alle folgenden bis zur vollendeten Verbrennung. Bunsen's Definition bezieht sich allerdings nur auf Gase, da aber die brennbaren Körper immer nur im gasförmigen Zustande verbrennen, so hat seine Erklärung allgemeine Bedeutung, man müsste sie in Bezug auf die Verbrennung fester Körper indess etwas weiter ausdehnen und sagen, dass die durch lokale Verbrennung der aus einem Theil des festen Brennstoffs entwickelten Gase hervorgebrachte Temperaturerhöhung zum Theil auch für die Entgasung einer benachbarten Masse festen Brennstoffs, der Rest aber für die Entzündung der Gase verbraucht wird.

Das Entzündungsvermögen oder die Brennbarkeit ist bei verschiedenen Brennstoffen eine sehr verschiedene. Ein trockener Holzspahn entzündet sich schon bei verhältnissmässig niedriger Temperatur und brennt mit langer, hellleuchtender oder auch mit russender Flamme; derselbe Holzspahn aber im feuchten Zustande entzündet sich viel schwerer und erst nach längerer Zeit der Erhitzung, weil die von aussen zugeführte Wärme zunächst die in ihm enthaltene Feuchtigkeit verdampfen muss, bevor entzündliche Gase aufgeschlossen werden oder diese sich entzünden können, da der Wasserdampf in einem Gemisch brennbarer Gase die Entzündbarkeit bis auf Null vermindern kann. Die Entzündbarkeit der Steinkohle ist unter sonst ganz gleichen Verhältnissen geringer als die der Holzkohle, aber grösser als die der Koks, entsprechend der zunehmenden Dichte derselben und der damit abnehmenden Energie, die Entzündungswärme in sich aufnehmen und Gase

---

[1]) Die Temperaturen, bei welchen Entzündung eintritt, sind nicht genauer bekannt, auch wohl kaum zu beziffern. B. Kerl (allgemeine Hüttenkunde S. 72) nimmt an: für trockenen porösen Torf 225°, Nadelholz 295°, Steinkohle 326°, Holzkohle 360—800°, je nach der Darstellungstemperatur, Wasserstoff 800—1000° C.

[2]) A. a. O. S. 336.

bilden zu können, wie auch der bei grösserer Dichte geringer werdenden Durchdringbarkeit der betr. Substanz für den Sauerstoff der Luft.

Von wesentlichem Einfluss auf die Energie der Verbrennung ist auch die Geschwindigkeit, mit welcher sich die Entzündung in einem Gasgemisch fortpflanzen kann. Diese ist nicht wenig abhängig von der Anwesenheit grösserer oder geringerer Mengen indifferenter Gase innerhalb des Gemenges, das sowohl ein Fertiges wie auch ein Werdendes sein kann; bestimmt aber wird sie in erster Linie von dem specifischen Gewicht der einzelnen Gase und der daraus resultirenden Beweglichkeit ihrer Atome. So fand Bunsen, dass die Fortpflanzungsgeschwindigkeit der Entzündung in dem leichtesten aller Gase, dem reinen Wasserstoffknallgase, 34 m in der Sekunde beträgt, während sie in dem specifisch schwereren Kohlenoxydgase nur 1 m erreicht. Dieser Umstand erklärt auch die Ursache der lebhafteren, von längerer Flamme begleiteten Verbrennung der Kohlenwasserstoffgase gegenüber derjenigen des Kohlenoxydgases.

Beständen die bei der Zersetzung fester Brennstoffe sich bildenden gasförmigen Produkte nur aus Wasserstoff und Kohlenoxydgas, so würde die Verbrennung unter sonst normalen Verhältnissen einen sehr regelmässigen Verlauf nehmen, etwa wie bei Holzkohle und Koks, die fast nur Kohlenoxydgas entwickeln. Nun entstehen aber im Anfangsstadium der Verbrennung fester, noch nicht entgaster Brennstoffe flüchtige Produkte von sehr abweichender Zusammensetzung aus Kohlenstoff und Wasserstoff, die zunächst nicht vollkommene Gase, sondern nur Dämpfe sind, deren Bestreben, sich weiter zu zersetzen, grösser ist als das, sich mit dem Sauerstoff der Luft zu verbinden und zu verbrennen, so dass sie zum grossen Theil aus dem Verbrennungsraum unverbrannt entweichen und mit Kohlendampf den sichtbaren Bestandtheil des Rauches bilden.

Die chemische Konstitution dieser kondensirbaren Dämpfe, die als Produkte der trockenen Destillation bezeichnet werden, ist nach der Höhe der auf sie einwirkenden Temperaturen eine sehr veränderliche. Wahrscheinlich schon in den festen Brennstoffen fertig gebildet vorhanden, werden diese Kohlenwasserstoffverbindungen bei steigender Temperatur in immer einfacher werdende Verbindungen zerlegt, bis sie endlich wirkliche Gasnatur annehmen und sich nun leicht mit dem Sauerstoff verbinden. Ein treffendes Beispiel für die Veränderlichkeit dieser Verbindungen giebt das im Tannenholze vorkommende Terpentinöl ($C_{10} H_{16}$), das bei 150 bis 160° C. siedet und hierbei unverändert abdestillirt werden kann. Leitet man das verdampfende Terpentinöl aber durch ein glühendes Eisenrohr, so entsteht Aethylen (schweres Kohlenwasserstoffgas $C_2 H_2$), dann Methan (leichtes Kohlenwasserstoffgas $C H_4$), und endlich unter Abscheidung des Kohlenstoffs in fester Form reines Wasserstoffgas.

Die in den Brennstoffen enthaltenen natürlichen Kohlenwasserstoffe werden bei Temperaturen, die noch unter der Rothglut liegen und etwa

500° C. betragen, also in den frischen Brennstoffaufschüttungen des Verbrennungsherdes, dampfförmig, und entweichen bei nicht genügend hoher, zur raschen Zersetzung und Entzündung nicht ausreichender Temperatur mit den Verbrennungsgasen, oder verdichten sich in kälteren Theilen des Herdes oder in längeren Rauchleitungen zu Theer. Aber auch die unter Einwirkung steigender Hitze aus den ersten Zersetzungsprodukten entstehenden einfacheren Kohlenwasserstoffverbindungen finden nicht immer die zu ihrer Verbrennung günstigen Bedingungen vor; so verbrennt Aethylen erst bei einer der Weissglut nahen Temperatur, indem es sich, wie auch das Sumpfgas, in Kohle und Wasserstoff spaltet, während letzterer für sich schon bei Rothglut zur Verbrennung gelangt.

Das Leuchtgas besteht in allen seinen Theilen aus Produkten der trockenen Destillation, während es aber bei der Leuchtgasbereitung gelingt, die anfänglich nur dampfförmigen Produkte zum grösseren Theile in wirkliche Gase zu zerlegen, weil die Kohle in geschlossenen Retorten einer hohen Temperatur ausgesetzt wird, wobei indess immer noch ein erheblicher Theil von Dämpfen unzersetzt bleibt und kondensirt werden muss, ist an eine belangreiche Transformation der Kohlenwasserstoffdämpfe in wirkliche Gase bei der Verbrennung in gewöhnlichen Heizapparaten nicht zu denken, weil sich diese Dämpfe schon im Moment des Entstehens aus dem Bereich der höchsten Temperatur entfernen, während sie doch umgekehrt in einen weit heisseren Theil des Feuerraums gelangen müssten, um verbrennen zu können. Die Produkte der trockenen Destillation gehen also unter gewöhnlichen Verhältnissen für die Wärmeerzeugung nicht allein verloren, sondern sie tragen auch die ganze Wärme mit fort, die zu ihrer Verdampfung und Erhitzung aufgewendet wurde.

Schon aus diesem Grunde — von anderen vorläufig ganz abgesehen — muss die jetzt noch allgemein übliche Art und Weise der Wärmeerzeugung als eine sehr unvollkommene, der Verbesserung dringend bedürftige bezeichnet werden.

Unsere Zeit hat, wie auf allen Gebieten der Naturwissenschaften so auch auf dem der Wärmetechnologie ausserordentliche Fortschritte gezeitigt. Ausgehend von einem aufmerksameren Studium der Verbrennungserscheinungen und der Eigenschaft der festen Brennstoffe, vor der eigentlichen Verbrennung gasförmig zu werden, hat man eine Methode der rationellen Wärmeerzeugung aufgefunden, welche jener Eigenschaft der Brennstoffe in ausgiebigster Weise Rechnung trägt und die schon jetzt die Mängel zu einem grossen Theil beseitigt hat, welche dem alten primitiven System naturgemäss anhaften. Das neue Verfahren besteht darin, dass die beiden Momente des Verbrennungsprocesses, die Vergasung der festen Brennstoffe und die Verbrennung der Gase, räumlich mehr oder minder streng von einander geschieden worden sind; der Verbrennungsapparat ist hierbei nicht auch zugleich das Laboratorium, in welchem der Brennstoff die mancherlei und eingreifenden Veränderungen erleidet, die der Verbrennung voraufgehen, sondern allein diejenige Abtheilung des Wärmeerzeugungsapparats, dem eine fertige Brennsubstanz zugeführt wird, deren Verbrennung unter den günstigsten Verhältnissen von statten geht.

Es ist dies die **Heizung mit Gasen**, die auf dem einfachen Princip beruht, dass die brennbaren Bestandtheile des Brennmaterials vor der eigentlichen Verbrennung unter Einwirkung einer hohen Temperatur aus dem festen in den gasförmigen Zustand umgewandelt und separat verbrannt werden.

Diese Transformation des Aggregatzustandes vollzieht sich in einem besonderen Apparate, dem Generator oder Gaserzeuger, in welchem als Agens des Vergasungsprocesses ein stark glühender resp. verbrennender Theil des im Generator angehäuften Brennstoffs in der Weise wirkt, dass aus dem erhitzten Theile desselben die brennbaren Gase ausscheiden und die aus der Verbrennung resultirende Kohlensäure zu Kohlenoxyd reducirt wird. Diese im Generator entstehenden Gase werden dem Verbrennungsraume zugeführt, wo sie unter der Mitwirkung der atmosphärischen Luft verbrennen.

Die Gase des Generators unterscheiden sich hinsichtlich der chemischen Zusammensetzung und besonders ihrer geringeren Reinheit wegen wesentlich vom Leuchtgase, wie beide Systeme der Vergasung denn auch dadurch merklich von einander unterschieden sind, dass bei der Darstellung des Leuchtgases in Retorten viel fester Kohlenstoff als Koks zurückbleibt, während bei der des Generatorgases aller Brennstoff in Gase zersetzt wird, so dass nur die unverbrennliche Asche zurückbleibt.

Zwar ist die Gasfeuerung nicht unter allen Verhältnissen anwendbar und mancherlei Schwierigkeiten bietet noch die Behandhabung des etwas komplicirten Apparates; da aber, wo die Gasfeuerung zur Einführung gelangte, ist ihre Bedeutung vollwerthig zum Ausdruck gekommen. Wenige Jahre ernster Arbeit haben auf diesem Gebiete Ausserordentliches geleistet, grössere Erfolge aber wird noch die Zukunft zeitigen. Denn wie das Beleuchtungswesen sich aus der ursprünglich so primitiven Form des Herdfeuers oder des qualmenden Holzspahns zu der veredelten der Leuchtgasflamme aufgeschwungen hat, so wird wohl auch in nicht allzuferner Zeit die Gasfeuerung die directe Feuerung abgelöst haben und überall da in Anwendung sein, wo es sich um die rationelle Erzeugung von Wärme für industrielle und technische Zwecke handelt.

Erster Abschnitt.

Die fossilen Brennstoffe und ihre Beziehungen zu der Gasfeuerung.[*])

Die fossilen Brennstoffe, Steinkohlen, Braunkohlen und Torf sind, wie des Näheren dargelegt worden, organischen Ursprungs, sie sind Umwandlungsprodukte von abgestorbenen Pflanzen, welche unter Mitwirkung der verschiedenartigsten chemischen und physikalischen Verhältnisse eine Zustands- und Eigenschaftsveränderung erlitten, als deren wahrscheinlich letztes festes Produkt wir diese brennbaren Fossilien zu betrachten haben.

Während man über die der heutigen Phase der Erdgeschichte näher liegende Entstehungsart und den Bildungsstoff der Braunkohle längst zu allgemein anerkannten Ansichten gelangte, ist Verlauf und Stoff der Steinkohlenbildung noch keineswegs festgestellt worden. Das Für und Gegen der wissenschaftlichen Kontroverse bewegt sich noch in schwer lösbaren Widersprüchen und Hypothesen, von denen die eine die Steinkohle, ähnlich wie die Braunkohle, aus Landpflanzen entstanden wissen will, wohingegen die andere das Bildungsmittel derselben ausschliesslich in Meerespflanzen erblickt.

Die Ansicht, dass die Steinkohle aus Meerespflanzen entstanden sein könne, hat schon Parrot in seiner „Physik der Erde" (1845) aufgestellt, und auch Bischof hat in seinem „Lehrbuch der chemischen und physikalischen Geologie" (1863—1866) die Möglichkeit der Bildung von Steinkohlen aus Meerespflanzen zugegeben, aber erst F. Mohr hat in seiner „Geschichte der Erde" (1875), mit den seither geltenden Satzungen der

---

[*]) Wenngleich alle jene Materialien, welche für die Wärmezeugung überhaupt nutzbar sind, auch für die Gasfeuerung zweckdienlich gemacht werden können, hier oft mit grösserem ökonomischen Effekt als dort, so sind es doch in erster Linie nur die brennbaren Fossilien, welche das Vergasungsmaterial für die Gasfeuerung liefern. Die Heizung mit Holz z. B. tritt immermehr in den Hintergrund, auch das Vorkommen der für Gasfeuerungszwecke sonst recht gut geeigneten bitumenreichen Lias- und Posidonienschiefer ist so sehr lokaler Natur, dass sie ein allgemeines Interesse nicht beanspruchen können. Aus diesen Gründen wird es gerechtfertigt sein, wenn hier die nicht-fossilen Heizmaterialien keine Berücksichtigung gefunden haben.

Geologie in fast allen Theilen Zug um Zug brechend, der Parrot'schen Hypothese weiteren Ausbau und wissenschaftliche Begründung zu geben versucht, ohne indess besondere Anerkennung für die Theorie der Steinkohlenbildung auf maritimen Wege gefunden zu haben.

An der Hand scharfsinniger Schlüsse und Beobachtungen sucht Mohr den Beweis zu liefern, dass die Steinkohle niemals wie Braunkohle und Torf aus holzfaserhaltigen Landpflanzen, sondern nur aus holzfaserfreien Meerespflanzen, den Fukoiden, zu denen die Tange gehören, entstanden sein kann, welche in kolossalen Mengen, und über Tausende von Quadratmeilen verbreitet, in den Tiefen des Meeres vegetiren. Diese Meerespflanzen sterben zum Theil ab, werden von den Meeresströmungen in ihre Flutungen aufgenommen, nach bestimmten Richtungen geflösst und an geeigneten Stellen des Meeresbodens niedergelegt. Diese Tangmassen gehen in Zersetzung über, es treten Verhältnisse ein, welche die Ablagerung von Schlamm, der dem Meere vom Festlande aus zugeführt wird, über der Tangschicht zur Folge haben, dann bildet sich wieder Tangmasse und wieder folgt ein Verschütten derselben; der Tang wird Kohlenflötz, der Schlamm Kohlensandstein; durch Hebung des Meeresbodens treten die Kohlenflötze mit den unorganischen Zwischenlagerungen in das Festland, bald horizontal geschichtet, bald gewaltsam zerklüftet. Einzelne Baumstämme und Gefässpflanzenreste werden mit den Meeresströmungen aus fernen Ländern herbeigeschleppt, wie es heute noch auf Spitzbergen der Fall ist, und mit den Tangen abgelagert; sie kommen also zufällig hierher, sind nicht an ihrer Lagerstelle gewachsen und können überhaupt nach Mohr's Ansicht keine Steinkohle bilden.

Das hohe specifische Gewicht der Steinkohle, ihr alleinstehendes Verhalten der Schmelzbarkeit in der Hitze, ihre Dichte, das sind Momente, die offenbar mit der Abwesenheit der absolut unschmelzbaren Holzfaser und der Anwesenheit leicht flüssig werdender Kohlenhydrate zusammenhängen. Niemals hat man eine Uebergangsform von Lignit (Braunkohle) in Steinkohle, oder eine Steinkohle, die noch Spuren von Lignitsubstanz an sich trüge, wahrgenommen; die in der Steinkohle enthaltenen Holzstämme sind von der Steinkohlenmasse durchdrungen und zeigen keine Lignitform, die ihr sonst zukommen würde.

Mit der Kohlenvegetation weist Mohr auch die Tropentemperatur der nördlichen Hemisphäre zur Zeit der Steinkohlenbildung ganz entschieden zurück. Sie ist ihm die schwächste Seite der Geologie, überaus unwahrscheinlich und einfach als Konsequenz der Theorie der Steinkohlenbildung aus solchen Pflanzen zu betrachten, welche zu ihrer Existenz eine hohe Temperatur, ein tropisches Klima bedürfen. Die Thatsache, dass noch heute um Spitzbergen herum trotz der dort herrschenden Kälte, die kaum Moose aufkommen lässt, ungeheuere Massen von Meerespflanzen auf dem Boden des wärmeren Meeres gedeihen, die nach Mohr's Ueberzeugung gebreitet war, die Pole nicht ausgeschlossen, denn auch in den Polarregionen ist das Vorkommen von Steinkohlen konstatirt worden.

Das eigentliche Bildungsmittel der Kohle ist aber nicht die Pflanze in ihrer ganzen Totalität, sondern nur eine in ihr enthaltene eigenthümliche, aus Kohlenstoff, Wasserstoff und Sauerstoff bestehende Substanz, die Holz- oder Pflanzenfaser, die sich durch chemische Behandlung als Cellulose rein darstellen lässt und als solche in der Papierfabrikation umfangreiche Verwendung findet. Sobald nun holzfaserhaltige, organische Stoffe der Lebenskraft beraubt werden, gehen sie unter den zerstörenden Einflüssen der atmosphärischen Luft und der Feuchtigkeit in einen Zustand über, den man Fäulniss oder Verwesung nennt. Es ist der Verwesungsprocess der Verbrennung nicht unähnlich, nur geht diese viel energischer von statten als die Verwesung, beide werden aber von denselben Erscheinungen begleitet, insofern nämlich, als sich dort wie auch hier der Kohlenstoff und Wasserstoff der organischen Substanz mit dem Sauerstoff der atmosphärischen Luft zu Kohlensäure und Wasser verbinden. Bei der Verwesung wird ausserdem noch ein Theil des Kohlenstoffs an Sauerstoff gebunden, und so der unveränderliche Humus gebildet.

Wäre dieser Zutritt des Sauerstoffs nicht später gehindert und das Entweichen der sich bildenden gasförmigen Körper bedeutend erschwert, ja theilweise unmöglich gemacht worden, sagt H. Mietzsch, so würde der eingeleitete Zersetzungsprocess auf jeden Fall zur vollständigen Vermoderung der Pflanzensubstanzen geführt haben. Eine solche Absperrung fand durch die sich früher oder später über der Ablagerung ausbreitende Decke von Thon oder thonreichem Sande statt. Dieser mehr oder minder vollständige Einschluss der pflanzlichen Massen leitete den Zersetzungsprocess in bestimmte Wege; es begann der Process der Verkohlung. Da der Zutritt des Sauerstoffs ebenso wie das Entweichen der gasförmigen Zersetzungsprodukte erschwert wurde, so musste jetzt ein Zersetzungsprocess beginnen, welcher zum grossen Theile in einer langsamen Umsetzung bestand. Er wurde veranlasst durch die Reaktion der Elemente unter einander, und begünstigt durch den mit dem Beginn der Zersetzung gestörten Gleichgewichtsheitzustand in der chemischen Konstitution der vegetabilischen Stoffe.[1]

Diese Zersetzungen und Umsetzungen, deren ununterbrochene Wirksamkeit innerhalb der Kohlen durch die Ausstossung von Kohlensäure und Grubengas (schlagende Wetter) bekundet wird, müssen in der ihnen unterworfenen Verkohlungssubstanz nothwendig eine Verschiebung in den Verhältnissen ihrer Elementarbestandtheile zu einander herbeiführen. Es müssen, wenn man die Holzfaser als die kohlenbildende Substanz und die Anthracitkohle als die Endstufe der Kohlenbildung betrachtet, die zwischen

---

[1] Geologie der Kohlenlager von Dr. Hermann Mietzsch. Leipzig 1875. S. 240.

beiden liegenden Verbindungsglieder von Torf, Braunkohlen und Steinkohlen jüngerer Formationen erkennen lassen, wie der Verkohlungsprocess die chemische Zusammensetzung der in der Umbildung begriffenen Holzfaser beeinflusst. In welchem Umfange dies der Fall ist, wird sich aus der folgenden Uebersicht entnehmen lassen.

	Kohlenstoff	Wasserstoff	Sauerstoff mit Stickstoff
Holzfaser	52,65	5,25	42,10
Torf aus Irland.	60,02	5,88	34,10
Braunkohle von Köln.	66,96	5,27	27,76
Braunkohle von Dux	74,20	5,90	19,90
Steinkohle der Zeche Zollverein bei Oberhausen .	84,18	5,23	10,59
Kannelkohle von Wigan	85,81	5,85	8,34
Hartleykohle von Newcastle	88,42	5,61	5,97
Steinkohle von Rive de Gier	90,50	5,05	4,40
Anthracit von Wales.	94,05	3,38	2,27

Eine Vergleichung der vorstehend gegebenen Analysen der Holzfaser und einer Anzahl fossiler Brennstoffe macht zunächst ersichtlich, dass mit dem Fortschreiten des Zersetzungsprocesses eine beträchtliche Abscheidung von Wasserstoff und Sauerstoff aus der Verkohlungssubstanz stattfindet, so dass dieselbe an Kohlenstoff immer reicher, an Wasserstoff und Sauerstoff aber ärmer wird. Dem im Anthracit enthaltenen 94,05 pCt. Kohlenstoff würden, bei einer Vergleichung desselben mit der chemischen Zusammensetzung der Holzfaser 9,38 Wasserstoff und 75,20 Sauerstoff + Stickstoff entsprechen; daraus ergiebt sich, dass bei der Umbildung der Holzfaser in Anthracit 6 Wasserstoff und 64,93 Sauerstoff + Stickstoff ausgetreten sein müssen, unter der Voraussetzung, dass kein Kohlenstoff verloren gegangen, was indess doch der Fall ist, weil bei der Verkohlung auch kohlenstoffhaltige Gase ausgestossen werden.

Es ergiebt sich aus der Uebersicht aber noch eine andere eigenthümliche Erscheinung, die nämlich, dass die Ausscheidung von Sauerstoff im Verhältniss zum Wasserstoff aus der Verkohlungssubstanz bis dahin eine viel grössere gewesen sein muss, wo dieselbe den Charakter der Steinkohle angenommen hat, während von hier ab bei verminderter Entweichung von Sauerstoff eine beträchtliche Menge von Wasserstoff ausgeschieden wird. Ob diesem entgegengesetzten Verhalten nicht doch ein schwerwiegenderes Moment zu Grunde liegt, als nur die keineswegs bedeutende Differenz in der Art des Verkohlungsstadiums, ob es nicht doch darauf hindeutet, dass die Steinkohle aus einem anderen Material entstanden ist als die Braunkohle, das scheint noch nicht untersucht zu sein, Thatsache aber ist es, dass die aus Braunkohlen austretenden Gase wesentlich anderer Natur sind als diejenigen, welche sich aus der Steinkohle im Verlauf des natürlichen Verkohlungsprocesses absondern.

Wie sehr auch die Naturwissenschaften unsere Kenntnisse der fossilen Brennstoffe bereichert haben, so harren doch viele und grade die wichtigsten der zu ihnen in Beziehung stehenden Fragen noch einer befriedigenden Lösung. Wie es noch nicht entschieden ist, ob die Steinkohle aus Meeres- oder aus Landpflanzen entstand, so entziehen sich unserer Kenntniss auch noch die näheren Umstände, unter welchen die pflanzlichen Stoffe in Kohle umgewandelt worden sind; wir können nur aus der chemischen und physikalischen Natur der Kohlen, der Steinkohlen sowohl wie auch der Braunkohlen, die Thatsache ableiten, dass ausserordentlich verschiedene, von innen und von aussen wirkende Momente bei der Umbildung der Pflanzen in Kohle obgewaltet haben. In dem Umstande, dass manche Kohlengattungen eine grosse Flammbarkeit, andere keine besitzen, dass die einen in der Hitze erweichen, andere wieder in Pulver. zerfallen, diese viel, jene wenig Asche bei der Verbrennung hinterlassen, dass selbst die Kohlen eines und desselben Flötzes chemisch sowohl wie physikalisch von einander oft sehr verschieden sind, darin vermögen wir nur die Wirkungen uns meist gänzlich unbekannter Ursachen zu erkennen, die bei der Entstehung der Kohlen thätig gewesen sind.

So wird es denn auch erklärlich sein, dass der Aufstellung einer Klassifikation der Kohle und ihrer Arten, welche neben hervorstechenden äusseren auch nur die wichtigsten inneren Eigenschaften berücksichtigen wollte, zur Zeit noch grosse, theilweise unüberwindliche Schwierigkeiten entgegenstehen.

Man wird sich bei dem heutigen Stande des bezüglichen Wissens damit begnügen müssen, in erster Reihe die mineralogischen Merkmale und das physikalische Verhalten der Kohle beim Verbrennungsakt zum Ausgangspunkt der Klassificirung zu nehmen, deren Werth durch Hinzufügung der durch die chemische Analyse gewonnenen Resultate wesentlich gehoben werden kann.

Zieht man zunächst nur die mineralogischen und geologischen Merkzeichen in Betracht, dann ergeben sich drei mehr oder minder scharf von einander gesonderte Hauptgruppen der Kohlebildungen, nämlich anthracitische Kohlen, Stein- oder Schwarzkohlen, und Braunkohlen.

Die anthracitischen Kohlen (Anthracit, Stangenkohle, Faserkohle), sind theils faserig und pulverig, theils dicht und hart, uneben oder muschelig im Bruch, eisen- bis grau-schwarz, meist metallisch glänzend. Als älteste Stufen der Kohlebildungen zeichnen sie sich aus durch hohen Kohlenstoffgehalt, demgegenüber Wasserstoff und Sauerstoff nur in geringen Mengen vorhanden sind. Die Verbrennung dieser Gattung erfolgt nur träge, unter geeigneten Umständen mit intensiver, stets rauch- und russfreier Glut, jedoch ohne eigentliche Flamme, weil den anthracitischen Kohlen die Elemente der Flamme (Wasserstoff, Kohlenwasserstoff) mangeln. Beim Glühen entwickeln die anthracitischen Kohlen nur geringe Mengen flüchtiger Produkte und backen nur wenig oder garnicht.

In Deutschland kommen die anthracitischen Kohlen nur vereinzelt und an wenigen Orten vor, so in der Nähe von Offenburg (Baden), am Piesberg bei Osnabrück, in Kohlscheid bei Aachen und an der Ruhr, hier als tiefste Lagerung der dort in mannigfaltigen Abarten vorkommenden Kohlen.

Schinz fand acht amerikanische und französische Anthracitkohlen im Mittel zusammengesetzt aus 91,54 C, 2,79 H, 2,64 O und 2,99 Asche. Meidinger fand den Aschengehalt der genannten vier deutschen Anthracitkohlen zwischen 7—9 pCt. schwankend, bei einer Offenburger Sorte bis zu 13 pCt. ansteigend. Der Stickstoffgehalt beträgt zwischen 0,58—1,0 pCt., der Schwefelgehalt zwischen 0,63—1,0 pCt.

Die anthracitischen Kohlen, insbesondere die eigentlichen Anthracite, obwohl sie ein werthvolles, nicht theerendes Heizgas liefern, sind für sich allein als Vergasungsmaterial nur unter gewissen, noch zu erwähnenden Voraussetzungen brauchbar, dagegen können sie bei der Gasfeuerung als Zuschlag zu an flüchtigen Produkten reichen, stärker backenden Steinkohlen oder Braunkohlen sehr zweckdienliche Verwendung finden.

Die eigentlichen Steinkohlen (Glanzkohle, Pechkohle, Kannelkohle, Russkohle) sind dicht oder schieferig, nur selten leicht zerreiblich, schwarz gefärbt in den verschiedensten Abtönungen.

Von den jüngeren Braunkohlen unterscheidet sich die Steinkohle wesentlich dadurch, dass sie von Kalilauge wenig oder garnicht angegriffen wird, während diese aus Braunkohle eine dunkelbraune Substanz auszieht, in welcher Humussäure gelöst ist; dass jene beim Erhitzen nur ammoniakalische, diese aber nur saure Dämpfe giebt und endlich dadurch, dass die Steinkohlen bei der natürlichen Destillation Sumpfgas, die Braunkohlen aber nur Kohlensäure entwickeln.

Unter den die Steinkohle begleitenden Mineralien finden sich am häufigsten Schwefelkiese und andere Schwefelmetalle, Kalkspat, Gyps, Hornstein. Die Asche besteht vorherrschend aus kieselsaurer Thonerde, Eisenoxyd, an Kieselsäure gebundene Alkalien und Kalk. Der Aschengehalt ist ein sehr schwankender und beträgt bei besten Kohlen 4—7, bei mittleren 8—14 und bei schlechteren mehr als 14 pCt. Der Schwefelgehalt der Kohlen[1]), welcher eine Selbstentzündung und ein Zerfallen derselben beim Verwittern herbeiführen kann, liefert beim Einäschern theilweise Eisenoxyd und schwefelsauren Kalk, welch ersteres die Asche leicht-schmelzbar machen kann, während der Schwefelgehalt des unveränderten Kieses als Schwefeldampf oder schweflige Säure die Roststäbe und Eisentheile der Feuerung angreift, auch den Rauch für die Umgebung schädlich macht.

Man kann die Klassifikation der Steinkohlen auf eine oder mehrere ihrer wichtigsten Merkmale basiren; man kann von dem Grade ihrer Flamm-

---

[1]) Grundriss der allgemeinen Hüttenkunde von Bruno Kerl, 2. Auflage. Leipzig 1879. S. 105.

barkeit ausgehen oder auch ihr Verhalten in der Hitze, bei der trockenen
Destillation, zum Ausgangspunkte nehmen und diesen Merkmalen eine oder
mehrere ihrer sonstigen chemischen oder physikalischen Eigenschaften sub-
stituiren, immer aber werden in einer solchen Klassifikation nur die Haupt-
glieder der ganzen Gattung Platz finden können und die feineren, oft
werthvollsten ihrer Merkzeichen unberücksichtigt bleiben müssen, wie es
bei folgender Eintheilung der Fall ist:

	Langflammige sauerstoffreiche Kohlen			Kohlenstoffreiche kurzflammige Kohlen		
	a. Magere Flamm- Kohlen	b. Sinternde Flamm- Kohlen	c. Backende Flamm- Kohlen	d. Fett- Kohlen	e. Ess- Kohlen	f. Anthracit- kohlen
Mittlerer Gehalt der organischen Theile						
C	80,8	83,4	84,8	89,0	90,7	92,0
H	5,2	5,4	5,2	5,0	4,5	4,0
O u. N	14,0	11,2	10,0	6,0	4,8	4,0

Zu den langflammigen Kohlen gehören die Steinkohlen von Oberschlesien (meist mager), von Waldenburg (backend und sinternd), von
Saarbrücken (mager und sinternd im hangenden, schwach backend im
liegenden Flötzzuge), sowie die obere Parthie des westfälischen Beckens
(Backkohlen und Gaskohlen im Hangenden des Leitflötzes Diomedes, besonders in der Gelsenkirchener Mulde vertreten). Kurzflammige Kohlen
enthalten die untere und mittlere Parthie des westfälischen Beckens, sowie
die Bassins der Inde und Worm.

Eine solche Klassifikation ist zu einseitig, um von Werth sein zu
können. Sie lässt vor Allem nicht das nähere Verhalten der Kohle während der Verbrennung erkennen, aus dem man schliessen könnte, für
welchen Zweck eine der Gattungen sich besonders eignet.

Viel besser entspricht den praktischen Anforderungen die nachstehende, von B. Kerl[1]) mitgetheilte erläuterte Klassifikation.

a) **Anthracitische oder magere, kurzflammige Kohlen**, die
kohlenstoffreichsten und wegen geringen Gehaltes an Wasserstoff und Sauerstoff wenig brennbare (wenig flammbare) Gase gebend; mit 90—93 C,
4,5—4,0 H und 5,5—3,0 O mit N. Sie bilden bei schwarzer Farbe,
1,33—1,40 specif. Gew. (1 cbm = 850 k), den Uebergang zu den eigentlichen Anthraciten, entzünden sich schwer, brennen mit kurzer, wenig an-
dauernder und rauchloser Flamme und zerspringen zuweilen beim raschen

---

[1]) A. a. O. S. 103.

Erhitzen. Beim Verkoken erfolgen 82—90 pCt. leicht gefrittete oder sandige Koks und 12—8 pCt. Gase. Sie eignen sich für Hausbrand, Dampfkesselfeuerung u. s. w. Vorkommen u. a. im Wormrevier bei Aachen, auf Gruben der Vereinigungsgesellschaft in Kohlscheid.

b) **Kurzflammige, fette oder Backkohlen** (ältere Back- und Sinterkohle) mit 88—91 C, 5,5—4,5 H und 6,5—4,5 O mit N; schwarz, glänzend, häufig von blätteriger Struktur mit streifigen Lagen; specif. Gew. 1,30—1,35 (1 cbm durchschnittlich = 800 k), entzünden sich schwer, brennen mit kurzer Flamme, geben beim Verkoken 74—82 pCt. kompakte und ziemlich harte Koks und 12—15 pCt. Gase, besonders geeignet zur Verkokung und Dampfkesselfeuerung. Im Wormrevier bei Aachen und im Inderevier bei Eschweiler.

c) **Eigentliche Backkohlen** (Fettkohlen) mit 84—89 C, 5,0—5,5 H, 11,0—5,5 O mit N, schwarz, glänzender als vorige, blätterig, langflammiger unter langsamerem Wegbrennen als die vorhergehenden, aber kurzflammiger als die folgenden; im Feuer erweichend, sich stärker aufblähend als die folgenden, 68—74 pCt. geschmolzene, mehr oder weniger aufgeblähte Koks und 16—13 pCt. Gase gebend. Specif. Gew. etwa 1,30 (1 cbm = 750—800 k); besonders geeignet zum Verkoken, sowie wegen Gewölbebildung für Schmiedefeuer (Schmiede- oder Esskohle); weniger gut als die folgenden gasreicheren Sorten zur Gasfabrikation; u. A. in den Gebieten der Ruhr und von Aachen sich findend.

d) **Langflammige Backkohlen** (gasreiche Sinter- und Backkohlen) mit 80—85 C, 5,8—5,0 H und 14,2—10,0 O mit N; hart und zähe, mit mehr blättrigem als stengligem Bruche bei dunkler Farbe und starkem Glanz. Specif. Gew. 1,28—1,30 (1 cbm = 700—750 k); entzünden sich rasch; brennen mit langer Flamme rasch weg, geben 60—68 pCt. anfangs zusammengeschmolzene, dann lockere Koks und 20—17 pCt. Gas. Liefern, zur Gasfabrikation besonders geeignet (Gaskohlen), zwar weniger aber stärker leuchtendes Gas als die nachfolgenden, weniger zur Koksfabrikation passend wegen Erfolges geringer Mengen poröseren Koks, werden jedoch aber nicht selten zur Darstellung derselben verwendet, sowie mit Vortheil für Gasfeuerung und Flammofenfeuerung. In Oberschlesien, Saarbrücken und Westfalen.

e) **Langflammige Sandkohlen** (Flammenkohlen, gasreiche Sandkohlen) mit 75—80 C, 5,5—4,5 H und 19,15—15,5 O mit N, hart und wenig zerreiblich bei ebenem und muscheligem, selten stengeligem Bruche, tiefschwarz, brennen leicht mit langer Flamme und starker Rauchentwickelung, geben 50—60 pCt. nicht zusammengebackene sandige Koks (anthracitische Kohlen geben ähnliche Koks, aber in weit grösserer Menge und viel weniger Gas) und an 20 pCt. Gase; dienen hauptsächlich zur Flammenfeuerung und zur Herstellung eines minder guten Leuchtgases als die vorhergehenden; eignen sich ebenfalls gut für die Gasfeuerung. In den oberen Parthien der Kohlenbecken von Oberschlesien und Saarbrücken, seltener in Westfalen.

Die vorstehende Klassifikation stützt sich auf neuere Untersuchungen von Hilt, Muck, Scheurer-Kestner und Meunier, Havrez, und bezüglich der Typen sowie der Angaben über chemische Zusammensetzung, Koksausbeute und Gasproduktion auf eine Arbeit des französischen Generalbergwerksinspektors M. L. Gruner, vernachlässigt aber andere sehr wichtige Punkte derselben, und da diese eben ganz besonders geeignet sind, unsere Kenntniss dieses Gegenstandes zu bereichern, so mag die Gruner'sche Publikation selbst hier eine Stelle finden.[1])

Der wirkliche Werth einer Steinkohle hängt von ihrem Heizeffekt und einer Summe zugehöriger Eigenschaften, als Kohäsion, Menge und Zusammensetzung der Asche, Agglomeration in der Hitze etc. ab. Es müsste deshalb eine rationelle und strenge Klassifikation der Steinkohlen auf diese Eigenschaften basirt werden. Leider kennt man zur Zeit den wirklichen Wärmeeffekt noch nicht genau; Dulong suchte denselben durch die Elementaranalyse zu bestimmen, aber man kann vom kalorischen Standpunkte aus eine ternäre chemische Verbindung einem einfachen Gemenge von Kohlenstoff und Wasserstoff, wie es die Elementaranalyse voraussetzt, nicht gleichstellen, da letzterer nicht allein an Sauerstoff gebunden ist. Soviel steht heute fest, dass die Elementarzusammensetzung der Steinkohle nicht immer mit ihren wesentlichen Eigenschaften harmonirt, d. h. nicht mit dem Agglomerationsvermögen und dem Wärmeeffekt. Dass dies namentlich hinsichtlich des letzteren nicht der Fall ist, ergeben die Untersuchungen von Brix, Scheurer-Kestner, Meunier u. A. und hat seinen Grund in der variabelen Verbindungsweise der Elemente einer Steinkohle.

Auf Grund der Prüfungen von Steinkohlen des Loirebassins hat Gruner den Schluss gezogen, dass der wirkliche Werth einer Steinkohle besser gefunden werden kann durch eine mittelbare Analyse als durch die Elementaranalyse. Erstere besteht darin, die Kohlen in einer Retorte zu destilliren und den Rückstand zu veraschen. Man erfährt dabei das Agglomerationsvermögen sowie Natur und Menge der Asche. Bei den eigentlichen Steinkohlen fällt und steigt der kalorische Werth mit der beim Destilliren zurückbleibenden festen Kohlenstoffmenge, aber nicht immer bei Braunkohlen und Anthraciten.

Nach Elementaranalysen übersteigt der Sauerstoffgehalt in der Cellulose den Kohlenstoff um $\frac{1}{10}$, während in älteren Brennstoffen wie Anthracit derselbe nur $\frac{1}{40}$ dieses Gehaltes erreicht. Die relative Abnahme des Wasserstoffs ist auch merklich, aber doch weniger stark. Man findet in der Cellulose auf 1000 Kohlenstoff 139 Wasserstoff, in Steinkohlen

---

[1]) Berg- und Hüttenmännische Zeitung 1874. S. 96 f.

75—40, in Anthraciten 40—25. Der Sauerstoff verschwindet rascher als Wasserstoff mit dem Alter der Brennstoffe.

Die verschiedenen Brennmaterialien können charakterisirt werden durch das Verhältniss von O : H oder nach der Menge Kohle, welche die Destillation eines als trocken und aschenfrei angenommenen Brennstoffs gewährt. Diese Thatsachen stellen sich in folgender Tabelle dar, dazu bestimmt, die Typen zu markiren:

	O : H.	Trockene reine Koks erfolgt bei der Destillation:
Cellulose	8	0,28—0,30
Holz (Cellulose)	7	0,30—0,35
Torf und fossiles Holz	6—5	0,35—0,40
Braunkohlen	5	0,40—0,50
Steinkohlen	4—1	0,50—0,90
Anthracite	1—0,75	0,90—0,92

Die wichtigsten Brennstoffe sind die Steinkohlen. Aschenarme haben 1,25 — 1,35 specif. Gewicht und die kohlenstoffreichsten sind die dichtesten. Gewicht von 1 cbm in Stücken 700 bis 900 k. Vom industriellen Standpunkte aus kann man 5 Typen unterscheiden, die an den Grenzen in einander übergehen. Nachstehende Typentabelle ist das Resultat aus vielen Untersuchungen und Analysen:

Klassen oder Typen der Kohlen	C	H	O	O : H
Trockene Kohlen mit langer Flamme (Sandkohlen)	75—80	5,5—4,5	19,5—15	4—3
Fette Kohlen mit langer Flamme (Gaskohlen, Sinterkohlen) . . .	80—85	5,8—5,0	14,2—10	3—2
Fette oder Schmiedekohlen (Backkohlen)	84—89	5,0—5,5	11,0—5,5	2—1
Fette Kohlen mit kurzer Flamme (Verkokskohlen)	88—91	5,5—4,5	6,5—5,5	1
Magere Kohlen oder Anthracite mit kurzer Flamme	90—93	4,5—4,0	5,5—3,0	1

Man verwechselt häufig trockene und magere Kohlen. Der erstere Ausdruck gilt für Kohlen, welche infolge hohen Sauerstoffgehaltes nicht fritten, wie Braunkohlen, während der Name mager den wenig fetten, den Anthraciten sich nähernden Kohlen zukommt infolge grossen Kohlenstoff- und geringen Wasserstoffgehaltes.

Die 5 Typen der Tabelle charakterisiren sich schon durch äussere Kennzeichen, welche aber durch die Destillation kontrolirt werden müssen.

Die den Braunkohlen sich nähernden Steinkohlen mit langer Flamme sind verhältnissmässig hart, beim Anschlagen klingend, zähe, von unebenem Bruch, mattschwarz und von mehr braunem als schwarzem Strich. Mit abnehmendem Sauerstoff und zugleich abnehmendem Wassererfolg beim Destilliren wird die Kohle zerreiblicher, weniger klingend, schwärzer und dichter. Der Glanz nimmt mit dem Wasserstoff und damit auch das Agglomerationsvermögen zu. Die den Anthraciten sich nähernden Kohlen sind rein schwarz und im allgemeinen ein wenig mürber als fette Kohlen mit kurzer Flamme. Die Eigenschaften werden indess durch erdige Beimengungen beeinflusst. Dichtigkeit und Härte wachsen mit dem Aschengehalte, während der Glanz sich vermindert.

Die Brennbarkeit und Länge der Flamme hängt von flüchtigen Bestandtheilen der Kohlen ab. Die den Braunkohlen sich nähernden Steinkohlen entzünden sich leicht und brennen mit langer, russender Flamme. Die an flüchtigen Bestandtheilen ärmeren, namentlich wasserstoffarmen entzünden sich schwer und verbrennen weniger leicht, halten lange an, die Flamme ist kurz und wenig rauchig. Ausserdem hängt die Brennbarkeit von der Natur der Asche ab. Eisenhaltige und kalkige Aschen verstopfen den Rost, thonige, kieselige bleiben pulverig und beeinträchtigen die Verbrennung weniger. In thonreichen Aschen findet man stets eine geringe Menge Alkali. Phosphorsaurer Kalk zeigt sich häufig und macht neben Alkalien die Asche zum Düngen geeignet.

Die von Gruner vorgenommene Analyse der in obiger Tabelle charakterisirten 5 Steinkohlensorten vermittels der trockenen Destillation, welche er die Immediatanalyse nennt, ergiebt folgende Resultate:

Klassen oder Typen der Kohlen	Ammoniak-wasser	Flüchtige Substanzen		Koks
		Bitumen	Gas	
Trockene Kohlen mit langer Flamme (Sandkohlen)	12—5	18—15	20—30	50—60
Fette Kohlen mit langer Flamme (Gaskohlen, Sinterkohlen) . . .	5—3	15—12	20—17	60—68
Fette oder Schmiedekohlen (Backkohlen)	3—1	13—10	16—15	68—74
Fette Kohlen mit kurzer Flamme (Verkokskohlen)	1—1	10— 5	15—12	74—82
Magere Kohlen oder Anthracite mit kurzer Flamme	1—0	5— 2	12— 8	82—90

Die Resultate der Gruner'schen Untersuchungen über Steinkohlen sind in der folgenden Tabelle zusammengefasst, aus der u. a. ersichtlich ist, wie die Menge der festen Bestandtheile einer Kohle, ihr absolutes und specifisches Gewicht mit der Abnahme der flüchtigen Substanzen steigen und wie der wirkliche Wärmeeffekt damit im graden Verhältniss steht. Ganz besonders bemerkenswerth ist aber der Umstand, dass die Gruner'sche Immediatanalyse höhere Werthe für den Wärmeeffekt giebt, als die Elementaranalyse sie erwarten lässt. (Siehe die nebenstehende Tabelle.)

Dass die Elementaranalyse einer Kohle das richtige Bild ihrer wirklichen chemischen Konstitution nicht geben und der wirkliche Wärmeeffekt auf diesem Wege nicht gefunden werden kann, wurde schon in der Einleitung (S. 22) angedeutet. Ausser den dort angeführten Beispielen möge hier aus den Untersuchungen über die Verbrennungswärme von Steinkohlen, die Scheurer-Kestner und Meunier angestellt haben, noch ein anderes beigebracht werden, welches beweist, dass Kohlen von fast gleicher Elementarzusammensetzung sehr verschiedene Wärmeeffekte geben können.

Unter den zur Untersuchung herbeigezogenen Kohlen befanden sich eine solche von Ronchamp und eine andere von Creuzot mit folgender fast identischer Zusammensetzung:

	Ronchamp	Creuzot
Kohlenstoff	88,38	88,48
Wasserstoff	4,42	4,41
Sauerstoff und Stickstoff	7,20	7,11.

Die Verbrennungswärme der Kohle von Ronchamp wurde zu 9117 W. E., diejenige der Kohle von Creuzot zu 9622 W. E., also um 505 W. E. höher, gefunden. Uebrigens zeigten beide Kohlen auch noch darin einen sehr auffälligen Unterschied, dass diejenige von Ronchamp 80 pCt., die von Creuzot aber 90,88 pCt. Koksausbeute ergab. Dieser Umstand, für dessen Erklärung sich gar keine äussere Anhaltspunkte finden, bestätigt das Gruner'sche Gesetz, dass der wirkliche Wärmeeffekt mit der grösseren Koksausbeute steigt.

Die variabelen Verbrennungswärmen der Steinkohlen werden durch Analogien zwar nicht erklärt aber doch bestätigt. Solche auf dem Gebiet der Chemie sich zahlreich findenden Analogien bietet nach Weyl[1] das grosse Heer der isomeren Substanzen, die bei empyrisch gleicher Zusammensetzung durchaus von einander abweichende physikalische und chemische Eigenschaften aufweisen; ähnliche Beziehungen wären zwischen derartig sich verhaltenden Kohlenarten anzunehmen. Qualität und Quantität der in einem Stein- und Braunkohlenmolekül enthaltenen Atome wären dieselben, ihre gegenseitige Anordnung aber würde verschieden sein, daher das ungleiche Verhalten nach aussen. Eine Steinkohle, welche ihren Sauerstoff wesentlich mit dem Wasserstoff verbunden enthielte, würde einen

---

[1] Wochenschrift des Vereins deutscher Ingenieure, 1878 N. 24.

Klassen oder Typen der Kohlen	Menge der Koks pro 100 Theile Kohle	Menge der flüchtigen Substanzen in 100 Theilen Kohle	Beschaffenheit und äusseres Ansehen der : Koks	Wirklicher Wärmeeffekt W. E.	Verdampfungsvermögen. Menge des pro k einer Kohle b. 112° C. verdampften Wassers von 0° C. in Kilogrammen	Gewicht per 1 Hektoliter in Kilogr.	Specifisches Gewicht
Trockene Kohlen mit langer Flamme (Sandkohlen) . .	50—60	45—40	Pulverförmig oder höchstens gefrittet. . . .	8000—8500	6,7—7,5	70	1,25
Fette Kohlen mit langer Flamme (Gaskohlen, Sinterkohlen)	60—68	40—32	Geflossen, zusammengebacken, sehr aufgebläht	8500—8800	7,6—8,3	70—75	1,28—1,30
Fette oder Schmiedekohlen (Backkohlen)	68—74	32—26	Geflossen, mehr oder weniger aufgebläht . .	8800—9300	8,4—9,2	75—80	1,30
Fette Kohlen mit kurzer Flamme (Verkokskohlen) .	74—82	26—18	Geflossen u. dicht, sehr kompakt wenig blasig .	9300—9600	9,2—10,0	80	1,30—1,35
Magere Kohlen oder Anthracite mit kurzer Flamme .	82—90	18—10	Schwach gefrittet oder pulverförmig	9200—9500	9,0—9,5	85	1,35—1,40

geringeren Heizeffekt besitzen als eine zweite, empyrisch zwar ebenso zusammengesetzte, deren Sauerstoff jedoch vorherrschend an den Kohlenstoff gebunden wäre.

Ein anderer, auf den Wärmeeffekt Einfluss ausübender, bei der Elementaranalyse nicht berücksichtigter Umstand ist der, dass wahrscheinlich ein Theil des Kohlenstoffs, an Wasserstoff gebunden, sich bereits im gasförmigen oder flüssigen Zustande innerhalb der Steinkohle vorfindet, dessen Verbrennungswärme also höher sein muss als die des festen Kohlenstoffs.

In welchem Umfange der gasförmige oder flüssige Kohlenstoff in den Steinkohlen vorhanden ist, das entzieht sich unserer Kenntniss, ebenso das Verhältniss desselben zum Wasserstoff; das Vorhandensein derartiger Kohlenwasserstoffverbindungen in den Steinkohlen ist aber durch die Untersuchungen E. v. Meyer's[1]) nachgewiesen worden. H. Mietzsch[2]) berichtet über diesen Gegenstand, dass es v. Meyer gelang, durch längeres Erwärmen entsprechend zerkleinerter Kohlen zahlreicher deutscher und englischer Steinkohlenablagerungen in destillirtem Wasser ziemlich bedeutende Mengen von Gasen aus den Kohlen auszutreiben. Diese bestanden vorwiegend aus Grubengas, neben welchem insbesondere Aethylwasserstoff und (in den Zwickauer Kohlen) ein durch Schwefelsäure absorbirbarer, höherer Kohlenwasserstoff nachweisbar waren. Da zur Gewinnung der Gase nur niedrige Temperaturen angewendet wurden, so ist die Annahme wohl zulässig, dass dieselben in den Kohlen bereits in denselben Verbindungen vorhanden waren. Bei den grossen Mengen, in welchen sie gewonnen wurden, müssen dieselben aber nothwendig in den Kohlen unter einem ganz bedeutenden Drucke sich befinden. Es ist infolgedessen sehr wahrscheinlich, dass ihr Zustand innerhalb der Kohlen ein flüssiger ist. Wie mir scheinen will, gewinnt diese Thatsache ein besonderes Interesse, wenn man in Betracht zieht, dass durch die mikroskopischen Studien, welche Witham und Hutton zuerst (im Jahre 1833) an Kohlen von Newcastle anstellten, in sämmtlichen untersuchten Splittern zellenartige Hohlräume nachgewiesen wurden, welche sich mit einer weingelben, bituminösen und sich bei geringer Wärme verflüchtigenden Flüssigkeit erfüllt erwiesen.

Es kann in Anbetracht all dieser Thatsachen nicht auffällig erscheinen, wenn neuere, mit besseren Hülfsmitteln ausgeführte Bestimmungen der Verbrennungswärmen wesentlich andere Resultate ergeben, als die welche auf Grund der Elementaranalyse gefunden werden.

So haben die bezüglichen Untersuchungen von Scheurer-Kestner und Meunier mit Anwendung des verbesserten Verbrennungskalorimeters von Favre und Silbermann bewiesen, dass die wahren Verbrennungswärmen von Steinkohlen durchgehends höher sind, nicht nur als die nach der Ele-

---

[1]) Ueber die in Steinkohlen eingeschlossenen Gase, Leipzig 1872.

[2]) Geologie der Kohlenlager S. 33.

mentaranalyse berechneten, sondern auch noch höher als die, welche sich ergeben, wenn man die Verbrennungswärme des gesammten in der Kohle enthaltenen Wasserstoffs rechnet.

Der Ueberschuss der beobachteten über die in dieser Weise berechneten Verbrennungswärmen beträgt im Mittel aus 19 Bestimmungen etwa 5,4 pCt., im Minimum 1,3, im Maximum 10,6 pCt. So lange man also nicht direkte Bestimmungen der Verbrennungswärme vornimmt, sondern diese aus der Elementarzusammensetzung ermittelt, wird man bei Steinkohlen den ganzen Wasserstoff als für die Wärmeerzeugung disponibel in Rechnung setzen können.

Bei Braunkohlen sind die wirklichen Verbrennungswärmen durchgehends kleiner als die, welche man erhält, wenn man wie bei den Steinkohlen verfährt, es erscheint deshalb angezeigt, in Ermangelung direkter Bestimmungen die Verbrennungswärmen der Braunkohlen nach der Elementaranalyse zu berechnen[1]).

Während nun im allgemeinen der mit dem Chemismus der Kohlen im engsten Zusammenhange stehende kalorische Effekt ihren Werth bemisst, wird dieser, wenn es sich um Gasfeuerungszwecke handelt, in erster Reihe bedingt durch ihre physikalischen Eigenschaften, durch ihr Verhalten in der Hitze, durch den Grad ihrer Backfähigkeit.

Die Ursache des Backens der Steinkohle ist noch nicht hinlänglich aufgeklärt; die Backfähigkeit scheint, wie auch Gruner annimmt, mit dem Gehalt an Wasserstoff zu steigen, durch Ueberschuss an Kohlenstoff und Sauerstoff zu fallen, doch kann ersteres nicht als ausnahmelose Regel gelten, weil auch wasserstoffarme Kohlen sehr backfähig sein können. Möglich, dass die Backfähigkeit in einer besonderen Anordnung der näheren elementaren Bestandtheile der Kohle ihren Grund hat, oder dass sie hervorgerufen wird durch eigenthümliche organische Verbindungen, die innerhalb der Kohlen vorhanden sind. Fleck[2]) geht von der Ansicht aus, dass die Backfähigkeit im unmittelbaren Zusammenhang stehe mit der Menge des in der Kohle enthaltenen freien, durch Sauerstoff nicht gebundenen (disponibelen) Wasserstoff und theilt die Steinkohlen demgemäss ein in

a) Backkohlen, mit über 4 pCt. disponibelem und unter 2 pCt. gebundenem Wasserstoff;

b) Back- und Gaskohlen, mit über 4 pCt. disponibelem und über 2 pCt. gebundenem Wasserstoff;

c) Gas- und Sandkohlen, mit unter 4 pCt. disponibelem und über 2 pCt. gebundenem Wasserstoff;

d) Sinterkohlen, Anthracite, mit unter 4 pCt. disponibelem und unter 2 pCt. gebundenem Wasserstoff.

---

[1]) Dingler's Journal 219, S. 22 ff.
[2]) Dingler's Journal, Band 180, S. 460.

Die Kohlen *a* und *b* haben infolge ihres grösseren Gehalts an freiem Wasserstoff die Eigenschaft, in der Hitze zu schmelzen, so dass der nach Abscheiden der flüchtigen Produkte zurückbleibende feste Rückstand einen geflossenen, aufgeblähten Koks darstellt, während die Kohlen *c* und *d* nur wenig resp. garnicht backen und einen porösen oder nur gefritteten Koks liefern. Ein wesentlicher Unterschied zwischen diesen Kohlen macht sich aber auch darin bemerklich, dass die wasserstoffreichen Arten ein Gas von hohem Kohlenwasserstoffgehalt mit grosser Neigung zur Theerbildung geben, während die Gase der wasserstoffarmen Kohlen vorwaltend aus Kohlenoxyd und Wasserstoff bestehen und wenig oder gar keinen Theer absondern.

Um für die Generatorvergasung verwandt werden zu können, muss die Kohle so beschaffen sein, dass ein lebhaftes und reichliches Durchströmen der Vergasungsprodukte durch die Generatorbeschickung stattfinden kann; sie darf also weder zu stark backen noch zu Pulver zerfallen, weil in beiden Fällen eine Verstopfung im Generator und damit Verminderung der Gasproduktion eintreten würde[1]).

Für die Zwecke der Gasfeuerung eignen sich daher besonders die Gas- und Sandkohlen, die Sinterkohlen und Anthracite aber nur dann, wenn sie mit fetteren Kohlen gemischt werden. Es ist hierbei indess zu beachten, dass die Ausschliessung der stark backenden, sowie der nichtbackenden Steinkohlen von der Generatorvergasung nur in dem Falle nothwendig ist, wenn Gasfeuerungen mit natürlichem Luftzuge betrieben werden, während da, wo die Vergasung mit künstlichen Zugerregern bewirkt wird, auch die in jenem Falle garnicht oder schwierig vergasbaren Steinkohlen nutzbar gemacht werden können, die stark-backenden Kohlen aber wieder nur dann, wenn gleichzeitig Wasserdampf in den Generator eingeführt wird. —

Die Kohlen, anscheinend vorzugsweise die an Wasserstoff reichen Steinkohlen, erleiden durch längeres Lagern im Freien eine mehr oder minder beträchtliche Einbusse an Heizwerth durch die Fortsetzung des natürlichen Destillationsprocesses und die dadurch bewirkte Verflüchtigung brennbarer Substanzen. F. Varrentrap[2]) hat durch vielfach ausgeführte Versuche die fortwährende Bildung von Kohlensäure bei Stein- und Braunkohlen nachgewiesen, die mit steigender Temperatur rasch zunahm. Es bestätigt das nur die Annahme, dass die Kohle einer langsamen, eigenthümlichen Art der Verbrennung unterworfen ist, die sich möglicherweise bis zur Selbstentzündung steigern kann. Williams[3]) hat neuerdings diese Frage zum Gegenstand einer eingehenden Untersuchung gemacht, bei der er von der Thatsache ausgeht, dass die Kohle eine gewisse Quantität atmosphärischer Luft absorbirt und in sich verdichtet. Wenn man nun die in der Kohle ver-

---

[1]) **Die Gase des Hochofens und der Siemens-Generatoren** von C. Stöckmann. Ruhrort 1876. S. 41.

[2]) **Dingler's Journal** 178, S. 379.

[3]) **Zeitschrift für Thonwaarenindustrie** 4, S. 17.

dichtete Luft wieder frei macht, so erhält man anstatt eines Gemenges von
Sauerstoff und Stickstoff ein solches von Kohlensäure und Stickstoff. Der
Sauerstoff nimmt daher, wenigstens in dem verdichteten Zustande, Kohlenstoff auf. Dies ist nun nichts anderes als eine Verbrennung im weiteren
Sinne des Wortes, und es wird dabei eine gewisse, mit der Menge der gebildeten Kohlensäure im Verhältniss stehende Quantität von Wärme frei.
Bei kleineren Quantitäten Kohlen oder unter Umständen, welche eine
rasche Entweichung der Wärme gestatten, bleibt diese für die Sinne ganz
unfühlbar oder erreicht keinen hohen Grad. Ist die Kohlenmasse jedoch
eine grosse und geht die Ableitung der Wärme nur langsam vor sich,
so steigt die Erhitzung der Kohle und kann soweit gehen, dass sich die
in Berührung mit der freien Luft befindlichen Oberflächen entzünden.

Der Ansicht, dass dem Schwefelkies die Selbstentzündung der Kohle
zuzuschreiben sei, tritt Williams entschieden als unrichtig entgegen. Er
giebt zwar zu, dass derselbe dabei gleichfalls thätig sein könne, räumt
ihm aber nur eine ganz untergeordnete Stelle bei der Selbstentzündung ein.

Mit dem Verlust an Heizkraft findet bei längerem Lagern der Kohle
auch ein Gewichtsverlust statt; Grundmann[1]) will bei einer Kohle nach neun-
monatlichem Lagern im Freien einen Gewichtsverlust von 58 pCt. gefunden
haben, eine Zahl die denn doch sehr in Zweifel gezogen werden muss und
die keinenfalls das Resultat einer wissenschaftlichen Beobachtung sein kann,
wenn man nicht annehmen will, dass dieselbe eine sehr nasse Kohle zum
Gegenstande hatte.

Dass dieser Verlust an Heizwerth und Gewicht thatsächlich eintritt,
ist nicht zu bezweifeln, derselbe hält sich aber in weit engeren Grenzen,
als die Angabe Grundmann's vermuthen lässt, was neuere Untersuchungen,
wie die folgende eine, genügend beweisen dürften; die beobachteten Steinkohlen waren mit Ausnahme einer englischen aus westdeutschen Revieren
und wurden einer zweimonatlichen Lagerung im Freien ausgesetzt, nach
welcher Zeit durchweg ein Verlust an Gewicht, Heizwerth und am Ausbringen von Koks in folgenden Verhältnissen konstatirt werden konnte:

1) Englische Peases-West-Kokskohlen erlitten keine Einbusse an Gewicht und Heizeffekt;

2) Kohle des v. d. Heydt'schen Schachtes bei Ibbenbühren verloren
1,4 pCt. an Gewicht, 6 pCt. an Heizeffekt und 4,6 pCt. am Ausbringen
von Koks;

3) Kohlen der Zeche Karl bei Dortmund erlitten keinen Gewichtsverlust, aber 2,6 pCt. Einbusse am Heizwerth und 2,1 pCt. am Ausbringen
von Koks;

---

[1]) Dingler's Journal 178, S. 161.

4) Kohlen der Zeche Hibernia bei Gelsenkirchen erlitten 0,4 pCt. Verlust am Gewicht, 0,6 pCt. am Heizwerth und 2,1 pCt. am Ausbringen von Koks;

5) Kohlen der Zeche Konstantin bei Bochum erlitten 0,4 pCt. Gewichtsverlust, 0,4 pCt. Einbusse am Heizwerth, 0,0 pCt. am Ausbringen von Koks;

6) Kokskohlen von Borgloh bei Osnabrück erlitten 2 pCt. Gewichts- und 6 pCt. Heizwerthverlust und 0,5 pCt. Einbusse am Ausbringen von Koks.[1])

Besonderen Werth darf man aber auch diesen Zahlen nicht beilegen, schon deshalb nicht, weil sie nicht erkennen lassen, welcher Theil des Gewichtsverlustes durch Wasserverdunstung und welcher durch allmälige Verbrennung herbeigefüht worden ist; ebensowenig wie man diese beiden Momente streng auseinander zu halten vermag, wird man auch den Verlust an Heizwerth und Koksausbeute genauer zu bestimmen vermögen; es kann sich deshalb hier nur um Näherungswerthe handeln, und nach dieser Seite hin sind die Angaben brauchbar genug, um erkennen zu lassen, dass es nicht rathsam ist, Kohlen länger als nöthig lagern zu lassen.

Die Braunkohle bildet das vermittelnde Glied zwischen dem fossilen Brennstoff der jetzigen Schöpfungsperiode, dem Torf, und jenem der Primär- zeit, der Steinkohle. Sie entstand aus Pflanzen (Palmen, Nadelhölzer, in der spätesten Periode erst Laubhölzer), die sich zum Theil durch grossen Harzgehalt auszeichnen, woher denn auch bei manchen Braunkohlen der oft grosse Gehalt an Bitumen rühren mag, obwohl die Meinungen hierüber noch getheilt sind. Wiegmann, dessen werthvolle, mit wissenschaftlicher Schärfe geführten Untersuchungen über die Entstehung des Torfes[2]) die der Braunkohle allerdings nur nebensächlich berühren, ging von der Ansicht aus, dass das Bitumen sich während der Umbildung des Holzes in Kohle selbst gebildet habe, eine Ansicht, die schon von Voigt[3]) ange- deutet, aber nicht weiter begründet wurde Durch vorzeitige, gewaltige Nordweststürme, meint Wiegmann, wurden ganze Wälder vernichtet und niedergelegt, diese wurden nach längerer Zeit, nachdem sich bereits Humus- säure gebildet haben konnte, durch andere Katastrophen mit an lösbaren Basen armen Erdschichten bedeckt. Die unter Zutritt der atmosphärischen Luft und feuchter Niederschläge sich aus den weicheren Theilen der Pflanzen entwickelt habende Humussäure durchdrang, da sie keine Basen fand, mit welchen sie sich verbinden konnte, als freie Humussäure das

---

[1]) Berggeist 1874, No. 49.

[2]) Ueber die Entstehung, Bildung und das Wesen des Torfes etc. von Dr. A. F. Wiegmann sen., Braunschweig, 1837.

[3]) Versuch einer Geschichte der Steinkohlen, Braunkohlen und des Torfes von J. C. W. Voigt Weimar 1802, 1. S. 294.

wahrscheinlich grösstentheils harzige Holz, wurde auf irgend eine Weise ihres Sauerstoffs beraubt und in bituminösen Zustand versetzt[1]).

Man kann die Entstehung des Bitumens aber auch, ohne besonderen Werth auf den Harzgehalt der Bildungsstoffe legen zu müssen, aus der durch chemische Aufeinanderwirkung der einzelnen Elemente hervorgegangenen Zersetzung des organischen Materials erklären. So kann bei dichtem Abschluss der atmosphärischen Luft von dem in Umbildung begriffen gewesenen organischen Material der Sauerstoff desselben mit dem Kohlenstoff in chemische Verbindung gegangen sein, und es kann der Rest von letzterem mit Wasserstoff Kohlenwasserstoffe gebildet haben, welche in ihrer Konstitution z. B. der Naphta und dem Petroleum entsprechen könnten. Wäre dagegen der Luftabschluss weniger vollkommen gewesen, so liegt die Möglichkeit nahe, dass die leichteren Kohlenwasserstoffe entweichen und die zurückbleibenden Kohlenwasserstoffbildungen durch den Sauerstoff der atmosphärischen Luft chemisch derart verändert werden konnten, dass sich flüssige Oele, resp. Erdharze, oder, nach Entweichen von Wasserstoff, kohlenstoffreichere Erdwachse bilden konnten[2]). Sehr möglich, ja wahrscheinlich ist es, dass auch thierische Organismen in belangreichem Grade als Bitumenbildner mitgewirkt haben.

Die Braunkohlen sind bezüglich ihrer chemischen Zusammensetzung und ihrer äusseren physikalischen Eigenschaften, als da sind Struktur, Farbe, Dichte etc. äusserst verschieden; man unterscheidet z. B. Lignit, (bituminöses Holz) mit deutlich erhaltener Holzstruktur; die Bastkohle, eine faserige Substanz; die Nadelkohle, das Produkt einer nunmehr in die heisse Zone verschobenen Palmenvegetation; die Moorkohle, wohl das Zersetzungsprodukt einer niederen Pflanzengattung, mit erdigem Ansehen, aber noch wesentlich verschieden von der erdigen Braunkohle und öfter in tertiären Torfbildungen auftretend, endlich die Pechkohle, die älteste Braunkohlenvarietät, hinsichtlich ihrer Eigenschaften der Steinkohle scheinbar so nahe stehend, dass man sie als tertiäre Steinkohle bezeichnet.

Die an Bitumen reichen Braunkohlen stehen in der Werthung obenan; sie zeichnen sich aus durch höheren Gehalt an Kohlenstoff und Wasserstoff (70—80 C und 6—8 H), wie auch durch lebhaften, fetten Glanz und geringeres specifisches Gewicht. Sie sind meist leicht entzündlich und verbrennen mit lebhafter, mehr oder minder stark russender Flamme. Im allgemeinen sind die Braunkohlen ärmer an Kohlenstoff und Wasserstoff und reicher an Sauerstoff als die Steinkohlen. Das Mittel der elementaren Zusammensetzung von 21 Braunkohlen, auf wasserfreie Substanz bezogen, ergiebt

				theoret. Heizwerth
C	H	O + N	Asche	W. E.
61,87.	4,90.	23,85.	9,38.	5625.

---

1) Wiegmann a. a. O. S. 65.
2) Mietzsch, a. a. O. S. 84.

Der Aschengehalt der Braunkohlen beträgt im Durchschnitt 5 bis 15 pCt., ist aber sehr schwankend, denn während die Kohle von Laubach, allerdings wohl die aschenärmste, nur 0,50 pCt. Asche enthält, finden sich in der sandigen Kohle von Bauerberg bei Bischofsheim vor der Rhön 78 pCt. Die Asche der Braunkohlen gleicht im Wesentlichen derjenigen der Steinkohle und enthält Thon, Eisenoxyd, Kieselsäure, Gyps, Schwefelkiese (oft sehr beträchtlich), Kalk etc.

Im grubenfeuchten Zustande enthalten Braunkohlen bis zu 50 pCt. und mehr Wasser, doch nicht sehr fest gebunden, so dass dasselbe aus den an der Luft liegenden muscheligen und lignitartigen Kohlen bis auf 15 pCt., bei erdigen Kohlen bis auf 20—25 pCt. verdunstet, freilich nicht ohne nachtheiligen Einfluss auf die Kohle selbst, weil sie an der Luft in kleine Stücke zerfällt. Bischof[1]) hat beobachtet, dass das Wasser der Braunkohlen nicht von gleichen physikalischen Eigenschaften ist, dass es namentlich nicht immer gleiches specif. Gewicht = 1,000 hat, worauszuschliessen, dass nicht das ganze Wasser ein indifferenter Bestandtheil der Kohle ist. Es zeigt nur das Wasser, welches aus grubenfeuchten Kohlen bei gewöhnlicher Temperatur verdunstet, die normale Dichte, dagegen das von der Kohle hartnäckig festgehaltene, chemisch-gebundene, eine grössere. Dieses Wasser absorbirt bei der Verbrennung zwar Wärme, es wirkt aber insofern auf den Verbrennungsprocess günstig ein, als das an sich zwar keine Heizkraft habende chemisch-gebundene Wasser als Vermittler auftritt, die Heizkraft der Kohle auf mechanischem und chemischem Wege zu erhöhen. Einmal hält sich immer feuchte Kohle besser auf dem Roste ohne Durchzufallen, und dann trägt das Wasser zur Vergasung des freien Kohlenstoffs bei, welcher sonst anstatt brennbarer Gase nur Glühfeuer geben würde. Es muss indess, damit dieser Effekt möglich ist, der Feuerraum so beschaffen sein, dass die Kohle allseitig von den glühenden Wänden desselben umschlossen ist, da nur so das Wasser auf den Kohlenstoff in der bezeichneten Weise einwirken kann.

Interessant ist eine hierhergehörige Beobachtung, welche man bereits im Jahre 1847 auf dem k. k. Walzwerke Lanau in Steiermark machte. Wird die dort s. Z. für die Gasfeuerung verwendete Braunkohle von Wartenberg in grubenfeuchtem Zustande in eine als Retorte dienende eiserne Röhre gegeben und darin einer Erhitzung auf 300—400° C. ausgesetzt, so entwickelt dieselbe Massen von Wasserdampf ohne eine Spur von anderen Destillationsgasen (? d. Verf.). Die Wasserdampfbildung dauert sehr lange; wird der Luft Zutritt gestattet, so entzündet sich die Kohle trotz der beinahe vollkommenen Entfernung des Wassergehalts nie von selbst.

Wird dagegen die als Retorte dienende gusseiserne Röhre hellglühend gemacht und frische Kohle hineingeworfen, so tritt keine Wasserdampf-

---

[1]) Zeitschrift für Paraffin-Industrie, 1876, N. 2.

bildung ein, sondern die Kohle brennt sogleich mit heller, dabei Rauch liefernder Flamme, entwickelt Theer und bietet alle jene Erscheinungen, welche bei der trockenen Destillation (Kohlenoxydgas, Kohlenwasserstoffe, Theerdämpfe) im allgemeinen eintreten.[1]

Wenn nun auch die besseren Braunkohlen ein für Rostfeuerungen sehr brauchbares Brennmaterial sind, so kann dies doch nicht von den in grossen Mengen vorkommenden erdigen Braunkohlen gesagt werden, die durch ihre kompakte Schichtung auf dem Roste und ihren meist sehr grossen Wassergehalt der Verbrennung so grosse Widerstände entgegensetzen, dass diese nur sehr träge und mit geringem Effekt von statten geht. Ein anderer Uebelstand, der sich bei der Verfeuerung der erdigen Braunkohle in gewöhnlichen Herden geltend macht, besteht darin, dass die an und für sich bedeutenden Mengen von Produkten der trockenen Destillation, welche die Braunkohle, zumal die bitumenreiche, entwickelt, in diesem Falle um so schwerer zur Verbrennung gelangen, als sie durch die gleichzeitig mitauftretenden grossen Quantitäten von Wasserdampf derart verdünnt werden, dass, zumal bei geringer Temperatur des Feuerraumes, die zur Entzündung resp. Verbrennung führende Affinität der kondensirbaren Produkte zum Sauerstoff so ausserordentlich gering ist, dass sie zu einem grossen Theile unverbrannt entweichen.

Die rationellste Benutzung kann die Braunkohle, im Speciellen die erdige Braunkohle, nur durch die Gasfeuerung finden, denn einmal bietet die erdige Beschaffenheit dieser Kohle hier keine nennenswerthen Schwierigkeiten, obwohl bei der Konstruktion von Gasfeuerungsanlagen Rücksichten auf die besonderen Eigenschaften der erdigen Braunkohle zu nehmen sind, und dann hat man in der richtigen Wahl des Vergasungsapparats das Mittel in der Hand, den Vergasungsprocess derart zu leiten, dass die Produkte der trockenen Destillation bereits im Generator zersetzt werden. Auch bei der Gasfeuerung macht sich der Uebelstand geltend, dass durch Verstopfung des Generatorrostes der Vergasungsprocess träge und langsam verläuft, wenn derselbe nicht durch kräftigen Zug befördert wird. Man wird deshalb für solche Gasfeuerungsanlagen sehr hohe Schornsteine oder mechanisch wirkende Zug- oder Blasapparate anwenden müssen. Für die Vergasung erdiger Braunkohle hat Fr. Neumanu in Sachsa a. Harz ein sehr interessantes aber komplicirtes Generatorsystem mit Exhaustoren aufgestellt, das sich in der Praxis aber kaum bewähren dürfte, denn es liegt auf der Hand, dass die Exhaustoren, durch welche die Generatorgase ihren Weg nehmen müssen, um nach dem Verbrennungsraum zu gelangen, sehr bald durch Theer und Flugasche derart verunreinigt werden, dass öftere Reinigungen und deren Konsequenzen, Unterbrechungen des Ofenbetriebes, unumgänglich

---

[1] **Metallurgische Gasfeuerung** im Kaiserthum Oesterreich von Dr. Carl Zerrenner, Wien 1856 S. 118.

sind, wenn man nicht Reserveexhaustoren anwenden will[1]). Als diesen Apparaten weit überlegen erweist sich da, wo für Gas- und andere Feuerungen mechanische Zugerreger nothwendig sind, das Dampfstrahlunterwindgebläse, vermittels dessen auch bei der Vergasung sehr erdiger Braunkohlen noch eine lebhafte, exakt regulirbare Gasentwickelung zu erzielen ist, ohne dass irgend welche Störungen in den Funktionen des Apparats zu befürchten sind.

Gegen die Anwendung dieser Dampfgebläse, speziell bei der Vergasung von Braunkohle, hat man scheinbar nicht ohne Grund den Umstand geltend gemacht, dass das an sich schon stark mit Wasserdampf gesättigte Gas durch den Gebläsedampf noch wesentlich verschlechtert wird.

Thatsächlich enthält Generatorgas aus Braunkohlen, die man als abgelagert und trocken bezeichnet, annähernd 25 Volumenprocente Wasserdampf. Allerdings Grund genug, jede weitere Anreicherung des Gases mit Wasserdampf zu verhüten, wenn die Anwendung des Unterwindgebläses nicht entsprechende Vortheile böte.

Nun haben die Versuche der Gebrüder Körting in Hannover, welche Dampfstrahlunterwindgebläse fabriciren, dargethan, dass 1 k Wasserdampf von etwa 3 Atmosphären Spannung im Stande ist, 35—50 cbm Luft anzusaugen, dass aber, sobald der Dampf mit der angesaugten Luft in Berührung kommt, eine Kondensation desselben eintritt und dass hiernach nur noch etwa $^1/_3$ des Dampfes als solcher in den Generator gelangt; dies macht etwa 1 pCt. Dampf in 100 Volumentheilen atmosphärischer Luft; das Gas wird also durch den in den Generator gelangenden Dampf des Unterwindgebläses nicht wesentlich verschlechtert.

In den Fällen, wo sehr nasse Braunkohle, und nasse Brennstoffe überhaupt, durch die Gasfeuerung nutzbar gemacht werden sollen, wird man nicht umhin können, die Gase vor ihrer Verbrennung in geeigneter Weise abzukühlen, wodurch der Wasserdampf kondensirt und ausgeschieden wird, freilich nicht ohne gleichzeitigen Verlust an brennbaren Bestandtheilen des Gases, die bei der Abkühlung sich ebenfalls verdichten. Das Verfahren setzt aber, um rationell zu sein, die Wiedererhitzung des Gases (regenerative Gasfeuerung) voraus.

Das hier und dort in Vorschlag und Anwendung gebrachte Darren nasser Braunkohlen vor ihrer Verwendung im Generator empfiehlt sich, abgesehen von den vorhin geltend gemachten Gründen, schon deshalb keinenfalls, weil bei denjenigen Temperaturen, bei welchen grössere Mengen oder alles hygroskopische Wasser verdampft wird, bereits eine belangreiche Entgasung der Kohle einzutreten scheint. Thomas[2]) hat verschiedene Lignite der Einwirkung höherer Temperaturen ausgesetzt und gefunden,

---

[1]) Die Vergasung erdiger Braunkohle, von Friedrich Neumann. Halle, 1873.
[2]) Berichte der deutschen chemischen Gesellschaft 1877 S. 1599.

dass z. B. 100 g dichter, brauner, erdiger Lignit bei 50^0 C. 48,5 ccm Gase folgender procentischer Zusammensetzung entwickeln: 96,23 Kohlensäure, 0,11 Sauerstoff, 2,42 Kohlenoxyd, 1,24 Stickstoff und Spur eines Kohlenwasserstoffs $C_n H_{2n}$. Bei 185^0 C. trat Zersetzung ein, und bei 200^0 C. freigewordenes Gas enthielt: 86,30 Kohlensäure, 7,41 Kohlenoxyd, 2,08 $C_n H_{2n}$, 3,34 Sumpfgas, 0,53 $C_3 H_8$ und 0,34 Stickstoff. Aber selbst wenn diese von Thomas an englischen Lignitan beobachtete Erscheinung nicht für alle Braunkohlen zutreffend wäre, so ist das Darren nasser Braunkohle doch schon deshalb unvortheilhaft, weil sie dadurch jedenfalls in nachtheiliger Weise physikalisch verändert wird. Zerrenner[1]) bemerkt bezüglich der schon erwähnten Wartenberger Braunkohle, dass dieselbe durch das Darren für den Generatorbetrieb (wegen Verminderung des Wasserstoffgehalts) keine höhere Brennkraft erlange, und die Darrung wegen der ihr folgenden bedeutenden Zerstückelung der Kohle und wegen massenhafter Löschebildung nur mit Nachtheilen verbunden sei.

Das jüngste, sich in der gegenwärtigen Schöpfungsperiode noch bildende brennbare Fossil, der Torf, entsteht überall da, wo geographisch-physikalische Verhältnisse günstig sind, in sumpfigen feuchten Gegenden, an den Ufern träger Flüsse, an Landseen, in Bergthälern, selbst auf hohen Gebirgen (Hochmoore): überall wo stillstehende Gewässer mit wasserdichtem Unterboden die Entwickelung der Torfflora, jener eigenthümlichen artenreichen Vegetation, begünstigen.

Die Torfbildung, welche stets das Vorhandensein von Wasser oder doch grosser Feuchtigkeit bedingt, geht bei Haide- oder Moostorfmooren in der Weise vor sich, dass die in und auf dem Wasser sich ansiedelnden Pflanzen, zunächst Wassergewächse, Algen etc., nach einer kürzeren oder längeren Vegetationsperiode absterben, zu Boden sinken und dadurch einer anderen, nicht nur stets sich üppig verjüngenden, sondern auch in ihren Arten sich stets erweiternden Pflanzenwelt Platz machen. Eine Pflanzengeneration entsteht nach der anderen, in ihrer Fortenwickelung immer durch die Ueberreste der früheren begünstigt; allmählich wird das ganze Wasser von den Theilen der abgestorbenen und dem Wurzelgeflecht der noch lebenden Pflanzen derartig angefüllt, dass dasselbe nur noch aus einer dickbreiigen, elastischen Masse, dem Moor, besteht, auf dem sich nach und nach grössere Pflanzen entwickeln, welche den eigentlichen Mooren ihr eigenthümliches Gepräge geben. Dieses sind ausser Moosen Riedgräser, das Wollgras, verschiedene Eriken, der Sumpfpost, die Andromeda, die Sumpf- oder Rauchbeere etc., doch treten diese Pflanzen fast ausschliesslich nur auf Haide- und Sumpfmooren auf, während auf den Wiesen- oder Grönlandsmooren eine andere, fast ausschliesslich aus Gräsern bestehende Flora sich ansiedelt.

---

[1]) A. a. O. S. 118.

Der Torf kommt fast ausschliesslich in der gemässigten und kälteren Zone vor, grosse Hitze wie Kälte scheinen die Torfbildung aufzuhalten. Erstere bewirkt Verdunstung und trocknet die einzelnen Wasseransammlungen aus, und so mangelt die Hauptbedingung der Torfbildung: stehendes Wasser; der Frost hindert die Zersetzung der Pflanzentheile und wirkt auf diese Art der Torfbildung entgegen[1]); darum haben der heisse Süden und der kalte Norden wenig oder keinen Torf.[2]) Das Austrocknen der Sümpfe während der wärmeren Jahreszeit in den heissen Zonen erklärt, dass sich dabei kein Torf bilden kann. Schon die pontinischen Sümpfe, die Maremmen am Ausfluss des Arno, die Sümpfe von Mondego, des Voruga in Portugal, haben deshalb keinen oder doch nur sehr unvollkommenen Torf.[3])

Der Torf bedeckt grosse Länderstrecken und Deutschland besitzt wohl den grössesten Torfreichthum. Hier ist er besonders in Bayern, Baden, Schleswig-Holstein, Mecklenburg, Oldenburg, Preussen und Hannover verbreitet. Nicht minder bedeutend ist das Vorkommen des Torfes in Böhmen, in Russland, in Grossbritannien und Irland, in Frankreich, in Dänemark, und im skandinavischen Norden.

Das Gewinnungsverfahren des Torfes entsprach bis auf die neuere Zeit im wesentlichen noch der Methode der Chaucen, jenem alten Volksstamme, der zwischen Ems und Elbe, dem grössten deutschen Torfgebiete, lebte. Es findet sich hierüber eine Nachricht bei Plinius, zugleich die älteste über die Benutzung des Torfes als Brennmaterial.[4]) An die Stelle der ursprünglichen Tortbereitung, durch Ausstechen von Torfziegeln direkt aus dem Moore (Stechtorf), oder das Formen der breiigen Torfmasse in Formkasten (Backtorf), ist in der neuesten Zeit immer mehr die Aufbereitung mit Maschinen getreten.

Bei der mechanischen Torfbereitung kommt es neben der billigeren Gewinnung grösserer Mengen besonders darauf an, das Volumen des Torfes durch Pressung soviel als möglich zu vermindern, um so nicht nur den Torf fester, versandtfähiger zu machen, sondern auch durch das Zusammen-

---

[1]) Wiegmann, a. a. O. S. 55 vertritt über den Einfluss der Hitze und Kälte auf die Torfbildung eine entgegengesetzte Ansicht und meint, dass beide, namentlich aber der Frost bei der Entstehung des Torfes wesentlich mitwirken, dass namentlich der Frost es sei, der die humosen, moderigen Substanzen in kohlenstoffreichere Verbindungen überführe. Dass Temperaturextreme aber die Entstehung des Torfes aufheben, giebt W. selber zu, indem er auf die Moore der heissen Länder, wie z. B. Brasilien, hinweist, die fast ausschliesslich aus Schlamm, nicht aber aus vegetabilischer Substanz bestehen.

[2]) Der Torf und seine Wichtigkeit für Deutschland. Von Dr. J. B. Mayer, Koblenz, 1841, S. 42.

[3]) Der Torf. Von Dr. Jacob Nöggerath, Berlin, 1875. S. 5

[4]) Plinius, Naturgeschichte 16, 1: „Sie (die Chaucen) flechten Netze aus Binsen und Schilf zum Fischfange; sie formen Schlamm mit den Händen, um ihn am Winde mehr als an der Sonne zu trocknen. Diese Erde brennen sie, um ihre Speise zu kochen und ihre von Kälte starrenden Glieder zu erwärmen.“

drängen der brennbaren Theile der Verbrennung und Wärmeentwickelung eine grössere Intensität zu geben. Ausserdem nimmt mit der Verdichtung des an und für sich porösen Torfes die hygroskopische Eigenschaft desselben wesentlich ab, der Heizwerth aber bedeutend zu, was folgende durch K. Stiffe [1] mit Torf von Haspelmoor angestellte und anderweitig bestätigte Ermittelungen beweisen; es verdampfen nämlich:

100 k lufttrockener gewöhnlicher Torf 350 k Wasser
100 k lufttrockener Stechtorf   325—350 k   „
100 k   „   Maschinentorf   500 k   „
100 k künstlich getrockn. Maschinentorf 700 k   „
100 k beste englische Steinkohle   800 k   „

Es kann natürlich nicht Aufgabe dieses Buches sein, die verschiedenen, sehr zahlreichen mechanischen Torfaufbereitungsmethoden auch nur anzudeuten, noch viel weniger zu beschreiben, die Torfliteratur ist so reich und zum Theil auch so werthvoll, dass man durch ihr Studium alles Wissenswerthe wird erfahren können.[2] Die beste Aufbereitungsmethode wird aber immer die sein, welche mit möglichst einfachen Mitteln bei grosser Leistungsfähigkeit den Torf sehr stark verdichtet; hierbei wird allerdings ein grösserer Theil brennbarer Substanz verloren, dabei aber auch eine Menge Wasser entfernt, so dass der Vortheil grösser sein möchte als der Verlust.

Als grössester Uebelstand des Torfes muss die Eigenschaft bezeichnet werden, grosse Mengen von Feuchtigkeit in seiner porösen Masse energisch festzuhalten. Der frische, aus der Torfgrube kommende Torf enthält 80— 90 pCt. Wasser, und seine Anhänglichkeit an dasselbe ist so gross, dass es kaum möglich ist, durch Pressung mehr als 40—50 pCt. aus demselben entfernen zu können. Die Verdunstung eines Theiles des nach der Pressung zurückbleibenden Wassers, oder bei Handtorf die gesammte Grubenfeuchtigkeit bis auf einen gewissen, nicht verdunstbaren Procentsatz ist die Aufgabe der Trocknung an der freien Luft oder auf künstlichem Wege. Das Trocknen an der Luft ist so umständlich wie langwierig und nimmt bei ungünstiger Witterung Wochen in Anspruch, das künstliche Trocknen aber ist kostspielig und nur für Presstorf mit weniger Feuchtigkeit, nicht aber für grubenfeuchten Handtorf geeignet. Die seither für die künstliche Trocknung des Torfes konstruirten Apparate sind aber noch so unvollkommen und tragen der Natur dieses Materials so wenig Rechnung, dass man hier das Richtige noch erst wird finden müssen, wenn es überhaupt gefunden werden kann.

---

[1] Torfmossarnes användbarhet etc. af A. F. Westerlund. Stockholm, 1868. S. 36.
[2] Es empfehlen sich für das Studium der Technologie und der Naturgeschichte des Torfes:
Die Torf-Industrie und die Moor-Cultur von Dr. E. Birnbaum und Dr. K. Birnbaum. Braunschweig 1880.
Industrielle Torfgewinnung und Torfverwerthung von A. Hausding. Berlin 1876.

Es lässt sich annehmen, dass der gewöhnliche poröse Torf im luft-
trockenen Zustande noch immer 25 pCt. hygroskopisches Wasser enthält,
ein Quantum, das sich selbst bei Verminderung durch forcirtes Trocknen
(Darren) wieder kompletiren würde, wenn man den Torf den Einflüssen
der atmosphärischen Luft aussetzt. Nach den Ermittelungen, welche der
„Verein zur Unterstützung des Gewerbfleisses in Preussen" in den Jahren
1847—1850 über den Heizwerth der Brennstoffe anstellen liess, enthielten
fünf Torfsorten aus der Gegend von Fehrbellin 24,5—38,03 pCt. hygroskopisches Wasser.

Neben diesen grossen Mengen von Feuchtigkeit enthält der Torf grössere
oder kleinere Quantitäten unorganischer Substanz, z. B. Kieselerde, Kalk,
Thonerde, Eisenoxyd etc., die Zusammensetzung des Torfes ist aber so sehr
veränderlich, dass nicht nur jede einzelne Torfsorte, sondern fast jede
Schicht eines und desselben Moores eine andere Beschaffenheit zeigt. Im
Mittel schwankt der Kohlenstoffgehalt zwischen 50—60 pCt., der Wasser-
stoffgehalt zwischen 5—6 pCt., die Menge des Sauerstoffs zwischen 30—
40 pCt., der Aschengehalt aber bewegt sich in weiten Grenzen, denn während
derselbe im Mittel von 10 untersuchten Torfsorten nur 6,30 pCt. ausmacht,
beträgt er bei einem Torf aus der Gegend von Bremen nur 1,56 pCt., bei
einem anderen von Sindelfingen aber 23,42 pCt.

Der theoretische Heizwerth des Torfes folgt diesen Verhältnissen und
ist bei besseren Sorten etwa gleich dem der geringeren Braunkohle, im
allgemeinen aber etwas höher als der des Holzes.

Der Torf ist an und für sich ein nur mittelmässiges Brennmaterial, das
nur wenig intensive, wenig konstante Hitze liefert und nur unter gewissen
günstigen Bedingungen eine rationelle Verwendung finden kann.

In Anbetracht des grossen Reichthums an Torf musste schon frühe der
Gedanke nahe gelegt werden, denselben in kohlenarmen Gegenden für die
pyrotechnischen Zwecke der Industrie, insbesondere der Hüttenindustrie,
nutzbar zu machen, oder aber in torfreichen Landesgebieten Industrieen
ins Leben zu rufen, die auf Belebung der in den Torfmooren ruhenden
wirthschaftlichen Werthe basirt wurden. An Versuchen dieser Art hat es
nicht gefehlt, aber nur selten wurden sie von besonders günstigen Erfolgen
gekrönt, und wohl niemals sind die gehegten Erwartungen im ganzen
Umfange erfüllt worden.

Waren die mancherlei Misserfolge, speciell in der Hüttenindustrie, zunächst auch nur aus der Verwendung des Stich- oder Backtorfes hervorgegangen, so hat man doch auch in dem verkohlten Torf, der Torfkohle,
nicht das Mittel finden können, welches zu technisch und ökonomisch befriedigenden Resultaten auf diesem Gebiete geführt hat. Allerdings wird
der gewöhnliche Torf von der Torfkohle hinsichtlich des Heizwerthes weit
übertroffen, es darf dabei aber nicht ausser Acht gelassen werden, dass
die Vorzüge der Torfkohle auf Kosten ganz bedeutender Einbussen beruhen,

welche bei der Torfverkohlung stattfinden, und wenn diese auch oft und für bestimmte Zwecke durch den relativ grösseren Werth der Torfkohle ausgeglichen scheinen, so kann man doch in der Verkohlung des Torfes, sobald sie im grösseren Maasstabe betrieben und als Mittel zum Ziele der rationellen Torfverwerthung ausgegeben wird, keineswegs einen vernünftigen Fortschritt erblicken, denn die Torfverkohlung führt zu einer wirklichen Verschleuderung, einer Verwerthung der Torfmoore um jeden Preis.

Bei der Torfverkohlung werden nicht nur die im Torf enthaltenen natürlichen Kohlenwasserstoffe und der Wasserstoff, sondern auch beträchtliche Mengen Kohlenstoff nutzlos entfernt, es gehen also werthvolle brennbare Bestandtheile gänzlich verloren, die bei einer unter günstigen Verhältnissen stattfindenden Verbrennung des gewöhnlichen Torfes den Wärmeeffekt desselben wesentlich erhöhen würden. Der Heizwerth des Torfes kann im Mittel zu 4000 W. E. und die Ausbeute an Torfkohle bei der Verkohlung zu etwa 30 pCt. angenommen werden, obwohl in Wirklichkeit wohl kaum mehr als 25 pCt. ausgebracht werden dürften. Da der Aschengehalt des Torfes durchschnittlich 5 pCt. beträgt, der in der Torfkohle konservirt ist, so resultirt eine Kohle, welche im günstigsten Falle neben 25 Gewichtstheilen reiner Kohle 5 Gewichtstheile Asche enthält. Die Wärmeproduktion der Kohle von 1 k Torf beträgt daher unter Voraussetzung, dass 1 k Kohlenstoff 8080 W. E. entwickelt: 8080 . 0,25 = 2020 W. E., so dass ein effektiver Verlust von 4000 — 2020 = 1980 W. E. bei der Verkohlung stattfindet.

Wie der gewöhnliche Torf selbst, so ist auch die Torfkohle — wenn sie nicht aus stark verdichteter und möglichst faserfreier Torfmasse gewonnen ist — äusserst porös und von so lockerer Struktur, dass sie, bei metallurgischen Gebläse-Feuerungen angewendet, durch den Winddruck zerblasen wird und versprüht, weshalb man sie gewöhnlich auch nur als Zusatz benutzen kann. Die Porosität und Durchlässigkeit der Torfkohle wirkt aber auch noch in anderer Richtung sehr ungünstig, insbesondere bei Schmelzprocessen, wie z. B. im Hohofen bei schichtenweiser Beschickung desselben mit Kohle und Erz, da ihre schwammartige Struktur die Entwickelung übergrosser Mengen von Kohlenoxydgas begünstigt, und damit Wärmeverluste hervorruft. Dieser Vorgang vollzieht sich in der Weise, dass die in der eigentlichen Verbrennungszone durch Verbrennung des Kohlenstoffs entstehende und in dem Schachte des Ofens aufsteigende Kohlensäure in Berührung mit glühender Kohle zu Kohlenoxydgas reducirt wird, was um so energischer geschieht, je grösser die der Kohlensäure sich darbietende glühende Oberfläche ist; dies ist aber bei der Torfkohle in ganz ausserordentlich hohem Grade der Fall.

Die früheren, oft mit bewundernswerther Ausdauer angestellten Versuche, den Torf in der Hüttenindustrie zu verwerthen, haben die Unzulänglichkeit derjenigen Feuerungseinrichtungen, welche auf direkte Verbrennung der Heizstoffe basirt sind, grade für Torf in schlagendster Weise dargelegt. Jene Versuche haben erst Erfolge gehabt, als man von der direkten Verfeuerung des Torfes Abstand nahm, um denselben durch Vergasung nutzbar zu machen.

In der That bietet der Torf für die Gasfeuerung sehr günstige Eigenschaften und kein anderes Feuerungssystem wird denselben auch nur annähernd so vortheilhaft verwerthen können; seine Grobstückigkeit und Porosität, welche eine hohe Schüttung desselben im Generator zulassen und die umfangreichste Reduktion der Kohlensäure in Kohlenoxyd bewirken, das Fehlen jeder Neigung zur Schlackenbildung, der Umstand, dass die Asche leicht durch den Rost fällt, daher ungestörter Fortgang des Vergasungsprocesses, das sind alles Vorzüge des Torfes, die sich bei Stein- und Braunkohlen selten bei einander finden, die aber für die Gasfeuerung sehr werthvoll sind.

Die Torfgasfeuerung ist schon jetz, in vereinzelten Fällen schon seit einer Reihe von Jahren, auf deutschen, österreichischen und schwedischen Hüttenwerken mit ausserordentlichen Erfolgen in Anwendung. In der Glasindustrie hat sie im Verein mit der Braunkohlengasfeuerung die unwirthschaftliche Holzfeuerung fast gänzlich verdrängt, und auch in anderen Industriezweigen beginnt sie sich einzubürgern. Aber wie das Vorkommen des Torfes gegenüber dem der Stein- und Braunkohle immer nur lokaler Art ist, so wird auch die Torfgasfeuerung aus dem Rahmen lokaler Bedeutung nicht heraustreten und auch nur dann nutzbringend sein können, wenn am Konsumorte die Preise der Kohlen unverhältnissmässig hoch, die des Torfes aber niedrig sind. Unter solchen Verhältnissen aber wird die Torfgasfeuerung in torfreichen Landesgebieten eine Quelle industriellen und wirthschaftlichen Aufschwungs werden können.

Zweiter Abschnitt.
Die Gasfeuerung.

Während der Ursprung der Leuchtgasbereitung mit der wissenschaftlich beobachteten Thatsache in unmittelbarem Zusammenhange steht, dass sich aus der Steinkohle beim Erhitzen derselben brennbare Gase entwickeln, ist Nichts bekannt, was zu der Schlussfolgerung berechtigte, dass die Gasfeuerung, die Heizung mit aus rohen Brennstoffen dargestellten Gasen, auf ähnlichem Wege wie die Gasbeleuchtung entstanden ist, oder in dieser ihr Vorbild gehabt habe.

In England, wo die Benutzung der Steinkohle als Heizungsmaterial bis in vorgeschichtliche Zeit zurück reicht, findet man, nach voraufgegangenen, auf die Vergasbarkeit der Steinkohle bezüglichen wissenschaftlichen Untersuchungen, schon gegen Ende des vorigen Jahrhunderts die Anfänge der Gasbeleuchtung, die ersten schüchternen Versuche der Darstellung und Verwendung von Heizgasen aber liegen kaum ein Menschenalter in der Geschichte der technischen Fortschritte zurück.

Das System der Heizung mit durch direkte Verkohlung von Brennmaterialien dargestellten Gasen, die Gasfeuerung, ist die Errungenschaft rein praktischer Arbeiten auf dem Gebiete der technischen Wärmeerzeugung, und hervorgegangen aus der Heizung mit solchen Gasen, wie sie als Nebenprodukt des Hohofenprocesses entstehen. Die Beschäftigung mit der Nutzbarmachung der Hohofen-Gichtgase war es, welche in denkenden Hüttentechnikern die Idee der direkten Gasfeuerung reifen liess, von deren praktischer Anwendung sie sich, den Mängeln der Heizung mit Gichtgasen gegenüber, bedeutende ökonomische und technische Erfolge versprechen mussten.

Die Heizung mit Gichtgasen scheint — soweit geschichtliche Nachrichten reichen — zuerst in Frankreich von dem Hütteningenieur Aubertot in den Jahren 1809—1811 versucht und mit einigem Erfolg für metallurgische Manipulationen, wie Erzrösten, Kalkbrennen etc., die nicht bedeutende Hitzegrade bedürfen, angewendet worden zu sein.[1]

----

[1] Zerrenner a. a. O. S. 3.

Die Vortheile, welche man aus der Benutzung der sonst an die Atmosphäre verloren gegangenen Gichtgase erzielte, waren, trotz der damit verknüpften Uebelstände, immerhin so beträchtlich, dass sich dem von Aubertot eingeschlagenen Verfahren alsbald die Aufmerksamkeit vieler Hüttenmänner zuwandte, ohne dass die Nachahmung desselben einige Bedeutung erlangte, da, wie gesagt, die Sache nicht ohne Uebelstände und Schwierigkeiten war, welche einen wirklichen Erfolg nicht aufkommen liessen. Dagegen erregten die Heizversuche mit Gichtgasen, mit welchen man in Wasseralfingen im Jahre 1837 unter Leitung des Bergrathes Fabre du Faur begann, nicht nur Aufsehen, sondern sie brachten unter den sämmtlichen Eisenhüttenleuten Deutschlands gradezu Aufregung hervor, und auch die Männer der Wissenschaft wandten sich der Sache zu, indem sie dieselbe theoretisch zu fördern suchten, vornehmlich in der Weise, dass sie die chemische Zusammensetzung der Hohofengase zum Gegenstande eingehender Studien machten, so Dr. R. Bunsen (1838), Prof. Tunner (1839) und Ebelmen (1839).

Die Details der auf diesen Gegenstand bezüglichen Vorgänge können hier nicht weiter in Betracht gezogen werden, erwähnt mussten die Wasseralfinger Versuche aber deshalb werden, weil mit grösster Wahrscheinlichkeit anzunehmen ist, dass eben diese Versuche, welche die Einen zwar befriedigten, die Anderen aber enttäuschten, es waren, die die Anwendung der direkten Gasfeuerung, wenn nicht gradezu hervorriefen, so doch ganz gewiss beschleunigten. Thatsache ist es, dass die Generatorgasfeuerung bald nach Beginn der Wasseralfinger Versuche als ein im Princip Fertiges, in seinen Grundzügen Abgeschlossenes aus den Händen jener Hüttentechniker hervorging, welche durch die, auch anderorts bald eingeführte Gichtgasfeuerung, nicht befriedigt waren.

Fast zu gleicher Zeit ist von zwei verschiedenen Seiten mit der Einführung der Generatorgasfeuerung vorgegangen worden, und wenn man auch allgemein dem damaligen anhaltischen Hüttenmeister Bischof die Priorität auf diesem Arbeitsfelde zuweist, so dürfte dieselbe für die eine oder die andere der beiden Seiten doch sehr schwer erweisbar sein, Thatsache aber scheint es zu sein, dass Bischof im Jahre 1839 auf dem anhaltischen Hüttenwerke Mägdesprung im Harz eine Gasfeuerung ausführte; nicht minder wichtig aber ist es, dass Bischof im Jahre 1844 die erste Schrift von Belang über Gasfeuerung herausgab. Sie führt den Titel „Die indirekte aber höchste Nutzung der rohen Brennmaterialien, oder Umwandlung derselben in Gase und Nutzung dieses Gases zu Feuerungen jeder Art etc.,“ und ist abgedruckt in Hartmann's Berg- und Hüttenmännischer Zeitung III (1844), No. 16, 18 und 19.

Zu gleicher Zeit (1839 und 1840) traten auf dem k. k. Eisenhüttenwerk Jenbach in Tyrol Versuche in's Leben, Holzkohlenklein (Lösche) in Generatoren zu vergasen und die Gase unter Zuführung gepresster atmosphärischer Luft in von den Generatoren entfernten Heizräumen zur Verbrennung zu bringen. Diese Versuche wurden unmittelbar durch den Umstand veranlasst, dass eine von der österreichischen Regierung nach Wasseralfingen abgeordnet gewesene Kommission von Hüttenleuten mit der Ueberzeugung heimgekehrt war, es sei das dort eingeschlagene Verfahren der Heizung mit Gichtgasen zum Schweiss- und Puddelofenprocess mit so vielen Unzuträglichkeiten verbunden, dass dasselbe als rationell nicht betrachtet werden könne, und dass man nunmehr die schon im Jahre 1838 geplante Ausführung selbständiger, direkter Gasfeuerungen realisiren müsse.

Die nun in Jenbach folgenden Versuche waren aber von so gewaltigen Explosionen begleitet, dass die dabei beschäftigten Arbeiter völlig muthlos wurden, so dass diese Versuche bis zum Jahre 1842 unterbrochen werden mussten, wo sie mit besseren Erfolgen auf dem k. k. Gusswerke zu Sanct Stephan in Steiermark wieder aufgenommen wurden.[1]

Wem nun auch die Ehre gebühre, der Erste gewesen zu sein, der die Hand anlegte zur Erbauung der ersten Gasfeuerung, die Thatsache kann uns über die Erörterung dieser immerhin nur nebensächlichen Frage hinweghelfen, dass sie in ihren ersten Anfängen wie in ihrem heutigen Stadium hoher Vollkommenheit ein Werk ausschliesslich deutscher Technik ist. Das grösste Verdienst um die Ausbildung der Gasfeuerung in ihrem Werdeprocess aber hat sich Oesterreich erworben, und wenn ihm die Priorität auf diesem Felde streitig gemacht werden könnte, so behielte es doch den nicht minder grossen Ruhm für sich, die Gasfeuerung aus den Windeln gehoben zu haben. Dr. Carl Zerrenner hat in seinem schon genannten Buche der Intelligenz österreichischer Hüttentechniker und ihrer eisernen Ausdauer gegenüber den grössten Schwierigkeiten ein ehrendes Denkmal gesetzt.

Das Wesen der Gasfeuerung durch eine bündige Erklärung des sich damit verbindenden Begriffes darzulegen, zu sagen, durch welche Besonderheiten sie sich von der direkten Feuerung unterscheidet, ist schwieriger, als es bei oberflächlicher Betrachtung des Gegenstandes zu sein scheint. Wissen wir doch, dass der Verbrennungsprocess in zwei sehr verschiedene Phasen zerfällt, Bildung der gasförmigen Brennsubstanz aus dem festen oder flüssigen Aggregatzustande heraus, und Verbindung jener mit dem Sauerstoff der atmosphärischen Luft, und dass dieser Verlauf immer derselbe ist, welches Verfahren man auch bei der Verbrennung fester Heizmaterialien einschlagen mag.

Fehlt so nach dieser Richtung hin das Unterscheidende zwischen Gasfeuerung und direkter Feuerung, so bieten sich doch einige charakteristische Vergleichs- und Unterscheidungsmittel, wenn man die technischen Grund-

---

[1] Zerrenner a. a. O. S. 9.

lagen beider Feuerungssysteme in Betracht zieht. Eine typische Eigenthümlichkeit der Gasfeuerung ist es z. B., dass Vergasung und Verbrennung räumlich und zeitlich mehr oder minder scharf von einander getrennt sind, während bei der direkten Feuerung diese beiden Theile des Verbrennungsprocesses als eine Einheit erscheinen; in ihrer ganzen Prägnanz treten diese Unterscheidungsmerkmale aber erst dann hervor, wenn berücksichtigt wird, dass bei der direkten Feuerung die für die vollkommene Verbrennung erforderliche Luft in einem Zuge in den Verbrennungsprocess eintritt, während bei der Gasfeuerung die eine Hälfte dieser Luft zur Bildung der Gase im Generator, die andere aber zur Verbrennung der Gase im Verbrennungsraume verbraucht wird. Ob Vergasungs- und Verbrennungsraum nun nahe bei oder entfernt von einander liegen, immer ist die zweifältige Zuführung von Luft Bedingung bei der Gasfeuerung.

Man pflegt das Material der Gasfeuerung, das Generatorgas, wohl als das Produkt einer unvollkommenen Verbrennung zu bezeichnen, doch nur soweit mit Recht, als dieses Gas selbst nur unvollkommen verbrannt ist. Wäre das erste richtig, so müsste sich der Vergasungsprocess unter viel einfacheren Bedingungen vollziehen lassen, als es in Wirklichkeit der Fall ist. Man würde in jedem Feuerraum brennbares Gas erzeugen können, wenn nur nicht mehr als die für die halbe Verbrennung des Kohlenstoffs erforderliche Luft in denselben eingelassen würde. Der Effekt einer solchen Vergasung würde sich aber alsbald in dem Erlöschen des Feuers bemerkbar machen; es würde eine der ersten Bedingungen des rationellen Vergasungsprocesses nicht erfüllt worden sein, welche in der Herstellung und dauernden Erhaltung einer hohen Temperatur besteht, bei welcher die chemischen und physikalischen Aktionen innerhalb des Vergasungsmaterials energisch von statten gehen können.

Nicht unvollständige, sondern vollständige Verbrennung ist die Basis, auf welcher sich der Vergasungsprocess vollzieht, und darin unterscheidet sich die Generatorverbrennung nicht von der, wie sie auf den Rosten gewöhnlicher Feuerungen stattfinden soll. Während nun aber hier die aus der vollständigen Verbrennung resultirende Wärme an einen Raum, oder an einen fremden Körper überhaupt, abgegeben wird, um diesen zu erhitzen, oder physikalisch zu verändern, geht sie dort mit dem Produkt der vollständigen Verbrennung, der Kohlensäure, in das Vergasungsmaterial über, um dieses in den Zustand zu versetzen, dass die Kohlensäure sich zu Kohlenoxyd reduciren kann, neben welchem Processe die Wärme eine Reihe von Zersetzungen und Umsetzungen bewirkt.

Dass für die Reduktion der Kohlensäure in Kohlenoxyd, dem wichtigsten Bestandtheile des Generatorgases, eine sehr hohe Temperatur erforderlich ist, wie solche nur die vollkommene Verbrennung abgeben kann, ergiebt sich aus folgender Betrachtung.

Die Verbrennung von 1 k Kohlenstoff zu Kohlensäure entwickelt bekanntlich 8080 W. E., zu Kohlenoxyd nur 2473 W. E.; nun muss, da allgemeiner Annahme nach das letztere nicht direkt entsteht[1]), die Kohlensäure durch Reduktion in Kohlenoxyd umgewandelt werden, wobei noch 1 Gewichtstheil Kohlenstoff von der Kohlensäure aufgenommen wird, nach der Formel $CO_2 + C = 2\,CO$. Da der in die Verbindung eintretende Kohlenstoff zunächst aber fest ist und erst auf Kosten der bei Bildung der Kohlensäure fühlbar gewordenen Wärme gasförmig wird, bei der Reduktion von 1 Gewichtstheil Kohlensäure zu 2 Gewichtstheilen Kohlenoxyd aber nur $2 \cdot 2473 = 4946$ W. E. entstehen können, so werden durch die Reduktion $8080 - 4946 = 3134$ W. E. — die Vergasungswärme des Kohlenstoffs — (S. 20) gebunden. Diese im Generator latent werdende Wärmequantität muss aber nothwendig vorhanden sein, damit die Kohlensäure zu Kohlenoxyd reducirt werden kann, und diese Wärme kann nur eben dadurch entstehen, dass ein Theil des Brennstoffs vollkommen verbrennt.

Nimmt man, um diesen Vorgang noch von einer anderen Seite zu betrachten, mit Bunte[2]) an, dass das Vergasungsmaterial Koks ist, und dass nur Kohlenoxyd gebildet wird, so kann der Reduktionsprocess auch folgenderweise dargestellt werden.

Nach der bezüglichen Angabe auf S. 25 wird beim Entstehen der Kohlensäure ein dem verbrauchten Sauerstoff gleiches Volumen derselben geliefert, es werden daher aus Luft 21 Vol. Kohlensäure und 79 Vol. Stickstoff. Die hierbei stattfindende Wärmeproduktion beträgt pro 1 cbm Gas $0{,}21 \cdot 4334 = 910$ W. E. Durch die Umwandlung der Kohlensäure in Kohlenoxyd bildet sich die doppelte Menge des letzteren und es entsteht ein Gas der Zusammensetztung $2 \cdot 0{,}21 = 0{,}42$ Vol. Kohlenoxyd und 0,79 Vol. Stickstoff: $0{,}42 + 0{,}79 = 1{,}21$ Vol. Generatorgas, dessen procentische Zusammensetzung beträgt:

$$\begin{array}{ll} \text{Kohlenoxyd} & \ldots \quad 34{,}71 \\ \text{Stickstoff} & \ldots \quad 65{,}29 \end{array}$$

Wie oben gezeigt worden, wird bei der Reduktion von Kohlensäure eine gewisse Quantität Wärme gebunden, welche durch die Verbrennung von Kohle zu Kohlensäure gedeckt werden muss. Auf der einen Seite werden 0,21 Vol. Kohlensäure in Kohlenoxyd verwandelt, und es wird

---

[1]) Bunte (Journal für Gasbeleuchtung 1879 S. 278), zieht aus dem Umstande, dass die Gase eines mit Koks beschickten Schlitzgenerators auch bei Verminderung der Schütthöhe von 1,5 m auf 0,75 m und bei starkem Zuge (8,8 mm) sich in der Zusammensetzung sehr gleich bleiben (5 pCt. CO_2, 21 pCt. CO direkt nach Füllung, 4,8 pCt. CO_2, 22 pCt. CO Durchschnitt von 4 Stunden), den Schluss, dass bei den hohen Temperaturen vor den Schlitzen der Koks nicht erst zu CO_2, sondern direkt zu CO verbrenne, da bekanntlich die CO_2 bei hohen Temperaturen (nach Deville $12-1300°$ C) in CO und O zerfällt, und das CO unter diesen Umständen das beständigere Gas ist.

[2]) Journal für Gasbeleuchtung 1878 S. 68.

dabei die gleiche Menge Wärme absorbirt, welche dieselbe Quantität Kohlenoxyd bei der Verbrennung zu Kohlensäure erzeugt haben würde, also $0{,}21 . 3007 = 631{,}47$ W. E.; auf der anderen Seite entstehen bei der Bildung von Kohlenoxyd und dem disponibel gewordenen Sauerstoff der Kohlensäure $0{,}21 . 1327 = 278{,}67$ W. E., und es beträgt demnach der Wärmeverbrauch bei der Reduktion $631{,}47 - 278{,}67 = 352{,}80$ W. E., welche an den bei der vorausgegangenen Verbrennung von Kohlenstoff zu Kohlensäure entwickelten 910 W. E. in Abzug kommen, so dass nach stattgefundener Reduktion der Kohlensänre noch $910 - 352{,}8 = 557{,}34$ W. E. fühlbar bleiben. Rechnet man, welche Temperatur dem Gase durch die Wärme ertheilt wird, so erhält man

$$\frac{910}{0{,}79 . 0{,}31 + 0{,}21 . 0{,}427} = 2720^0 \text{ C. vor der Reduktion}$$

$$\frac{557{,}34}{1{,}21 . 0{,}31} = 1485^0 \text{ C. nach der Reduktion,}$$

so dass bei diesem Vorgange ein Verlust an fühlbarer Wärme von $\frac{1485}{2720} = 54$ pCt. entsteht.

Die Reduktion der Kohlensäure zu Kohlenoxyd ist aber nur ein Theil des Vergasungsprocesses, andere sind die Verdampfung resp. Vergasung der in dem Brennmaterial fertig enthaltenen Kohlenwasserstoffe (Produkte der trockenen Destillation), sowie die Verdampfung und theilweise Zersetzung des mit dem Brennstoff oder mit der Luft in den Generator eingeführten Wassers.

Alle diese, die Kohlenstoffvergasung begleitenden Verdampfungen und Zersetzungen vollziehen sich lediglich auf Kosten der von jener herrührenden Wärme; das Auftreten der Kohlenwasserstoffe, mit Ausnahme derjenigen, welche sich aus isolirtem Kohlenstoff und Wasserstoff bilden, und des Wasserstoffs aus Wasser, ist mit Wärmeabsorption verknüpft, von der Kohlenstoffvergasung aber auch noch dadurch unterschieden, dass es ohne Mitwirkung der atmosphärischen Luft stattfinden kann.

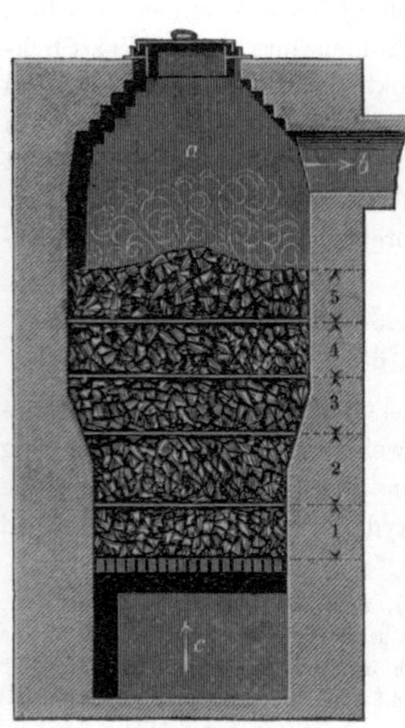

Fig. 1.

Diese, indem sie vom Aschenraume c durch den Rost des Generators (Fig. 1) in diesen eintritt, trifft zunächst die unmittelbar auf dem Rost liegenden glühenden Kohlen (Zone 1), an welche sogleich ein Theil ihres Gehaltes an Sauerstoff abgegeben wird; Kohlenstoff und Sauerstoff verbrennen hier zu Kohlensäure, die, mit dem indifferenten Stickstoff aufwärts steigend, die entstandene Wärme an die höher liegenden Schichten überträgt. Da nicht anzunehmen ist, dass aller Sauerstoff schon in der ersten Zone verbraucht wird, solcher vielmehr in grösserer Menge auch noch in die zweite gelangt, so wird auch innerhalb dieser noch eine intensive Verbrennung statthaben, indem direkt Kohlenstoff, wie auch das durch Reduktion bereits entstandener Kohlensäure gebildete Kohlenoxyd, hier zu Kohlensäure verbrannt werden, die bei ihrem Emporsteigen in Berührung mit glühenden Kohlen wieder zu Kohlenoxyd umgewandelt wird. Die eigentliche, von Bestand bleibende Reduktion der Kohlensäure wird sich namentlich in der dritten, noch stark glühenden Zone vollziehen, und da für diesen Process immer neue Wärme beansprucht und verbraucht wird, und da diese nur von den unteren beiden Zonen geliefert werden kann, so wird mit der dritten, der eigentlichen Reduktionszone, eine Linie markirt, von welcher ab nach oben die Temperatur ganz bedeutend abnehmen muss, welche hier lediglich nur noch aus der von den aufsteigenden Gasen abgegebenen Wärme resultirt.

Die Energie der Reduktion von Kohlensäure wird erheblich beeinflusst resp. abhängig gemacht von der grösseren oder geringeren Dichte des Brennmaterials. Je dichter dasselbe ist, um so langsamer wird die Kohlensäure innerhalb desselben reducirt, während unter sonst gleichen Verhältnissen poröses Vergasungsmaterial die Reduktion sehr rasch und vollstängig bewirkt. Bei Rothglut über Holzkohlen geleitete Kohlensäure erzeugt annährend sechs mal mehr Kohlenoxyd, als wenn Koks angewendet wird[1]). Aehnliche Erscheinungen zeigen sich, wenn die Kohlensäure Kohlen langsam oder rasch durchstreicht, wobei auch die Temperatur merklich verändert wird. Ein bei niedrigem Zuge (etwa 1 mm) erzeugtes Gas enthielt 1,9 pCt. Kohlensäure, ein solches, das bei hohem Zuge (7—10 mm) erzeugt war, 5,8 pCt., wobei die Temperatur um ca. 500° C. stieg[2]), weil bei vermehrter Kohlensäure- und verminderter Kohlenoxydbildung mehr Wärme fühlbar und weniger verbraucht wird.

In den weniger heissen aber noch rothglühenden oberen Zonen des Generators treten Sumpfgas (leichtes-) und ölbildendes Gas (schweres Kohlenwasserstoffgas) in das aufsteigende Gasgemenge ein.

Sumpfgas, auch Methan genannt (CH_4), besteht aus 75 (genau 74,95) pCt. Kohlenstoff und 25 (genau 25,05) pCt. Wasserstoff:

$$\begin{array}{rll} 1 \text{ Vol.} = 12 & \text{Gewichtstheile} & \text{Kohlenstoffgas und} \\ \underline{4 \; \text{„} = 4} & \underline{\text{„}} & \underline{\text{Wasserstoffgas geben}} \\ 2 \text{ Vol.} = 16 & \text{Gewichtstheile} & \text{Sumpfgas.} \end{array}$$

---

[1]) Kerl, a. a. O. S. 84.

[2]) Journal für Gasbeleuchtung 1879 No. 14.

Das Sumpfgas ist wenig beständig; bei Rothglut und besonders in Gegenwart von Wasserdampf zerfällt es wieder in seine Einzelbestandtheile, nach Berthelot in Kohlenstoff und Acetylen ($C_2 H_2$), ebenso dann, wenn es angezündet wird. Es verbrennt mit mattleuchtender, bläulicher Flamme, unter Aufnahme des doppelten seines eignen Volumens an Sauerstoff, zu Kohlensäure und Wasserdampf ($CH_4 + 4\,O = CO_2 + 2\,H_2 O$). Es entwickelt beim Verbrennen nach Favre und Silbermann (S. 19) 13063 W. E. Nun enthält 1 k dieses Gases 0,750 k Kohlenstoff und 0,250 Wasserstoff, und müsste die Verbrennungswärme desselben daher sein: 0,750 . 8080 + 0,250 . 34462 = 14675 W. E. Die wirkliche Verbrennungswärme ist also um 14675—13063 = 1612 W. E. geringer als die berechnete, und müssen demnach diese 1612 W. E. bei der Bildung des Sumpfgases im Generator frei werden [1]).

Das Gewicht von 1 cbm dieses Gases ist bei 0° und 760 mm Druck 0,7169 k und sind darin enthalten 0,5377 k Kohlenstoff und 0,1792 k Wasserstoff; die Verbrennungswärme von 1 cbm (specif. Wärme 0,4250) ist = 9365 W. E.

---

[1]) Dieser Bogen war bereits gesetzt, als Jul. Thomsen's „Thermochemische Untersuchungen über die Theorie der Kohlenstoffverbindungen" (Berichte d. deutschen chem. Gesellschaft, 1880 S. 1321) erschienen, welche das Phänomen der variabelen Bildungs- und Verbrennungswärmen der Kohlenwasserstoffe behandeln, und ein Gesetz für dasselbe begründen. Die streng-wissenschaftliche Fassung und der Umfang dieser Abhandlung verbieten es, hier näher auf dieselbe einzugehen, ganz allgemein mag aber aus der Untersuchung angemerkt werden, dass die Bildungswärme der Kohlenwasserstoffe sich zusammensetzt aus der Vergasungswärme des Kohlenstoffs, durch welche 1 Molekül amorpher Kohlenstoff in 2 Atome gasförmigen umgewandelt und das Molekül $C \equiv\,\vdots\,\equiv C$ gebildet wird (negativ), aus der Wärmetönung, die entsteht, wenn diese getrennten gasförmigen Kohlenstoffatome sich zu einem Molekül verbinden (positiv), ferner aus derjenigen, welche entsteht, wenn sich die verbundenen Kohlenstoffatome mit den restirenden Valenzen mit Wasserstoffatomen verbinden (positiv), nachdem diese durch Spaltung der Moleküle isolirt worden sind (negativ).

Da nun jeder Kohlenwasserstoff eine andere Zusammensetzung hat, so muss jeder auch eine andere Bildungswärme haben. Diese ist gleich der Differenz, welche sich ergiebt, wenn die Verbrennungswärme der Kohlenwasserstoffe aus den Elementen berechnet und dieser die wirkliche Verbrennungswärme gegenübergestellt wird. Die so gefundene Bildungswärme kann sowohl eine negative (—) wie eine positive (+) sein; ersterenfalls ist die wahre Verbrennungswärme der Verbindungen kleiner, letzterenfalls ist sie grösser als diejenigen der Elemente für sich.

Mit zunehmender Sättigung der vier Valenzen des Kohlenstoffs durch Atome des Wasserstoffs nimmt die Bildungswärme zu, die Verbrennungswärme wird kleiner, bei abnehmender Sättigung wird umgekehrt die Bildungswärme kleiner und die Verbrennungswärme grösser als diejenige der in der Verbindung enthaltenen Elemente. Demgemäss wird das Maximum der Bildungswärme und das Minimum der Verbrennungswärme durch das Sumpfgas (CH_4) repräsentirt, in welchem die vier Valenzen des Kohlenstoffatoms durch vier Atome Wasserstoff gesättigt sind, das Minimum der Bildungs- und das Maximum der Verbrennungswärme aber durch den ungesättigten Kohlenwasserstoff $C_2 H_2$ (Acetylen).

Setzt man die Verbrennungswärme des Kohlenstoffs mit 96 960 W.E., die des Wasserstoffs nach Thomsen's Ermittelungen aber mit 68 360 W.E. an (Favre und Silbermann fanden dafür 68 924 W.E.), und stellt man diesen Zahlen die wahre, von Thomsen neubestimmte Verbren-

Das ölbildende Gas, Aethylen, auch Elayl ($C_2 H_4$), besteht aus 85,68 pCt. Kohlenstoff und 14,38 Wasserstoff:

$$
\begin{array}{rcll}
2 \text{ Vol.} &=& 24 & \text{Gewichtstheile Kohlenstoffgas und} \\
4 \text{ „} &=& 4 & \text{„} \qquad \text{Wasserstoff geben} \\
\hline
2 \text{ Vol.} &=& 28 & \text{Gewichtstheile ölbildendes Gas.}
\end{array}
$$

Es entsteht bei noch geringeren Temperaturen als das Sumpfgas, und wird bei Rothglut wieder zersetzt, wobei 1 Vol. Kohlenstoff ausgeschieden wird, so dass Sumpfgas entsteht. Dieselbe Zersetzung findet statt, wenn das Gas angezündet wird. Es verbrennt mit hellerer, leuchtenderer Flamme als das Sumpfgas, was daher rührt, dass der ausgeschiedene feste Kohlenstoff innerhalb der Flamme in intensives Glühen geräth. Beim Verbrennen nimmt Aethylen noch 6 Vol. Sauerstoff auf und giebt an Verbrennungsprodukten 2 Vol. Kohlensäure nebst 2 Vol. Wasserdampf ($C_2 H_4 + 6 O = 2 CO_2 + 2 H_2 O$). In 1 k des Gases sind enthalten 0,8568 k Kohlenstoff und 0,1432 k Wasserstoff, es berechnet sich daher die Verbrennungswärme zu: $0,8568 \cdot 8080 + 0,1432 \cdot 34462 = 11858$ W. E., welche mit der von Favre und Silbermann beobachteten übereinstimmt, so dass beim Entstehen dieses Gases keine Wärme frei wird[1]).

Ein cbm Aethylen wiegt 1,2546 k (specif. Wärme 0,5069), enthält 1,0749 Kohlenstoff nebst 0,1797 Wasserstoff und giebt beim Verbrennen $1,0749 \cdot 8080 + 0,1797 \cdot 34462 = 14883$ W. E.

In den frischen Brennstoffaufschüttungen vollzieht sich endlich die Verdampfung der im Brennmaterial fertig vorhandenen Kohlenwasserstoffe (Produkte der trocknen Destillation), und die Verdampfung des hygroskopischen Wassers. Von jenen kommen besonders in Betracht:

Naphtalin, besteht aus 6,12 pCt. Wasserstoff und 93,88 pCt. Kohlenstoff, siedet bei 216° C. und verbrennt mit leuchtender, stark russender Flamme;

Paraffin, besteht aus 14,03 pCt. Wasserstoff und 85,97 pCt. Kohlenstoff, entwickelt sich namentlich aus bituminösen Schiefern (Liasschiefer),

---

nungswärme der Verbindungen gegenüber, wie in der Tabelle geschehen, so erhält man in den sich ergebenden Differenzen die Bildungswärme der Kohlenwasserstoffe.

	Verbrennungswärme in W. E.		Bildungswärme in W. E.	
$C_2 H_2$	berechnet 262 280 gefunden 310 570	$+$	48 290	
$C_2 H_4$	berechnet 330 640 gefunden 334 800	$+$	4 160	
$C_2 H_6$	berechnet 604 080 gefunden 579 560	$-$	24 520	
$C H_4$	berechnet 233 680 gefunden 213 530	$-$	20 150	

[1]) Cf. die vorstehende Note.

sowie aus Torf und Braunkohle; siedet bei über 300° C. und verbrennt mit leuchtender Flamme.

Neben diesen Processen verläuft ein anderer von grosser Wichtigkeit: die Zerlegung des in den Generator mit der Luft eingeführten, theils auch des im Brennstoff selbst enthaltenen Wassers in seine Elemente, Wasserstoff und Sauerstoff.

Das Wasserstoffgas entsteht in allen Theilen des Generators. In der eigentlichen Verbrennungszone resultirt es aus der mit der Luft eingeführten Feuchtigkeit, in den höheren Schichten aus derjenigen, welche im Brennstoff enthalten, und endlich aus der Zersetzung der natürlichen Kohlenwasserstoffe.

Während nun aber die Zersetzung des Wassers in der eigentlichen Verbrennungszone insofern sehr günstig für den Vergasungsprocess wirkt, als durch die Zersetzung — allerdings auf Kosten der im Generator erzeugten Wärme — ein weniger stickstoffhaltiges, wasserstoffreicheres Heizgas erzeugt wird, scheint dieser Vorgang in den weniger heissen Theilen des Generators, in den oberen Schichten, soweit hier überhaupt noch Zerlegung des Wasserdampfes stattfinden kann, da nach Deville hierfür 900—1000° C. erforderlich, dadurch sehr ungünstig zu wirken, dass der frei werdende Sauerstoff Kohlenoxyd zu Kohlensäure verbrennt, ohne dass diese bei der verringerten Temperatur sich wieder reduciren kann. Bunte's Versuche über die Leistungsfähigkeit der Koksgeneratoren[1]) bestätigen, das der Wasserdampf bei niedrigeren Temperaturen zersetzt wird, als die sind, bei denen die Reduktion der Kohlensäure noch erfolgt. Coquillon[1]) hat neuerdings auf experimentellem Wege erwiesen, dass, wenn kohlensäurefreies, nicht getrocknetes Gas aus Simens-Generatoren über eine glühende Platinspirale geleitet wird, der Wasserdampf desselben eine äquivalente Menge Kohlenoxyd zu Kohlensäure unter Bildung eines gleichen Volumens Wasserstoff verbrennt. Da nun Kohlensäure nach Deville erst bei 1200 — 1300° C. reducirt wird, so erklärt das Experiment von Coquillon die bekannte Erscheinung, dass Generatorgas immer Kohlensäure enthält, weil eben kein Brennstoff ganz frei von Wasser ist, dessen Zersetzung noch unter der Reduktionstemperatur der Kohlensäure stattfinden kann.

An die voraufgegangenen Darlegungen knüpft sich die Erörterung der Frage, welche Einbussen am kalorischen Nutzeffekt durch die räumliche Trennung der Vergasung von der eigentlichen Verbrennung herbeigeführt werden, denn dass die lokalisirte Umwandlung des Heizmaterials in Gase für den ökonomischen Effekt vortheilhaft sein sollte, dürfte wohl kaum angenommen werden.

Diejenige Wärmquantität, welche im Generator für die Ent- und Ver-

---

[1]) Journal für Gasbeleuchtung 1879 N. 5,
[2]) Comptes rendus Bd. 88 S. 1204.

gasung aufgewendet wird, würde zwar auch bei der direkten Verbrennung erforderlich sein, während aber in diesem Falle die ganze Verbrennungswärme des Kohlenstoffs abzüglich derjenigen für die Verdampfung des in dem Heizmaterials enthaltenen Wassers als Nutzwärme dienlich geworden wäre, geht bei der Gasfeuerung ein Theil dieser Wärme durch den Generatorprocess verloren.

Die Grösse dieses Verlustes ist sehr veränderlich und wird erheblich beeinflusst von dem Gange des Generators und von äusseren Umständen, ob viel oder wenig Kohlensäure producirt wird, ob die Gase auf dem Wege nach dem Verbrennungsraum viel oder wenig Theer absetzen, viel oder wenig Wärme bei der Leitung der Gase verloren geht. Dieser letzte Umstand ist von ganz besonderem Einfluss, denn je mehr von der im Generator frei gewordenen Wärme mit den Gasen in den Verbrennungsraum übertragen wird, desto geringer, umgekehrt desto grösser gestaltet sich der Verlust.

Die wirkliche Höhe dieses Verlustes lässt sich in Anbetracht der Unberechenbarkeit der begleitenden Umstände auch nicht annähernd genau bestimmen, theoretisch kann man sagen, dass dieser Verlust gleich ist der Differenz, welche sich ergiebt, wenn man diejenige Wärmemenge, welche im Generator bereits frei geworden ist, derjenigen gegenüber stellt, welche die Gase bei der Verbrennung noch zu entwickeln vermögen.

Um diesen theoretischen Verlust ermitteln zu können, muss die Zusammensetzung der Generatorgase bekannt sein. Qualität und Quantität derselben bestimmen die Höhe dieses Verlustes, wie die nähere Betrachtung folgender Analysen von Generatorgasen darthun wird.

	I.[1]		II.[2]	
Kohlenoxyd	22,8	} 32,4 brenn- bare Gase.	19,51	} 27,38 brenn- bare Gase.
Sumpfgas	7,4		—	
Oelbildendes Gas	—		2,12	
Wasserstoff	2,2		5,75	
Kohlensäure	3,6	} 67,6 todte Gase.	7,71	} 72,62 todte Gase.
Sauerstoff	0,5		—	
Stickstoff	63,5		64,91	
	100,00 Volumentheile.		100,00 Volumentheile.	

---

[1] Mittel aus neun von Dr. H. Seger (Thonindustrie-Zeitung 1878 N. 24) ausgeführten Untersuchungen der Generatorgase des Mendheim-Gasofens der Königlichen Porzellanmanufaktur in Charlottenburg. Die Gase wurden der Gasleitung zwischen Generator und Ofen entnommen und sind aus stückigen Steinkohlen, halb englische, halb oberschlesische, dargestellt. Theer- und Wassergehalt des Gases, dessen specif. Gewicht zu 0,9421 berechnet wurde, sind nicht berücksichtigt. Die Kohlenwasserstoffgase wurden als $C_2 H_4$ in Rechnung gestellt.

[2] Gas aus dem Siemens-Generator des Martinwerkes der Hütte Phönix zu Laar bei Ruhrort, analysirt von Dr. C. Stöckmann (a. a. O. S. 39), entnommen dem Gaskanal in der Nähe des Schmelzofens und erzeugt aus gleichen Theilen Kohlen der Zechen Wilhelmine Victoria und Zollverein bei Oberhausen. Das Gas wird vor dem Verbrennen gekühlt und setzt im

Was an diesen Analysen zunächst auffallen muss, ist die grosse Verschiedenheit in dem Gehalt an brennbaren und todten, theils verbrannten, theils indifferenten Gasen. Der höhere Procentsatz an Kohlensäure und der geringere an Kohlenoxyd der Gase II gegenüber I lassen den Schluss zu, dass der Betrieb des betr. Generators kein sehr rationeller gewesen; ein grosser Theil des Kohlenstoffs ist im Generator zu Kohlensäure verbrannt, und dadurch die Menge des Kohlenoxyds sehr verringert worden.

Aus den Analysen berechnet sich die im Generator fühlbar gewordene Wärme

bei den Gasen I zu: $3,6 . 4334 + 22,8 . 1327 + 7,4 . 1156^{1)} = 54612$ W. E.

bei den Gasen II zu: $7,71 . 4334 + 19,51 . 1327 = 57163$ W. E.

während beim Verbrennen noch liefern können:

die Gase I: $22,8 . 3007 + 7,4 . 9365 + 2,2 . 3088 = 144684$ W. E.

die Gase II: $19,51 . 3007 + 2,12 . 14883 + 5,75 . 3088 = 107975$ W. E.

Die Differenz zwischen der Wärmemenge, welche bei der Bildung der Gase im Generator entwickelt wurde und der, welche sie beim Verbrennen im Verbrennungsraum noch entwickeln können, bezeichnet den theoretischen Verlust:

$$\text{bei den Gasen I zu } \frac{54612}{144684} = 0,3771 = 37,71 \text{ pCt.}$$

$$\text{bei den Gasen II zu } \frac{57163}{107975} = 0,5295 = 52,95 \text{ pCt.}$$

Die aus Verbrennungsprodukt und specifischer Wärme resultirende theoretische Temperatur, welche durch das Entstehen von Kohlensäure, Kohlenoxyd und Sumpfgas im Generator entwickelt wird, beträgt:

bei den Gasen I: $22,8 + 2,2 + 0,5 + 63,5 . 0,31^{2)} + 3,6 . 0,427^{3)}$

$$+ 7,4 . 0,425^{4)} = 32,28 \quad \frac{54612}{32,28} = 1692^{0} \text{ C.}$$

bei den Gasen II: $19,51 + 5,75 + 64,91 . 0,31^{2)} + 7,71 . 0,427^{3)}$

$$+ 2,12 . 0,5069^{5)} = 34,31 \quad \frac{57163}{34,31} = 1660^{0} \text{ C.}$$

Wenn die Zahlen 37,71 und 52,95 den wirklichen Verlust ausdrückten, der durch den Vergasungsprocess herbeigeführt wird, so müssten sich die Gase von 1692 resp. 1660^{0} C. auf 0^{0} C. abkühlen, bevor sie in den Verbrennungsraum gelangen, was nun aber keineswegs der Fall ist. Einmal besitzen die Gase die berechneten Temperaturen überhaupt nicht, da ein

---

Kühlrohr grössere Mengen flüssigen Theeres ab. Die Temperatur des Gases betrug in der Nähe des Ofens 95^{0} C. Das Gas ist im feuchten Zustande analysirt; die Umrechnung auf Trocken erfolgte vom Verfasser.

[1]) Im Generator fühlbar werdende Wärme pro 1 cbm Sumpfgas.

[2]) Specifische Wärme für N, H, O und CO.

[3]) Specifische Wärme für CO_2.

[4]) Specifische Wärme für CH_4.

[5]) Specifische Wärme für $C_2 H_4$.

nicht geringer, aber unbekannter Theil dieser Wärme im Generator für Zersetzungen gebunden wird, ein anderer durch Strahlung und Leitung verloren geht, und dann ist auch nicht festzustellen, mit welcher Temperatur die Gase in die Verbrennung eintreten, es kann daher von einer Präcisirung der Höhe dieses Verlustes im allgemeinen nicht die Rede sein. Die Endtemperatur der Gase ist wesentlich von dem Verlust abhängig, der durch die Gasleitungen herbeigeführt wird, wie die Brennkraft von dem Umfange der sich in denselben bildenden Kondensationen flüchtiger, brennbarer Bestandtheile des Gases. Je kürzer die Leitungen und je besseren Schutz sie gegen Wärmeausstrahlung gewähren, desto geringer wird die Differenz zwischen der Anfangs- und Endtemperatur der Gase sein. Wie beträchtlich diese Differenz unter Umständen sein kann, wird durch die Thatsache dargelegt, dass die Gase II des Siemens-Generator auf dem Martinwerke der Hütte Phönix im Kühlrohr neben Abscheidung grösserer Mengen von Theer, also Verlust an Heizwerth, auf 95° C abgekühlt werden. Gruner[1]) beziffert den bei Siemens-Generatoren durch Kondensation von Theer herbeigeführten Verlust zu 20 pCt., ohne den direkten Wärmeverlust durch Kühlung des Gases zu berücksichtigen. Siemens[1]) schätzt die Temperatur, mit der die Gase den Generator verlassen, ganz allgemein zu 350° C., obwohl anzunehmen, dass diese Temperatur, wenigstens bei Steinkohlen-Generatoren, viel höher ist, und den Verlust allein an Wärme, den die Gase durch das Kühlen erleiden, zu 250° C., so dass sich ein Verlust an fühlbarer Wärme von $\frac{250}{350} = 71{,}5$ pCt. ergiebt. Périssé berechnet den Gesammtverlust bei Siemens-Generatoren, je nach der Beschaffenheit der Kohle wechselnd, zu 33,2 — 43,2 pCt.

Bunte[1]) hat gelegentlich seiner im Auftrage des Vereins deutscher Gas- und Wasserfachmänner ausgeführten Versuche über die Leistungsfähigkeit von Koksgeneratoren auch Beobachtungen über die Abkühlung des Gases in Leitungen, gemauerten Kanälen, angestellt und gefunden, dass sich das Gas auf 1 m Kanallänge um 50 — 75° C. abkühlen kann. Diese Abkühlung ist abhängig sowohl von der absoluten Temperatur des Gases, d. h. der Temperaturdifferenz zwischen dem Gase und der äusseren Luft, von der Wärmeleitungsfähigkeit des Kanalmauerwerks und endlich von der Geschwindigkeit, mit welcher das Gas sich in den Leitungen bewegt. Je höher die Temperatur der Gase gegenüber derjenigen der äusseren Luft, oder je geringer die Geschwindigkeit der Gase ist, desto grösser wird die Abkühlung und der Wärmeverlust sein. Es lässt sich hiernach wohl der Fall denken, dass ein bei hohem Zuge erzeugtes Gas, wenn auch schon, eben infolge des hohen Zuges, ein Theil Kohlenoxyd im Generator ver-

---

[1]) Kerl, a. a. O. S. 191.
[2]) Wissenschaftlich-technische Fragen der Gegenwart, Berlin 1879, S. 77.
[1]) Journal für Gasbeleuchtung 1879 N. 14.

brannt worden, ökonomisch werthvoller sein kann als ein bei niedrigem Zuge erzeugtes Gas mit weniger Kohlensäure und mehr Kohlenoxyd, weil der grösseren Geschwindigkeit wegen, mit welcher das Gas die Leitungen passirt, die Abkühlung nicht so beträchtlich und nicht so nachtheilig wirkt. Die oben erwähnte Plusdifferenz von 3,9 pCt. Kohlensäure entspricht einer theoretischen Wärmemenge von ca. 120 W. E. pro 1 cbm Gas und einer Temperaturerhöhung von annähernd 350⁰ C. In Wirklichkeit wurden aber 500⁰ C. gefunden, also ein Mehr von 147⁰ C., welches nur daher rühren kann, dass bei grösserer Geschwindigkeit die Gase weniger Wärme verlieren als bei geringerem Zuge. Die Wärmeverluste berechnen sich bei hohem Zuge zu 19,7 pCt., bei niedrigem aber zu 23,2 pCt.

Der günstigste Fall, unter welchem die Vergasung stattfinden kann, wäre daher vom kalorischen Standpunkte derjenige, wenn die Gase, ohne Beeinträchtigung ihrer Zuggeschwindigkeit, mit möglichst minimaler Temperatur aus dem Generator in die Leitungen eintreten, oder mit anderen Worten, wenn die Vergasung bei niedrigen Temperaturen stattfindet. Dieser Modus bietet auch noch andere Vortheile; es werden die Eisenarmatur und das Mauerwerk des Generators wie auch die mit dem Gase in Berührung kommenden Eisentheile, die Ventile oder die Schieber, weniger angegriffen, wie denn überhaupt die Bedienung des Generators bei niedrigeren Temperaturen eine weniger schwierige als bei hochgradigen ist.

Nun ist aber die Wärme des Generators und der Gase lediglich nur ein Produkt des Generatorprocesses selbst, die Höhe jener abhängig von den chemischen Aktionen, welche innerhalb des Generators stattfinden. Sind diese nur wärmeproducirende, wie es der Fall bei der Vergasung bereits entgaster Brennstoffe (Koks, Holzkohlen), so wird die Temperatur immer eine hohe sein, je mehr aber der wärmekonsumirenden Faktoren in den Vergasungsprocess eintreten, Zersetzungen chemischer und physikalischer Natur, um so weiter wird die Temperatur herabgehen.

In der Einführung von Wärmekonsumenten in den Generatorprocess würde demnach das Mittel geboten sein, die Temperatur zu vermindern, und dieses Mittels wird man sich um so mehr bedienen dürfen, wenn es die Möglichkeit bietet, das Wärmeübermaass des Generators in eine latente Kraft zu verwandeln, die sich bei der Verbrennung der Gase wieder in fühlbare Wärme umsetzen lässt. In dem Folgenden wird gezeigt werden, dass dieses Mittel darin besteht, Wasserdampf in den Generator einzuführen.

Schon in der Einleitung ist des näheren dargelegt worden, dass in 18 Gewichtstheilen Wasser 68924 W. E. latent sind. An Versuchen, die im Wasser, diesem Heizstoff par ecxellence, angehäufte Wärmekraft nutzbar zu machen, hat es nicht gefehlt, sie scheiterten indess, bezüglich des ökonomischen Erfolges wenigstens, an dem grossen Naturgesetz, welches besagt, dass, um 18 Gewichtstheile Wasser in den verbrennbaren Zustand überzuführen, eine Summe von 68924 W. E., oder eine äquivalente Menge chemischer Kraft, aufgewendet werden muss, also genau so viel, wie die Verbrennung von 16 Gewichtstheilen Sauerstoff und 2 Gewichtstheilen Wasserstoff zu Wasser entwickelt. Theoretisch ist also mit der Zersetzung des Wassers kein Nutzen zu erzielen, praktisch aber noch viel weniger, weil am theoretischen Effekt in der Wirklichkeit noch ein Bedeutendes verloren geht.

Ist hiernach der Gedanke, aus der Anwendung des Wassers für Heizungszwecke direkten Nutzen ziehen zu können, ohne weiteres als absurd abzuweisen, so kann doch indirekt ein Vortheil damit erzielt werden, dann nämlich, wenn an einer Stelle ein Ueberschuss von Wärme vorhanden, den man für die Zersetzung von Wasser preisgeben kann, um dessen einen Bestandtheil, den Wasserstoff, an einer anderen Stelle wieder in Wärme umzusetzen. Dass dies mit Vortheil nur bei der Gasfeuerung möglich ist, liegt auf der Hand.

Der erste unter den Pyrotechnikern, welche diesem hochinteressanten und praktisch wichtigen Gegenstande ihre Aufmerksamkeit zuwandten, war der Franzose Ebelmen. Er hat, beiläufig bemerkt, als einer der ersten überhaupt, welche sich mit der Gasfeuerung wissenschaftlich beschäftigten, an einem mit Unterwind betriebenen Holzkohlengenerator, einmal mit blosser Luftzuführung, ein andermal mit Einführung von auf 250° C. erhitzten Wasserdampf mit Luft, den Einfluss studirt, den der Wasserdampf auf die chemische Zusammensetzung der Gase und die Temperatur derselben ausübt, und die Resultate seiner analytischen Untersuchungen in folgender Tabelle dargelegt

	Zusammensetzung der Gase nach Gewicht.	
	I.	II.
	Mit Luft vergast.	Mit Luft u. Wasserdampf vergast.
Kohlensäure	0,67	9,63
Kohlenoxyd	34,27	30,11
Wasserstoff	0,33	1,11
Stickstoff	64,73	59,15
	100,00	100,00

Die procentische Zusammensetzung der unter den beiden Bedingungen erhaltenen Gase weist grosse Verschiedenheiten auf. Die Zuführung von Wasserdampf bekundet ihre Wirkung zwar durch Erhöhung des Wasserstoffgehalts von 0,33 auf 1,11 pCt., es ist aber auch die Menge der Kohlensäure bei dem Gase II um das vierzehnfache gestiegen, der Gehalt an Kohlenoxyd um 4,16 pCt. gefallen. Durch die theilweise Vergasung mit stickstofffreiem Sauerstoff, aus dem zersetzten Wasserdampf herrührend, ist das Gas II um 5,58 pCt. weniger mit Stickstoff beladen als das nur mit atmosphärischer Luft erzeugte Gas I.

Obwohl nun die Gase I mehr brennbare und weniger todte Bestandtheile enthalten als die Gase II, 34,60 pCt. brennbare und 65,40 pCt. todte bei I, 31,22 pCt. und 68,78 pCt. bei II, so ist doch die Verbrennungwärme der mit Wasserdampf erzeugten Gase, nämlich 110 606 W. E., eine höhere als die, welche nur mit Luft erzeugt wurde, denn diese vermögen nur 93677 W. E. zu entwickeln; der auf Seite der Vergasung mit Wasserdampf liegende Vortheil kommt auch darin zum Ausdruck, dass auf jedes Kilogramm der vergasten Kohlen bei I 6440 W. E., bei II aber 7122 W. E. entstehen resp. in den Gasen enthalten sind.

Demgegenüber macht sich der Umstand bemerkbar, dass das Gas I mit 450° C. das Gas II aber mit nur 150° C. den Generator verlässt, und dass für die Erzeugung des Wasserdampfes Wärme aufgewendet werden musste, wodurch die direkten Vortheile der Vergasung mit Wasser wieder kompensirt werden, nicht aber die indirekten, welche darin zu suchen sind, dass ein mittels Wasserdampf erzeugtes, daher kälteres Gas in den Leitungen weniger Wärme verliert, und dass ebenso im Generator selbst weniger Wärme durch Strahlung verloren geht, als wenn ausschliesslich mit Luft vergast wird.

Neuerdings hat Bunte[1]) in einer werthvollen Abhandlung „Ueber die Produktion von Wassergas“ die Frage, in welchem Umfange und mit welchem Effekt Zersetzung von Wasserdampf im Generator stattfinden kann, in ausführlichster Weise erörtert und klar gestellt. Er geht dabei von der Voraussetzung aus, dass das zu vergasende Brennmaterial Koks ist, dass die Temperatur im Generator 1000° C. betrage und dass sie durch den Process der Wasserzersetzung nicht vermindert, resp. die für dieselbe aufzuwendende Wärme durch die Verbrennung der Kohle immer wieder ergänzt wird.

Die Wärmemenge, welche für die Zersetzung von 1 cbm Wasserdampf, der mit einer Temperatur von 200° C. durch den Rost in den Generator eingeblasen wird, erforderlich ist, besteht aus der, welche für die Erhitzung des Dampfes auf die Temperatur des Generators, und derjenigen, welche für die Zersetzung selbst nöthig ist. Für die Erhitzung des Dampfes auf 1000° C. sind noch erforderlich 800 . 0,382 = 305,6 W. E., die Zersetzung selbst beansprucht dieselbe Wärmequantität, welche bei der Verbindung von $H_2 + O$ entwickelt wird, also 3088 W. E. pro Kubikmeter. Nun entsteht aus jedem Kubikmeter Wasserdampf 1 cbm Kohlenoxyd aus Kohle und dem Sauerstoff des ersteren, wobei 1327 W. E. fühlbar werden, und es beträgt demnach die ganze, für die Zersetzung von 1 cbm Wasserdampf erforderliche Wärmemenge

$$305,6 + 3088 - 1327 = 2066,6 \text{ W. E.}$$

welche durch die gleichzeitige Verbrennung von Kohle geliefert werden muss.

Nun ist es von wesentlichem Einfluss auf den Umfang der im Generator freiwerdenden Wärmequantität und davon abhängig der Wasserzersetzung,

---

[1]) Journal für Gasbeleuchtung 1878 No. 4.

ob die Kohle zu Kohlenoxyd oder zu Kohlensäure verbrennt; es sind deshalb beide Fälle gesondert und eingehender zu untersuchen.

Verbrennt die Kohle ausschliesslich zu Kohlenoxyd, so werden pro Kubikmeter desselben 1327 W. E. entwickelt, und es berechnet sich die Maximaltemperatur, welche das Gas im Generator annehmen kann, wie oben (S. 64) zu 1485° C. Von dieser Wärme ist für die Wasserzersetzung nur derjenige Theil verfügbar, welchen die Gase abgeben, wenn sie von 1485° C. auf 1000° C. abgekühlt werden, demnach $\frac{1485-1000}{1485} = 0{,}327$ oder etwa der dritte Theil derselben. Es kann daher jeder Kubikmeter des Gases $1327 \cdot 0{,}327 = 434$ W. E. für den Process der Wasservergasung abgeben, und da hierfür pro 1 cbm Wasserdampf 2067 W. E. beansprucht werden, so sind $\frac{2067}{434} = 4{,}763$ cbm Kohlenoxyd zu erzeugen und $4{,}763 \cdot 0{,}5363 = 2{,}5544$ k Kohlenstoff zu Kohlenoxyd zu verbrennen, damit aus 1 cbm Wasserdampf 1 cbm Wasserstoff und 1 cbm Kohlenoxyd entstehen können. Da in dem Kohlenoxyd ebenfalls 0,5363 k Kohlenstoff enthalten sind, so beträgt der ganze Kohlenbedarf für die Zersetzung von 1 cbm Wasserdampf $2{,}5544 + 0{,}5363 = 3{,}0907$ k.

Die Zusammensetzung des unter diesen Voraussetzungen entstandenen Gases ist nun:

$$
\left.\begin{array}{l}
\text{1,000 cbm Wasserstoff} \\
\text{1,000 \ \ „ \ \ Kohlenoxyd}
\end{array}\right\} \text{ durch Zersetzung von 1 cbm Wasserdampf}
$$

$$
\text{4,763 \ „ \ Kohlenoxyd durch Verbrennen in Luft, welche } \frac{4{,}763}{2} =
$$

$$
2{,}381\ (O) \cdot 3{,}763 =
$$

$$
\underline{\text{8,959 \ „ \ Stickstoff enthalten. Das Gesammtvolum beträgt:}}
$$

15,722 cbm, oder in Procenten:

$$
\left.\begin{array}{l}
\text{6,36 Wasserstoff} \\
\text{36,66 Kohlenoxyd}
\end{array}\right\} \text{ 43,02 pCt. brennbare Gase}
$$

$$
\underline{\text{56,98 Stickstoff}}
$$

$$
\text{100,00}
$$

Bei ausschliesslicher Verbrennung der Kohle in Kohlenoxyd können demnach durch Zersetzung von Wasser etwa 6,4 pCt. Wasserstoff im Generator erzeugt werden.

Ein wesentlich anderes Resultat erhält man, wenn man von der Annahme ausgeht, dass der mit der atmosphärischen Luft in den Generator gelangende Sauerstoff äquivalente Mengen Kohle zu Kohlensäure verbrennt, und die Gase, wie oben (S. 64) berechnet, eine Temperatur von 2720° C. annehmen, denn in diesem Falle werden für die Wasserzersetzung $\frac{2720-1000}{2720}$ $= 0{,}63$ oder fast das Doppelte des ersten Falles benutzbar, und es können pro 1 cbm der erzeugten Kohlensäure $4334 \cdot 0{,}63 = 2730$ W. E. dafür aufgewendet werden. Für die Zersetzung von 1 cbm Wasserdampf sind, wie oben, 2067 W. E. erforderlich, und diese werden frei bei der Bildung von $\frac{2067}{2730} = 0,757$ cbm Kohlensäure, welche $0,757 \cdot 0,5363 = 0,4060$ k Kohlenstoff enthalten. Rechnet man dazu die in 1 cbm Kohlenoxyd, aus dem Sauerstoff des zersetzten Wassers herrührend, enthaltenen 0,5363 k Kohlenstoff, so ist der ganze Bedarf an diesem $0,4060 + 0,5363 = 0,9423$ k.

Das unter diesen Verhältnissen gebildete Gas besteht aus:

$$
\begin{array}{rll}
1,000 \text{ cbm} & \text{Wasserstoff} \\
1,000 \ \text{"} & \text{Kohlenoxyd} \\
0,757 \ \text{"} & \text{Kohlensäure und } 0,757 \cdot 3,763 = \\
2,848 \ \text{"} & \text{Stickstoff} \\
\hline
5,605 \text{ cbm, oder in Procenten:}
\end{array}
$$

$$
\begin{array}{rll}
17,84 \text{ cbm} & \text{Wasserstoff} \\
17,84 \ \text{"} & \text{Kohlenoxyd} \\
13,51 \ \text{"} & \text{Kohlensäure} \\
50,81 \ \text{"} & \text{Stickstoff} \\
\hline
100,00 \text{ cbm}
\end{array}
\quad
\begin{array}{l}
\left.\vphantom{\begin{array}{c}a\\a\end{array}}\right\}\ 35,68 \text{ pCt. brennbare Gase} \\[1.2em]
\left.\vphantom{\begin{array}{c}a\\a\end{array}}\right\}\ 64,32 \text{ pCt. todte Gase}
\end{array}
$$

Es kann demnach der Gehalt an Wasserstoff auf 17,84 pCt. steigen, wenn der mit Luft verbrennende Theil der Kohle vollständig in Kohlensäure verbrannt wird.

Wurden im ersten Falle auf die Erzeugung von 15,72 cbm Gas 3,0907 k Kohlenstoff verwendet, so geben im zweiten Falle 0,9423 k desselben 5,605 cbm Gas, oder es geben im ersten Falle 1 k Kohlenstoff $\frac{15,72}{3,0907} = 5,0086$ cbm, im andern aber $\frac{5,605}{0,9423} = 5,948$ cbm Gas, bei 0° C. und 760 mm Druck gemessen. Während das Gas im ersten Falle aber nur aus Wasserstoff, Kohlenstoff und Stickstoff besteht, enthält dasselbe im zweiten auch 13,51 pCt. Kohlensäure.

Die Menge des mit der Luft in den Generator eingeführten Wasserdampfes erfährt man direkt aus der Zusammensetzung der Gase.

Im ersten Falle wurden auf 1 cbm Wasserstoff und auf 1 cbm Kohlenoxyd, das aus dem Sauerstoff des zersetzten Wassers entstanden, aus Luft 4,763 cbm Kohlenoxyd gebildet, für welches $\frac{4,763}{2} = 2,381.$ (Sauerstoff) 3,763 (Stickstoff) $= 8,959 + 2,381 = 11,340$ cbm atmosphärische Luft verbraucht wurden, und es beträgt demnach das Gesammtvolumen an Luft und Wasserdampf 12,340 cbm, der Gehalt an Wasserdampf $\frac{100}{12,340} = 8,1$ Volumprocent.

Im zweiten Falle berechnet sich die mit 1 cbm Wasserdampf eingeführte Luft zu $0,757 + 2,848 = 3,605$ cbm, mithin der Gehalt an Wasserdampf zu $\frac{100}{3,605} = 27,70$ pCt.

Bezieht man die zugeführte Dampfmenge auf 1 k der verbrannten Kohlen und reducirt das Volumen des Wasserdampfes (1 cbm bei 0° C. und 760 mm Druck = 0,8048 k) ebenfalls auf Gewicht, so erhält man im ersten Falle auf 3,0907 k Kohlenstoff 1,8048 k Wasser und im zweiten auf das gleiche Wassergewicht 0,9423 k Kohlenstoff, demnach auf 1 k Kohle

im 1. Falle $\dfrac{0{,}8048}{3{,}0907} = 0{,}2604$ k Wasserdampf   im 2. Falle $\dfrac{0{,}8048}{0{,}9423} = 0{,}8540$ k Wasserdampf.

Die folgende Zusammenstellung enthält die theoretischen Resultate — chemische Zusammensetzung und Temperatur der Gase aus Koks — welche im Vergleich zu einem nur mit Luft betriebenen Generator unter den oben dargelegten Bedingungen erhalten werden.

<table>
<tr><td colspan="3" align="center">I.</td><td colspan="4" align="center">II.</td></tr>
<tr><td colspan="3" align="center">Mit trockener Luft erzeugtes Gas.</td><td colspan="4" align="center">Mit Luft und Wasserdampf von 200° C. erzeugtes Gas.</td></tr>
<tr><td colspan="3"></td><td colspan="2" align="center">A.</td><td colspan="2" align="center">B.</td></tr>
<tr><td colspan="3"></td><td colspan="2" align="center">Sauerstoff der Luft und Kohlenstoff = Kohlenoxyd (8,1 pCt. Wasserdampf).</td><td colspan="2" align="center">Sauerstoff der Luft und Kohlenstoff = Kohlensäure (27,71 pCt. Wasserdampf).</td></tr>
<tr><td>Wasserstoff</td><td>—</td><td rowspan="2">} brennbare Gase</td><td>6,36</td><td rowspan="2">} 43,02 brennbare Gase</td><td>17,84</td><td rowspan="2">} 35,68 brennbare Gase</td></tr>
<tr><td>Kohlenoxyd</td><td>34,71</td><td>36,66</td><td>17,84</td></tr>
<tr><td>Kohlensäure</td><td>—</td><td rowspan="2">} todte Gase</td><td>—</td><td rowspan="2">} todte Gase</td><td>13,51</td><td rowspan="2">} 64,32 todte Gase</td></tr>
<tr><td>Stickstoff</td><td>65,29</td><td>56,98</td><td>50,81</td></tr>
<tr><td colspan="2" align="center">100,00</td><td></td><td align="center">100,00</td><td></td><td align="center">100,00</td><td></td></tr>
<tr><td colspan="7" align="center">Die Temperatur der Gase beträgt:</td></tr>
<tr><td colspan="3" align="center">1485° C.</td><td colspan="2" align="center">1000° C.</td><td colspan="2" align="center">1000° C.</td></tr>
</table>

Da die Verbrennungswärme von 1 cbm Kohlenoxyd nur wenig geringer ist als die von 1 cbm Wasserstoff, ersteres giebt 3007, dieses 3088 W. E., beide verhalten sich also zu einander wie 1 : 1,027, so wird es bezüglich des Heizwerthes eines Gases weniger auf die Qualität der brennbaren Bestandtheile als vielmehr auf die Summe von Wasserstoff und Kohlenoxyd in gleichen Gasvolumen ankommen. Es ergiebt sich alsdann, wenn man die geringen Unterschiede in der Verbrennungswärme gleicher Volumen Kohlenoxyd und Wasserstoff vernachlässigt, dass die mit Wasserdampf erzeugten Gase II mehr brennbare und weniger todte Bestandtheile enthalten als die mit trockener Luft dargestellten. Man ersieht ferner aus obiger Zusammenstellung, dass der hohe Gehalt des Gases II B an Wasserstoff keinen grösseren, sondern vielmehr einen geringeren Heizwerth desselben bedingt als der des Gases II A ist, da das Volumen der brennbaren Gase um 7,34 pCt. vermindert, das Volumen der todten Gase aber um dieselbe Grösse vermehrt worden ist.

Der grössere Gehalt an brennbaren Bestandtheilen, den das mit Wasserdampf erzeugte Gas gegenüber dem aufweist, das mit trockener Luft hergestellt wurde, wird offenbar dadurch wieder ausgeglichen, dass das erstere mit einer niedrigeren Temperatur aus dem Generator entweicht, resp. in den Verbrennungsraum eintritt, als das andere, wie áuch endlich noch dadurch, dass für den im ersten Falle erforderlichen Wasserdampf Wärme aufgewendet worden ist. Die Vortheile, welche aus der Anwendung von Wasserdampf für die Vergasung entstehen, sind daher nicht im direkten Wärmegewinn, sondern vielmehr darin zu suchen, dass, wie schon oben bemerkt, das Wärmeübermaass des Generators und der Gase in dem entstandenen Wasserstoffgas latent gemacht und mit diesem in den Verbrennungsraum übertragen wird. Im weiteren ist die Vergasung mit Wasser aber auch insofern vortheilhaft, als dasselbe auf die im Generator entstehenden Schlacken einen destruktiven Einfluss ausübt, derart, dass eine viel mürbere Schlacke resultirt als dann, wenn nur mit Luft vergast wird. Es ist daher bei Vergasung mit Wasserdampf viel weniger schwierig, stark backende resp. schlackende Kohlen zu verwenden, als dann, wenn man keinen Wasserdampf zuführt.

Versucht man nun, die vorstehend entwickelten Principien des Processes der Wasserzersetzung auf die Praxis der Gasfeuerung anzuwenden, so muss zunächst der Umstand berücksichtigt werden, dass die vorausgesetzten idealen Verhältnisse in der Wirklichkeit nicht vorgefunden werden. So ist hier die für die Zersetzung von Wasser, innerhalb rationeller Grenzen, abgebbare Wärme keineswegs in der Höhe vorhanden, wie sie rechnungsmässig gefunden wurde, weil die Wärmeverluste nicht berücksichtigt worden sind, welche der Generator durch Leitung und Strahlung erleidet; es kann dieserhalb die Wasserzersetzung in praxi den theoretisch möglich scheinenden Umfang keinesfalls erreichen.

Wie weit oder wie eng der Process der Wasservergasung in der Praxis sich begrenzt, ist lediglich von der im Generator vorhandenen überschüssigen Wärme abhängig, wie diese wiederum von den im Generator statthabenden Verbrennungsvorgängen, und da diese ausserordentlich wechselnder Natur sind, so ist nicht zu beziffern, welche Quantität Wasser mit Nutzen wirklich zersetzt werden kann; denn dass es hierbei nicht auf die Produktion von Wasserstoff überhaupt, sondern vielmehr darauf ankommt, dass nicht mehr und nicht weniger davon erzeugt wird, als die Oekonomie nützlich erscheinen lässt, geht deutlich aus den theoretischen Untersuchungen über diesen Theil des Generatorprocesses hervor. Diese führten zu dem Resultat, dass bei Vergasung mit trockener Luft pro 1 k Kohle 5,37 cbm Gas mit 34,7 pCt. brennbaren Bestandtheilen erhalten werden, und dass bei Einführung von Wasserdampf in den Generator der procentische Gehalt an brennbaren Bestandtheilen bis zu einem gewissen Punkte zunimmt. Enthält die Luft 8,1 pCt. Feuchtigkeit, oder wurden pro 1 k Kohle 0,2604 k Wasserdampf zugeführt, so entsteht ein Gas mit 43 pCt. brennbaren Gasen, die Gasproduktion ist indess geringer, als bei der Vergasung mit trockener Luft, denn anstatt 5,37 cbm werden nur noch 5,09 cbm pro 1 k Kohle gewonnen, was daher rührt, dass der aus der Zersetzung des Wasserdampfes resultirende Sauerstoff keinen Stickstoff mit sich führt. Wird dem Generator noch mehr Wasserdampf zugeleitet, bis 22,7 pCt. oder 0,8540 k desselben auf 1 k Kohle, so nimmt der Wasserstoff in dem entstehenden Gase weiter zu, und das pro 1 k Kohle erzeugte Gasvolumen wächst, indem jetzt 5,984 cbm Gas aus 1 k Kohle erzeugt werden, weil das Volumen des Wasserdampfes bei der Zersetzung sich von 2 bis auf 3 vergrössert, während der Heizwerth des Gases bedeutend fällt, denn es beträgt der brennbare Theil des Gases II A 43 pCt., der des Gases II B aber nur noch 35,68 pCt. Trotzdem ist die Temperatur des Generators und der Gase in beiden Fällen dieselbe geblieben, weil mit der zunehmenden Zersetzung des Wasserdampfes auch die Verbrennung von Kohlenstoff zu Kohlensäure, anstatt zu Kohlenoxyd, zugenommen hat.

In welchem Umfange und mit welchen Folgen bezüglich der chemischen Zusammensetzung des entstehenden Gases die Vergasung mit Wasserdampf in einem bestimmten Falle stattfinden kann, haben die schon des öfteren erwähnten Versuche Bunte's über die Leistungsfähigkeit der Koksgeneratoren dargelegt. Die wichtigsten der von ihm erhaltenen Resultate sind, in Mitteln aus einer grossen Versuchsreihe, in nachstehender Zusammenstellung mitgetheilt:

1.	2.	3.	4.	5.	6.	7.	8.	9.	10.	11.	12.
Laufende No.	Wasserdampf in k pro 1 k Kohle.	Chemische Zusammensetzung der Gase				Kohlenstoffhaltige Gase.	Brennbare Gase.	Todte Gase.	Zug im Gaskanal.	Temperatur der Gase.	Bemerkungen.
		CO_2	CO	H	N						
1	0,30	7,1	21,7	6,2	65,0	28,8	27,9	72,1	2,2	—	Zu wenig Dampf.
2	0,39	8,2	20,8	7,5	63,5	29,0	28,3	71,7	6,2	—	
3	0,41	7,0	21,4	7,7	64,3	28,2	29,1	71,3	1,0	750	
4	0,42	6,8	22,9	8,3	62,0	29,7	31,2	68,8	2,7	660	
5	0,70	8,0	19,0	12,6	60,4	27,0	31,6	68,4	2,0	770	Guter Betrieb.
6	0,76	10,8	16,2	13,6	59,4	27,0	29,8	70,2	2,25	—	
7	0,79	12,2	15,9	14,9	57,0	28,1	30,8	69,2	2,25	750	
8	0,82	13,6	15,6	16,1	54,7	29,2	31,7	68,3	2,25	—	Zu viel Dampf; continuirlicher Betrieb nicht möglich.
9	1,05	16,3	9,7	18,3	55,7	26,0	28,0	72,0	2,2	—	
10	1,17	14,8	8,5	18,1	58,6	23,3	26,6	73,4	6,2	—	

Aus dieser Tabelle ergiebt sich, dass, wenn dem Generator etwa das 0,4 fache der vergasten Kohle — wohlgemerkt Koks — an Wasserdampf zugeführt wird, die Menge der kohlenstoffhaltigen Gase grösser ist als die der brennbaren, was einen grösseren Aufwand an Brennstoff voraussetzt; bei gesteigerter Zublasung von Wasserdampf kehrt sich dieses Verhältniss aber um: die Gase erscheinen ärmer an kohlenstoffhaltigen und reicher an brennbaren Gasen; es wird mit verhältnissmässig geringeren Mengen Brennstoff ein grösseres Volumen brennbarer Gase erzeugt, als bei Anwendung zu geringer Dampfquantitäten. Wird die Vergasung mit etwa 70 bis 80 pCt. Wasserdampf bewirkt, so erreicht der Nutzeffekt das höchste Maass. Bei weiter gesteigerter Wasserzuführung findet zwar noch Vermehrung des Wasserstoffs statt, das Wasser zersetzt sich aber nur noch zum Theil, und es wird die Menge der brennbaren Gase immer geringer, die der todten aber entsprechend grösser.

Bezüglich der in der Spalte 12 enthaltenen Angaben ist zu bemerken, dass bei zu wenig Dampf die entstandene Schlacke aus dem Generator, wegen grosser Härte, nur schwer zu entfernen war, während dieselbe bei Anwendung von 70 bis 80 pCt. Wasser durch den Dampf sich genügend gelockert zeigte, um leicht beseitigt werden zu können. Bemerkenswerth sind auch noch die Temperaturangaben in der Spalte 11, welche erkennen lassen, dass die Gase die berechnete Temperatur von 1000^0 C. in Wirklichkeit nicht besitzen, wenn man mit Wasserdampf vergast.

Um an einem speciellen Falle aus der Praxis zu zeigen, welche Resultate bei der Vergasung einmal mit trockener Luft, einandermal mit wasserdampfhaltiger Luft erhalten worden sind, mögen hier noch die nachstehenden, von Bunte mitgetheilten Analysen Platz finden, welche einen weiteren Beleg für die Thatsache liefern, dass bei Anwendung von Wasserdampf innerhalb rationeller Grenzen mit geringerem Kohlenaufwand — den für Erzeugung des Wasserdampfs unberücktigt gelassen — ein besseres Gas erzielt werden kann, als wenn man mit trockener Luft vergast.

	Schlitzgenerator		**Rostgenerator**
	ohne Wasserdampf mit 1,7 mm Zug in 24 Stunden 1113 k Koks vergast		mit 0,7 k Wasserdampf auf 1 k Koks und 2 mm Zug in 24 Stunden 1088 k Koks vergast.
Gehalt der Gase an	CO_2 4,5 pCt.		8,0 pCt.
	CO 25,7 -		19,0 „
	H — -		12,6 „
Kohlenstoffhaltige Gase .	30,2 -		27,0 „
Brennbare Gase . . .	25,7 -		31,6 „

Zur Erzeugung von 1 cbm Gas sind nöthig

0,162 k Kohle   0,145 k Kohle.

Nun hat aber Dr. Bunte immer nur Koks aus Steinkohlen zum Gegenstande seiner theoretischen sowohl wie praktischen Untersuchungen genommen, da aber die entgasten, resp. die unverkoksten Brennstoffe selbst schon eine grössere Menge Wasser enthalten, das mit denselben in den Generator eingebracht wird, so muss die Sachlage eine wesentlich andere werden, wenn man an Stelle des Koks mit rohen Brennstoffen manipulirt.

In diesem Falle hat man mit dem Umstande zu rechnen, dass das Wasser mit den Brennstoffen da in den Generator eingebracht wird, wo die Temperatur desselben die geringste ist. An dieser Stelle müsste nun auch die Zersetzung des Wassers vor sich gehen, doch tritt dem entgegen, dass das schnell verdampfende Wasser mit den Gasen sofort zu entweichen sucht, und dass im Moment der Einführung des feuchten Brennstoffs in den Generator durch die rapide Entwickelung des Wasserdampfes einerseits und durch die Erwärmung des kalten Brennstoffs andererseits eine beträchtliche Menge Wärme absorbirt wird. Für die Zersetzung des Wassers ist daher in diesem Falle die Zeit viel kürzer und die Wärme viel geringer, als wenn dasselbe vom Rost auf die ganze Beschickung des Generators durchdringen muss, bis zu dem Zeitpunkte aber, wo der bezeichnete Wärmeverlust durch die Vergasung wieder ersetzt wird, ist das Wasser bereits sämmtlich abdestillirt. Nur bei einem Uebermaass von Wärme, wie es unter dem auf S. 76 dargelegten Modus, durch Verbrennung eines grösseren Theiles Kohlenstoff in Kohlensäure, entsteht, wird bei nicht sehr grossen Feuchtigkeitsmengen im Rumpf des Generators, neben gleichzeitiger Verbrennung von Kohlenoxyd zu Kohlensäure, die Zersetzung eines belangreicheren Theiles des hier eingeführten Wassers stattfinden, umsoweniger aber von diesem, wenn auch mit der Luft Wasser in den Generator gelangt, weil durch dieses die Wärme, welche die Gase dem oberen Theile des Generators zuführen, von vorherein vermindert wird.

Keinenfalls kann das mit den Brennstoffen in den Generator eingebrachte Wasser in solchen Mengen und mit dem Nutzeffekt zersetzt werden, wie es der Fall ist, wenn es mit der Luft zugeführt wird. Ackermann[1]) nimmt an, dass, wenn das Wasser der Brennstoffe im Generator vollständig (?) in Kohlenoxyd und Wasserstoff umgewandelt werden soll, die Menge desselben 50 bis- höchstens 55 pCt. des Kohlenstoffgehalts der Brennstoffe nicht überschreiten darf. Der Wassergehalt beträgt nun aber, in Procenten des Kohlenstoffs ausgedrückt, bei trockener, gut gekohlter Holzkohle etwa 12,2 pCt., bei Steinkohle 17,3 pCt., bei Torf, wenn er sorgfältig getrocknet ist, 63,1 pCt., wenn er dagegen nur lufttrocken ist, 137,5 pCt., bei Holz, je nachdem es frisch gefällt, lufttrocken oder gedarrt ist, 300, 150, 100 pCt.

Wenn man nun auch die Ackermann'sche Annahme, dass von diesem Wassergehalt der Brennstoffe 50 pCt., bezogen auf den Kohlenstoff derselben, wirklich zersetzt werden, was aus oben dargelegten Gründen keineswegs wahrscheinlich ist, so lassen doch die vorstehenden Zahlen erkennen, wie viel Wasser bei den sehr feuchten Heizstoffen unzersetzt bleibt und als Dampf mit den Gasen in den Verbrennungsraum übergehen muss. Da dieser Wasserdampf die Brennkraft des Gases bedeutend abschwächt, und da die Entfernung desselben durch Abkühlung des Gases neben dem hierbei stattfindenden direkten Wärmeverlust auch die Kondensation brennbarer Produkte der trockenen Destillation herbeiführt, so werden sehr feuchte

---

[1]) Oesterreichische Zeitsch. für Berg- und Hüttenwesen 1877 S. 157 f.

Brennstoffe, wie Torf und Braunkohle, am besten nur mit Steinkohle zusammen vergast, wo dies indess nicht angängig, wird man nicht umhin können, die Gase von dem Uebermaass an Wasserdampf durch Kondensation desselben zu befreien.

Die voraufgegangenen Erörterungen lassen deutlich erkennen, dass der Vergasungsprocess, was die Qualität der entstehenden Gase anbetrifft, innerhalb ziemlich weit auseinander liegender Grenzen sich bewegen kann, ohne dass, wie vorab bemerkt werden muss, die Variationen im Gange eines Generators durch äussere Merkzeichen leicht erkennbar sind, wenigstens dann nicht leicht, wenn dieselben sich innerhalb der extremen Gegensätze halten, welche auf der einen Seite durch auffällige Trägheit der Vergasung, auf der anderen aber durch in direkte Verbrennung übergehende Energie desselben bezeichnet werden. Zwei Siemens-Generatoren der Hütte Phönix, beide mit den gleichen Kohlen beschickt, der eine (I) heiss, der andere (II) aber kalt gehend, producirten nach Stöckmann[1]) Gase folgender, ausserordentlich von einander abweichender Zusammensetzung:

	I.		II.	
Kohlenoxyd	21,73	⎫	16,56	⎫
Kohlenwasserstoff $C_2n\ H_2n$	2,95	⎬ 25,73 brenn-	1,32	⎬ 19,44 brenn-
„ $\quad\quad C_2\ H_4$	0,58	⎭ bare Gase.	1,29	⎭ bare Gase.
Wasserstoff	0,47		0,27	
Kohlensäure	7,41	⎱ 74,27 todte	12,14	⎱ 80,56 todte
Stickstoff	66,86	⎰ Gase.	68,42	⎰ Gase.
	100,00		100,00	

Die Differenz in der Qualität dieser Gase ist so augenscheinlich, dass es gar keiner rechnungsmässigen Beweisführung bedarf, um ersichtlich zu machen, welch einen erheblichen Verlust an Nutzwärme die Gase II durch unrationellen Gang der Vergasung herbeiführen, der noch erhöht wird durch den Abgang von theerbildenden Kohlenwasserstoffen, die sich im Kühlrohr absetzen, während das bei dem Gase II nicht der Fall war, was sich dadurch erklärt, dass die Temperatur dieses Gases einmal eine erheblich höhere gewesen, und dann vornehmlich dadurch, dass die kondensirbaren Kohlenwasserstoffe im Generator in einfachere Verbindungen zersetzt worden sind. Der hohe Gehalt an Kohlensäure und der entsprechend geringere an Kohlenoxyd des Gases II, gegenüber denselben Bestandtheilen des Gases I, bestätigen auch hier die Annahme, dass bei geringen Temperaturen die Kohlensäure nur unvollständig reducirt wird.

Wenn nun auch bei regelrechter Bedienung des Generators, für welche die Maassgabe durch aufmerksames Beobachten der die Verbrennung der

---

[1]) A. a. O. S. 50.

Gase begleitenden optischen Erscheinungen, mehr noch durch das der Vorgänge im Generator selbst, gefunden wird, die Gase eine den Bedingungen rationellen Betriebes entsprechende Beschaffenheit haben, so ist doch ein wirkliches Kontrol- und Korrektivmittel des Vergasungsprocesses nur in der chemischen Analyse der Gase geboten. Nur durch die Gasanalyse, bemerkt Stöckmann[1]), kann festgestellt werden, welche Kohle die vortheilhafteste, und welcher Gang in den Generatoren der gewinnbringendste ist, und zwar werden die Analysen im Anfange immer vollständige sein müssen, um daraus die wissenschaftlichen Principien des ganzen Betriebs festzustellen; denn wie bei allen anderen technischen Processen, so ist es auch hier nur die Erkenntniss der wissenschaftlichen Grundlagen, welche uns die vollständige Gewalt über den Betrieb giebt, viel weniger die so viel gerühmte langjährige Erfahrung. Zur Kontrole des Ganges im Generator werden später dann keine vollständigen Analysen mehr nöthig sein, sondern die Bestimmung einzelner Bestandtheile, namentlich der Kohlensäure, wird schon zur Beurtheilung des Ganges genügen.

Die chemische Analyse der Generatorgase sowohl, wie auch die der Verbrennungsgase entbehrte bis auf die neueste Zeit der praktischen Bedeutung, weil sie nur im Laboratorium ausführbar war, und die Apparate von Schinz u. A., welche auch dem Nichtchemiker die Vornahme derartiger Untersuchungen ermöglichen sollten, aus Gründen, die in erster Linie in der schwierigen Behandhabung jener zu suchen sind, eine weitere Anwendung nicht gefunden haben. Erst in den letzten Jahren sind einfachere und handlichere Instrumente konstruirt worden, welche auch den Laien in den Stand setzen, Gasanalysen in kurzer Zeit exakt ausführen zu können. Es sind dies die Gasanalysen-Apparate von Orsat[2]) und der diesem nachgebildete von Schwackhöfer[3]), sowie die Bunte'sche Gasbürette[4]).

Der in Fig. 2 dargestellte, von Muencke verbesserte Orsat-Apparat[5]) besteht im wesentlichen aus zwei Theilen, von denen der eine zum Aufsaugen eines gewissen Volumens des zu untersuchenden Gases, der andere aber zur Absorption der in dem Gase enthaltenen Kohlensäure, des Sauerstoffs und des Kohlenoxyds eingerichtet ist.

Zur Aufnahme des zu analysirenden Gases dient eine graduirte, 100 ccm haltende Messröhre, welche, innerhalb eines mit Wasser gefüllten Cylinders befindlich, durch einen Gummischlauch mit einer Aspiratorflasche verbunden ist. An die obere Mündung der Messröhre schliesst sich ein Kapillarrohr an, welches auf der entgegengesetzten Seite des Apparatge-

---

[1]) A. a. O. S. 43.

[2]) Notizblatt des Deutschen Vereins für Fabrikation von Ziegeln etc. Bd. XI. S. 53 f.

[3]) Jahrbuch der Thonwaren-, Kalk- und Cementindustrie 1878. S. 162.

[4]) Journal für Gasbeleuchtung 1877. S. 447.

[5]) Von Warmbrunn, Quilitz & Co. in Berlin zum Preise von Mk. 75 zu beziehen.

6*

häuses frei ausmündet, innerhalb desselben aber durch Abzweigrohre mit
drei **U**-förmigen Absorptionsgefässen verbunden ist. Diese Gefässe dienen
für die Absorption der wichtigsten Einzelbestandtheile des in der Messröhre enthaltenen, durch eine sogleich näher zu beschreibende Manipulation

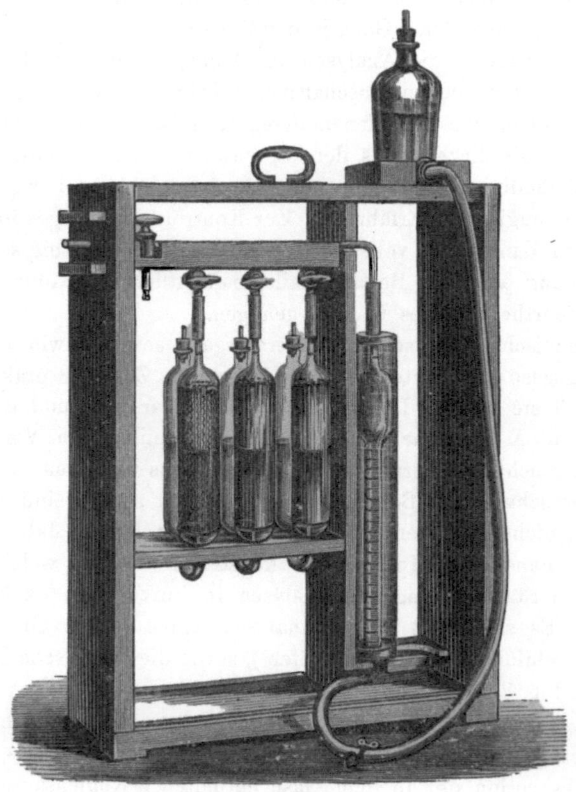

Fig. 2.

in dieselbe eingeführten Gases, und enthalten der Reihe nach von rechts
nach links der Abbildung für die Bestimmung der Kohlensäure Natronlauge,
für die des Sauerstoffs pyrogallussaures Natron und für die des Kohlenoxyds
endlich ammoniakalische Kupferchlorürlösung.

Soll eine Gasanalyse vorgenommen werden, so ist der Apparat zunächst
einzustellen. Zu diesem Zwecke werden die Hähne der Rohrleitung zwischen
dieser und den drei Absorptionsgefässen geschlossen, der Dreiweghahn aber,
welcher nahe der Ausmündung des Rohres, in der oberen linken Ecke
des Gehäuses, sich befindet, wird so gestellt, dass das Innere der Messröhre
durch die Rohrleitung hindurch mit der äusseren Luft kommunicirt. Nachdem

dies geschehen, hebt man die mit Wasser gefüllte Aspiratorflasche, weitet den auf dem Gummischlauch befindlichen Quetschhahn, was zur Folge hat, dass das Wasser aus der Aspiratorflasche in die Messröhre übertritt und die in dieser vorhandene Luft hinausgedrängt wird. Hat das Wasser in der Messröhre die am Halse derselben eingeschliffene Marke erreicht, dann ist mittels des Quetschhahns der Zufluss von Wasser abzusperren, resp. die Verbindung zwischen Aspiratorflasche und Messröhre zu unterbrechen. Nun dreht man den Dreiweghahn so, dass die Röhre nach aussen hin geschlossen ist, öffnet den Hahn des der Messröhre zunächst befindlichen Absorptionsgefässes, weitet den Quetschhahn, und senkt die Aspiratorflasche, so dass nunmehr das Wasser in diese aus der Messröhre zurück fliesst.

Infolge der durch den Wasserabfluss in der Messröhre und weiterhin in dem mit derselben in Verbindung stehenden Absorptionsgefässe entstehenden Luftverdünnung einerseits, und der auf die Absorptionsflüssigkeit durch ein Röhrchen hindurch drückenden äusseren Luft andererseits steigt jetzt die Natronlauge in demjenigen Schenkel des U-förmigen Gefässes, welcher mit der Rohrleitung direkt verbunden ist, aufwärts. Hat die Lauge eine hier angebrachte Marke erreicht, so schliesst man den Hahn, wodurch die Flüssigkeit in ihrer Stellung fixirt wird, weil auf der Oberfläche derselben im anderen Schenkel des Gefässes der volle Atmosphärendruck lastet.

Nachdem man auch die beiden anderen Absorptionsgefässe in ganz gleicher Weise eingestellt hat, füllt man die Messröhre nochmals bis zur Marke mit Wasser an, verbindet die Rohrleitung des Apparats, da, wo sie aus dem Gehäuse heraustritt, mittels einer engen, entsprechend langen Gasröhre mit dem Raum, welchem das zu untersuchende Gas entnommen werden soll, stellt die Kommunikation zwischen Messröhre und Gaszuleitungsröhre durch entsprechende Drehung des Dreiweghahns wieder her, lässt so viel Wasser aus der Messröhre in die Aspiratorflasche zurücklaufen, bis es in jener den mit 0 bezeichneten Punkt erreicht, und so 100 ccm Gas eingesaugt hat.

Um Fehler in der Bestimmung des Sauerstoffs zu vermeiden, ist vor Füllung der Messröhre mit Gas die atmosphärische Luft aus der Rohrleitung zu entfernen, was in der Weise geschehen kann, dass man mit dem Munde oder einer besonderen Blasvorrichtung in den kleinen, in Fig. 3 vergrössert dargestellten Injektor hineinbläst. Füllt sich infolge der nun in der Gaszuleitungsröhre entstehenden Luftverdünnung dieselbe mit Gas, das zunächst mit der in den Injektor eingeblasenen Luft aus diesem ausströmt, so schaltet man durch eine Viertel-

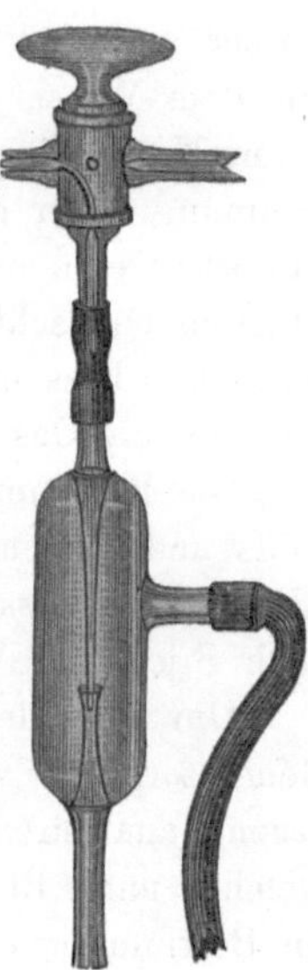

Fig. 3.

umdrehung des Dreiweghahns den Injektor aus der Verbindung mit der Rohrleitung aus, wodurch gleichzeitig die Verbindung zwischen Messröhre und Gaszuleitungröhre hergestellt wird, und beginnt nun erst in eben dargestellter Weise jene mit Gas zu füllen. Ist dies geschehen, so wird der Dreiweghahn umgestellt und dadurch der Einschluss des Gases bewirkt.

Nachdem diese Manipulationen beendigt, kann die eigentliche Analyse vorgenommen werden.

Zunächt ist die Menge der in dem Gase enthaltenen Kohlensäure zu bestimmen, zu welchem Zwecke man den Hahn des ersten, mit Natronlauge gefüllten Absorptionsgefässes öffnet und das Wasser aus der Aspiratorflasche bis zur Marke in die Messröhre eintreten lässt, aus welcher das Gas in das geöffnete Absorptionsgefäss eindringt. Die Verschluckung der Kohlensäure durch die Natronlauge erfolgt, wenn diese noch frisch ist, sehr rasch, hat dieselbe aber schon für mehrere Analysen dienen müssen, wodurch ihre Absorptionsfähigkeit geschwächt wird, so ist es angebracht, das Gas nach einigen Augenblicken in die Messröhre zurück zu ziehen, und damit die Natronlauge in dem Absorptionsgefässe zu heben; wenn das Gas hiernach wieder in das Absorptionsgefäss zurückgedrückt wird, so bietet sich dem Gase eine frischbenetzte Oberfläche, die den etwa noch vorhandenen Rest von Kohlensäure rasch absorbirt.

Ist man überzeugt, dass die Aufsaugung der Kohlensäure in der Natronglocke erfolgt ist, so zieht man das Gas zur Bestimmung des eingetretenen Verlustes in die Messröhre zurück, und stellt nun an der Skala die vorhandene Differenz fest, welche sich dadurch ergiebt, dass ein Theil des zuvor von den Verbrennungsgasen eingenommenen Raumes nunmehr durch Wasser ausgefüllt wird, das man in die Messröhre einfliessen lässt. Der von dem Wasser eingenommene Raum zeigt die Volumentheile der absorbirten Kohlensäure an, doch muss man hierbei beachten, dass diese Bestimmung unter dem Atmosphärendruck erfolgen muss, was nur dann der Fall ist, wenn man durch vorsichtiges Heben der Aspiratorflasche, bei geöffnetem Quetschhahn, in dieser und der Messröhre gleiches Wasserniveau herstellt. Dies muss auch geschehen, wenn die Messröhre im Beginn der Analyse mit Gas gefüllt wird, da anderenfalls Fehler entstehen würden.

Die Bestimmung des in dem Gase hiernach noch enthaltenen Sauerstoffs und Kohlenoxyds erfolgt der Reihe nach in dem zweiten und dritten Absorptionsgefäss, so dass nach Beendigung der Arbeit als Rückstände nur noch Stickstoff, Wasserstoff und die Kohlenwasserstoffe zurückbleiben.

Um auch den Wasserstoff und die Kohlenwasserstoffe, welche in den Generatorgasen von grösserer Bedeutung sind, als in den Verbrennungsgasen, analysiren zu können, hat Orsat einen neuen Apparat konstruirt, welcher unter Beibehaltung der früheren Theile noch solche enthält, welche die Bestimmung der Kohlenwasserstoffe und des Wasserstoffs ermöglichen. Es ist zu dem Zwecke die Kapillarröhre, welche zur Absaugung und Vertheilung der angesaugten Gase an die Absorptionsgefässe dient, verlängert, und sind ausser den bisherigen drei noch zwei weitere solcher Gefässe angefügt. Drei dieser Gefässe sind, wie bei dem alten Apparat, mit Natronlauge, pyrogallussaurem Natron, und Kupferchlorür, angefüllt. Das vierte Absorptionsgefäss dient als Entwickelungsapparat für reinen Wasserstoff, indem in dem einen Schenkel desselben eine Zinkplatte aufgehängt ist, welche sich mit verdünnter Schwefelsäure in Berührung befindet. Ist der eine Schenkel mit Wasserstoff gefüllt, so ist die Schwefelsäure in den anderen hinüber gedrängt und damit die weitere Entwickelung von Wasserstoff aufgehoben, um nach jedesmaligem Verbrauch desselben von neuem zu beginnen. Das fünfte Absorptionsgefäss enthält nur Wasser und dient nur zur Aufnahme resp. Kühlung der Gase. Dieses Gefäss steht mit der Kapillarröhre und dadurch mit allen übrigen Gefässen des Apparats durch ein kapillares, spiralförmig gewundenes Platinrohr in Verbindung, welches durch eine untergesetzte Gas- oder Weingeistlampe glühend gemacht werden kann. Die früher benutzte Messröhre ist beibehalten, nur ist dieselbe auf 200 ccm vergrössert.

Die Ausführung der Untersuchung der Generator- resp. der Verbrennungsgase auf ihren Gehalt an Kohlensäure, Kohlenoxyd und Sauerstoff geschieht hier in derselben Weise, wie bei dem älteren Orsat-Apparat. Zur Feststellung der dabei nicht analysirbaren Mengen des in dem Gase enthaltenen Wasserstoffs und der Kohlenwasserstoffe werden in der Messröhre 50 ccm des Gases belassen; der Rest wird einstweilen, für etwaige Wiederholung der Bestimmung, in das als Reservoir dienende Pyrogallussäure-Absorptionsgefäss gebracht. Zu diesen 50 ccm werden nun aus dem vierten Gefäss, dem Wasserstoffreservoir, 10 ccm Wasserstoff hinzugemessen und schliesslich 140 ccm atmosphärische Luft in die Messröhre eingesaugt. Nach Wiederabschluss des Apparats werden diese 200 ccm durch die zum Rothglühen erhitzte Platinröhre nach dem fünften Gefäss des Apparats hinüber geführt, und dann wieder in die Messröhre zurückgenommen. Durch dieses Durchtreiben der Gase durch die glühende Platinröhre wird der im Gase enthaltene Kohlenstoff zu Kohlensäure, der Wasserstoff aber zu Wasser verbrannt. Nach geschehener Abkühlung und Kondensation des Wasserdampfes kann nunmehr die durch Verbrennung entstandene Kohlensäure, sowie der für die Verbrennung nicht verbrauchte Sauerstoff, wie vorher, durch Absorption bestimmt und daraus in einfacher Weise der Gehalt an Wasserstoff und Kohlenwasserstoff berechnet werden[1]).

Durch diese Vervollkommnung würde der Orsat-Apparat, speciell als Kontrolmittel des Generatorbetriebes, eine erhöhte Bedeutung erhalten haben, wenn damit nicht auch zugleich einer seiner wesentlichsten Vorzüge, die Einfachheit der Konstruktion und der analytischen Manipulationen,

---

[1]) Thonindustrie-Zeitung 1878, S. 18.

derartig beeinträchtigt worden wäre, dass der Apparat in seiner neuen
Gestalt für die Gasanalyse am Generator oder am Brennofen vom Praktiker
kaum noch benutzt werden kann. Für Arbeiten im Laboratorium, welche

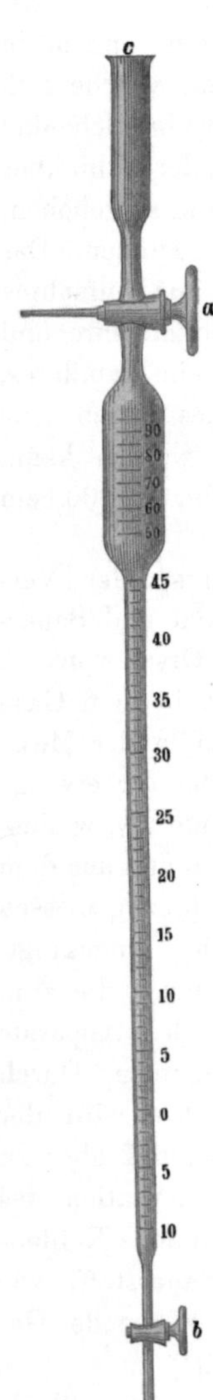

Fig. 4.

bezüglich Genauigkeit der Bestimmungen den höchsten
Anforderungen entsprechen sollen, dürfte der erweiterte
Orsat-Apparat aber schon deshalb nicht genügen, weil
die bedingte Benutzung der atmosphärischen Luft für
die Verbrennung der Kohlenwasserstoffe und des Wasserstoffs zu Fehlern führt, welche den wissenschaftlichen
Werth der Analysen zweifelhaft machen. Für im Laboratorium auszuführende vollständige Analysen hat Dr. Seger[1]) eine Methode bekannt gemacht, die hinsichtlich
der Einfachheit des anzuwendenden Apparats und der
Schärfe ihrer Bestimmungen kaum etwas zu wünschen
übrig lassen möchte, deren Darstellung hier aber über
den gebotenen Raum hinausgehen würde.

Die anfänglichen, erst nach und nach beseitigten Unvollkommenheiten des Orsat-Apparats, insbesondere die
wenig zweckentsprechende Herstellung der Kapillarröhre
und der Hähne aus Zinn, welche nur schwer dicht zu
halten waren, und daher zu häufigen Störungen und
mehr oder minder ungenauen Resultaten führten, veranlassten Dr. Bunte, eine Gasbürette zu konstruiren, welche
sich dem Orsat-Apparat gegenüber nicht nur durch
grössere Einfachheit, Billigkeit und kompendiöse Form
auszeichnet, sondern auch schärfere Bestimmungen als
jener liefert[2]).

Die Bunte'sche Gasbürette (Fig. 4) ist ein gra-
duirter Glascylinder von etwas mehr als 100 ccm Inhalt,
der sich im oberen Theile ausbaucht, in der folgenden
Verengung mit einem Dreiweghahn a, und darüber mit
einem becherartigen Aufsatz c, am untern offenen Ende
aber mit einem einfach durchbohrten Hahn b versehen ist.

Bei Inbenutznahme der Bürette ist dieselbe zunächst
mit Wasser zu füllen, was am einfachsten in der Weise
geschieht, dass man eine hochstehende, mit Wasser gefüllte Flasche, mit Ausfluss am Boden, durch einen
Gummischlauch mit dem unteren Ende der Bürette
in Verbindung bringt, den Hahn b öffnet und dem
Dreiweghahn eine solche Stellung giebt, dass die in

<hr>

[1]) Thonindustrie-Zeitung 1878 S. 219.
[2]) Die Fabrik physikalischer Instrumente von Greiner & Friedrichs in Stützerbach (Thüringen)
liefert die Bunte'sche Gasbürette zum Preise von Mk. 7,50.

der Bürette enthaltene Luft beim Eintritt des Wassers entweichen kann. Wenn die Bürette bis an den Dreiweghahn sich mit Wasser gefüllt hat, schliesst man den Hahn b und setzt an das Rohrende des Dreiweghahns einen Gummischlauch, der wieder mit dem Raum in Verbindung steht, welchem das zu untersuchende Gas entnommen werden soll, öffnet den Hahn b und lässt das Wasser aus der Bürette abfliessen oder mit einer Saugflasche absaugen, was die Füllung der Bürette mit Gas zur Folge hat. Ist das Gas bis etwa zum achten Theilstrich unterhalb des Nullpunktes eingetreten, dann ist die Bürette durch entsprechende Drehung des Dreiweghahns nach aussen abzuschliessen.

Bevor weiter manipulirt wird, muss das Gas in der Messröhre auf 100 ccm unter Atmosphärendruck gebracht werden, zu welchem Zwecke man wieder am besten aus einem höher stehenden Gefäss mittels Gummischlauch Wasser am unteren Ende der Bürette in diese so lange einführt, bis dasselbe den Nullpunkt erreicht hat, wobei indess der Dreiweghahn zum Entlassen des überschüssigen Gases geöffnet sein muss.

Die Bestimmung der Einzelbestandtheile des Gases erfolgt ganz so wie beim Orsat-Apparat durch Absorption mittels derselben Reagentien, welche nach einander in die Bürette eingebracht werden.

Bevor die eigentliche Analyse beginnen kann, muss das in der Bürette noch enthaltene Wasser aus derselben entfernt werden; dies geschieht, indem man die untere Oeffnung der Bürette mit einer Saugflasche in Verbindung bringt, den Hahn b öffnet und das Wasser absaugt. Nachdem dies geschehen, taucht man die Bürette in die, in einem kleinen Porcellanbecher befindliche Absorptionsflüssigkeit, zunächst wieder Natronlauge, welche nach Oeffnen des Hahns b in die Bürette aufsteigt. Hierauf schliesst man b wieder und setzt die Bürette 1—2 Minuten in pendelnde Bewegung, damit die Gase mit der Flüssigkeit in innige Berührung kommen und die Absorption sich vollziehen kann.

Den nunmehr eingetretenen Gasverlust würde man am einfachsten so bestimmen können, dass man das mit Wasser gefüllte Bechergefäss c mit der Messröhre in Kommunikation setzt, aus welchem in diese eben soviel Wasser einfliessen würde, wie der Gasverlust beträgt. Dr. Seger[1]) macht aber darauf aufmerksam, dass vor der Ablesung der durch die Absorptionsflüssigkeiten herbeigeführten Volumenverluste die Entfernung jener durchaus nöthig ist, weil sie eine sehr verschiedene Adhäsion am Glase zeigen. Zu diesem Zwecke wird zunächst der Hahn a so gestellt, dass Wasser aus dem Gefäss c in die Bürette einfliesst. Durch Oeffnen des Hahns b fliesst dann die Absorptionsflüssigkeit ohne einen Gasverlust aus, während das aus c nachfliessende Wasser an den Wänden der Bürette herunterspült und neben der Auswaschung derselben auch das Gasvolumen auf die

---

[1]) Thonindustrie-Zeitung 1878 S. 221.

Temperatur des Wassers bringt, wie auch das bei der Kohlenoxydabsorption hineingelangende Ammoniakgas entfernt.

Die Feststellung des eingetretenen Gasverlustes (Kohlensäure) kann nun entweder in der Weise geschehen, dass man den Hahn b schliesst und von c soviel Wasser in die Bürette einfliessen lässt, wie dieselbe aufzunehmen geneigt ist, wobei indess das Bechergefäss c immer gefüllt zu halten ist, oder dadurch, dass man die untere Oeffnung der Bürette bei geöffnetem Hahn b mittels Gummischlauch mit einem Wasserbehälter in Verbindung setzt, aus diessem Wasser in die Bürette einfliessen und dann die Flüssigkeit in dieser sowohl, wie in dem Glasgefäss auf gleiches Niveau einspielen lässt. Im Fall man die Bestimmung wie zuletzt angegeben macht, muss man verhüten, dass mit dem Wasser aus dem Gummischlauch Luft in die Bürette gelangt, weshalb man vor Aufstecken desselben zunächst etwas Wasser frei auslaufen lässt. Aus dem Stande des Wassers in der Bürette kann die in dem Gase enthalten gewesene Kohlensäure direkt in Volumprocenten abgelesen werden.

So wie bei der Bestimmung der Kohlensäure verfährt man auch bei der des Sauerstoffs und des Kohlenoxyds, es muss aber nach jeder Absorption die Bürette von der angewendeten Reagenz, wie angegeben, gereinigt werden.

Wenn die Analyse des Gases auch auf die Bestimmung des in demselben enthaltenen Wasserstoffs und der Kohlenwasserstoffe ausgedehnt werden soll, so geschieht dies am sichersten nach der von Dr. Seger[1]) angegebenen Methode, doch ist dieselbe nur für Laboratorien anwendbar.

Wie die Vergasung der festen Brennstoffe, so ist auch die Verbrennung der Gase das Neben- nnd Nacheinander einer grösseren Reihe chemischer und physikalischer Vorgänge, welche in ihrer Gesammtheit die wahre Verbrennung ausmachen.

Die Verbrennung ist seither als ein beziehungsloser Process chemischer Verbindungen zwischen Sauerstoff, Kohlenstoff und Wasserstoff analysirt worden, indem angenommen wurde, dass diese mit der ganzen ihnen eigenen chemischen Energie im Verbrennungsprocess aufeinanderwirken. Um aber Verlauf und Effekt der wahren Verbrennung kennen zu lernen, muss dieser ideale Standpunkt verlassen und müssen diejenigen Faktoren mit berücksichtigt werden, welche neben Sauerstoff, Kohlenstoff und Wasserstoff innerhalb der Verbrennung thätig sind, im negativen Sinne nämlich und dadurch, dass sie der Verbindungsneigung der letzteren entgegenstreben, derart, dass sie, ohne die chemische Kraft dieser vernichten zu können, dieselbe doch erheblich abschwächen.

Diese negativen Faktoren des Verbrennungsprocesses sind in erster

---

[1]) Thonindustrie-Zeitung 1878 S. 221.

Reihe die von aussen in denselben eintretenden oder innerhalb desselben entstehenden indifferenten Gase, Stickstoff, Wasserdampf und Kohlensäure, welche bei ihrer Menge die eigentliche Brennsubstanz so zu sagen einhüllen und die Moleküle isoliren.

Betrachtet man die Natur des Heizmaterials, wie es der Generator liefert, so stellt sich dasselbe dar als ein Gemenge von Gasen, in welchen brennbare den kleineren, nichtbrennbare, indifferente Gase den grösseren Theil ausmachen. Ein ähnliches Verhältniss zeigt die atmosphärische Luft, denn in dieser sind neben 21 Volumen Sauerstoff 79 Volumen Stickstoff als indifferent für die Verbrennung vorhanden. In beiden Fällen sind demnach die Brennsubstanzen Kohlenstoff, Sauerstoff und Wasserstoff kein kontinuirliches Aneinander von Molekülen dieser, sondern das eine Molekül ist vom anderen getrennt durch Moleküle des Stickstoffs und solcher der Kohlensäure.

Je grösser nun die Menge der indifferenten Gase im Verhältniss zu den verbindungsfähigen innerhalb eines gegebenen Raumes oder eines Volumens ist — und dies Verhältniss kann sich ausserordentlich ungünstig für die letzteren gestalten — um so weiter sind die Moleküle der brennbaren Gase von einander getrennt, und in demselben Maasse ist die chemische Affinität derselben zum Sauerstoff geschwächt. Man findet für diesen Zustand der Gase ein Analogon in der Veränderung, welche ein fester Körper erleidet, wenn dieser in einer Flüssigkeit aufgelöst und die Lösung stark verdünnt wird. So lange die einzelnen Massetheilchen mit einander zu einem Haufwerk verbunden waren, zeigen sie vielleicht sehr charakteristische, in Farbe und Geschmack gipfelnde Eigenschaften, die in einem gewissen Grade auch noch der erweichten oder gelösten Substanz anhaften können, sobald man aber die Lösung durch eine in Farbe und Geschmack indifferente Flüssigkeit, wie das Wasser eine ist, zu verdünnen beginnt, so verschwinden Farbe und Geschmack des gelösten Körpers immermehr, bis diese endlich garnicht mehr zu erkennen sind; denn wenn auch der Körper mit allen seinen Eigenschaften voll und ganz in der Lösung enthalten ist, so sind doch die Theilchen desselben so weit von einander entfernt und innerhalb der Flüssigkeit verstreut worden, dass sie die Merkmale der festen Masse gänzlich eingebüsst zu haben scheinen.

Wie die tägliche Erfahrung lehrt, schliesst die ähnliche Wirkungen hervorrufende Verdünnung brennbarer Gase durch indifferente nicht aus, dass jene innerhalb dieser zur Entzündung und Verbrennung gebracht werden können, wenn die Verdünnung eine gewisse Grenze der Zulässigkeit nicht überschreitet. Sobald sie aber über diese hinausgeht, sei es dadurch, dass die Menge der brennbaren Gase gegenüber derjenigen der indifferenten vermindert, oder umgekehrt diese vergrössert wird, so wird endlich ein Zustand eintreten müssen, in welchem die Moleküle des Sauerstoffs, des Kohlenstoffs und des Wasserstoffs soweit von einander entfernt sind, dass die

Affinität derselben zu einander gleich Null ist, und die von aussen an dieselben übertragene Entzündungstemperatur sich nicht mehr von einem Molekül zum anderen, durch Entzündung von Nachbarmolekülen, fortzupflanzen vermag, eben weil die Kontinuität der Moleküle unterbrochen ist.

Die Grenze, an welcher ein verbrennliches Gasgemisch durch Zuführung eines indifferenten Gases zu einem unverbrennlichen, und umgekehrt ein unverbrennliches durch Zuführung eines brennbaren Gases zu einem verbrennlichen gemacht werden kann, ist, wie Bunsen[1]) an folgendem Versuch gezeigt hat, eine ausserordentlich scharf markirte:

	Unverbrennliches Gemisch.		Verbrennliches Gemisch.	
Kohlensäure	74,21 Vol. pCt.		73,82 Vol. pCt.	
Wasserstoffknallgas	25,79	„ „	26,18	„ „
	100,00		100,00	

Ein Gemisch von Kohlensäure und Wasserstoffknallgas ist daher schon nicht mehr entzündlich, wenn es nur 25,8 pCt. des letzteren enthält; wird aber die Menge des Wasserstoffknallgases auf 26,2 pCt., also nur um ein Viertausendstel, erhöht, so tritt bereits Entzündung und fast vollständige Verbrennung ein.

In der Praxis der Wärmeerzeugung zeigen sich nun dieser Erscheinung ganz analoge Vorgänge.

Indem wir den Einfluss zu analysiren suchen, den die Verdünnung der Brennsubstanz durch indifferente Gase auf den Effekt des Verbrennungsprocesses ausübt, werden wir zu einer Invergleichstellung der direkten Feuerung mit der indirekten, der Gasfeuerung, hinüber geleitet, wobei sich die Thatsache ergeben wird, dass die Wirkungen der Verdünnung unter gewissen Voraussetzungen bei der Gasfeuerung weit weniger als bei der direkten Feuerung fühlbar werden, und dass daher die Gasfeuerung unter Erfüllung jener Voraussetzungen das rationellere System der Heizung sein muss. — Weiterhin wird sich in der Menge der für die Verbrennung erforderlichen oder durch Nebenumstände für dieselbe bedingten atmosphärischen Luft ein Kriterium für den ökonomischen Werth einer Feuerung im allgemeinen, und vergleichsweise desjenigen der direkten und der indirekten Feuerung, ergeben, wobei sich wiederum zeigen wird, dass diese jener überlegen ist.

Die direkte Verbrennung findet gewöhnlich auf einem Roste statt, durch welchen die atmosphärische Luft mit einem von der Schütthöhe und der physikalischen Beschaffenheit des Brennstoffs, sowie von der Zugkraft des Schornsteins abhängigen Geschwindigkeit in den Verbrennungsraum eintritt, wobei sie zunächst mit dem glühenden Brennstoff in Berührung kommt. Von den unmittelbar auf den Rostflächen liegenden Kohlen wird sofort ein

---

[1]) Gasometrische Methoden, S. 337.

Theil des Sauerstoffs der Luft aufgenommen und dafür an diese ein gleich grosses Quantum Kohlensäure abgegeben. Hierbei wird das ursprüngliche Volumen der durch den Rost eintretenden atmosphärischen Luft — abgesehen von der durch die Wärme bewirkten Ausdehnung derselben — zwar nicht verändert, wohl aber die chemische Zusammensetzung derselben, indem Zug um Zug Sauerstoff abgegeben und dafür Kohlensäure in das ursprüngliche Volumen aufgenommen wird, was nichts anderes als eine Verdünnung im oben entwickelten Sinne ist. Es werden die Moleküle des restirenden Sauerstoffs durch die Kohlensäure noch weiter auseinandergeschoben, als es schon der Fall war, ehe die Luft durch den Rost in den Feuerraum eintrat, oder was dasselbe ist, dichter in indifferente Gase eingehüllt.

Dieses Verhältniss gestaltet sich nun in dem Grade ungünstiger, je weiter die Luft in der Kohle nach oben hin aufsteigt, denn es wird die Summe der Moleküle des Sauerstoffs immer geringer, der der Kohlensäure immer grösser und damit die Affinität der verbindungsfähigen Gase mehr als proportional verändert; so erklärt sich die durch Erfahrung bestätigte Erscheinung, dass ein Theil des Sauerstoffs der Verbrennungsluft, obwohl die Gesammtmenge desselben für die Verbrennung eben ausreicht, unverändert die Kohle und den Feuerraum passirt, um mit den gasförmigen Verbrennungsprodukten und dem indifferenten Stickstoff wieder in die Atmosphäre zu entweichen, weil die chemische Kraft desselben durch die Verdünnuug unwirksam gemacht worden ist.

Verdoppelt man bei gleichbleibender Brennstoffmenge das Volumen der Verbrennungsluft, so bleibt das Verhältniss von Sauerstoff zu Stickstoff zwar dasselbe, die verdünnende Kraft der Kohlensäure wird in diesem Falle aber desshalb weniger zur Geltung kommen können, weil jetzt doppelt so viel Sauerstoff zugeführt wird wie im ersten Falle, so dass dieser sich hier zu der Kohlensäure wie $2:1$ verhält, während beide sich bei einfacher Luftmenge wie $1:1$ verhalten. Wenn letzterenfalls mit jedem entstehenden Volumen Kohlensäure die chemische Kraft der atmosphärischen Luft um 1 reducirt wird, büsst sie letzterenfalls nur $\frac{1}{2}$ derselben ein, und so erscheint die Annahme richtig, dass, wenn bei der einfachen Luftmenge die Verbrennung der Kohle nur zur Hälfte erfolgt, diese bei doppelter Luftmenge eine vollkommene sein müsste, wenn die Verbrennung fester Brennstoffe nicht auch noch von anderen Umständen abhängig wäre.

Zu diesen gehören in erster Linie die Variationen im Gange der Verbrennung roher Brennstoffe, die, indem sie in den Verbrennungsraum gelangen, zunächst einer Destillation unterliegen, nach deren Beendigung die Verbrennung erst denjenigen gleichmässigen Verlauf nimmt, wie er bei den entgasten Heizmaterialien Koks, Holzkohle stattfindet, gleichmässig insofern, als dem Sauerstoff hier nur die Aufgabe zufällt, den Kohlenstoff zu verbrennen, während er dort auch noch die grösseren oder geringeren

Mengen der brennbaren Destillationsprodukte in Kohlensäure und Wasser-dampf überzuführen hat, und zwar unter äusserst schwierigen Verhältnissen. Denn es sind, wie des öfteren erwähnt, diese Produkte nicht sämmtlich Gase, sie sind vielmehr grösserentheils nur dampfförmig, selbst fest (Russ), und von den wirklichen Gasen ganz wesentlich dadurch unterschieden, dass sie nicht oder nur träge dem Gesetz der Diffusion folgen, sondern sich den Gasen gegenüber wie eine geschlossene, wenig durchdringbare Masse ver-halten, deren Neigung, sich mit dem Sauerstoff zu verbinden, eine ausser-ordentlich stumpfe ist.

Zur Verbrennung dieser Destillationsprodukte sind, neben verhältniss-mässig hohen Temperaturen, bei welchen dieselben in einfachere Verbin-dungen zerfallen, ausreichend grosse Mengen Luft erforderlich, welche noch chemische Energie genug besitzt, die entstehenden Gase verbrennen zu können. Eine dergestalt wirksame Luft kann aber nur dann am Entstehungs-orte der Destillationsprodukte vorhanden sein, also innerhalb der obersten Brennstoffschichten und oberhalb der Kohle selbst, wenn die Verbrennung überhaupt mit beträchtlichem Luftüberschuss erfolgt!

Da nun aber die Produkte der trockenen Destillation wieder nur pe-riodisch auftreten — bei jedesmaliger Beschickung des Feuers — und ebenso periodisch auch nur die für Verbrennung derselben nöthige Luft erforderlich ist, so müsste diese dem Zwecke entsprechend quantitativ re-gulirt werden; es müsste bei der Beschickung des Feuers und mit Beginn des Destillationsprocesses angemessen mehr Luft, nach Beendigung desselben bis zur nächsten Beschickung abnehmend weniger Luft dem Feuer zuge-führt werden, oder es müsste die Luftzuführung dauernd so bemessen sein, dass sie dem bei und nach der Beschickung erforderlichen Maximalbedarfe entspräche. Das würde aber für das zweite Stadium der Verbrennung, das reine Kohlenfeuer, ebenso unvortheilhaft sein, als wenn auf die Verbrennung der Destillate überhaupt verzichtet und die Zuführung von Luft auf das-jenige Quantum beschränkt wird, welches für die Verbrennung der ent-gasten Kohle nothwendig ist. Dass dieses Luftquantum nicht das theoretische Minimum ist, sondern um vieles grösser sein muss als dieses, wurde schon darzulegen versucht.

Ein nicht geringer Theil des bei der direkten Feuerung unvermeid-lichen Luftüberschusses rührt aber auch daher, dass die vorwaltend un-gleichmässige Körnung oder Zerstückelung der Brennstoffe zu der Bildung von Hohlräumen, Kanälen und Röhren innerhalb der Beschüttung des Rostes Veranlassung giebt, welche, wegen geringerer Reibungswiderstände, von der Luft vorzugsweise passirt werden, wobei sie mit dem Brennstoff selbst so wenig in unmittelbare Berührung kommt, dass die grössere Menge derselben für die Verbrennung nur im negativen Sinne wirksam wird.

Schon aus diesen Erörterungen, welche nur einige der wesentlichsten Gesichtspunkte für die Beurtheilung des Werthes der direkten Feuerung andeuten wollen, dürfte sich zur Genüge ergeben, dass sich dieselbe mit der theoretischen Luftmenge oder einem nicht belangreichen Plus derselben keinenfalls vollziehen kann, es darf vielmehr auf Grund vielfacher chemischer Analysen der Verbrennungsgase, dem einzigen Kontrolmittel auch für den Gang der Verbrennung, angenommen werden, dass in den weitaus meisten Fällen das Doppelte bis zum Dreifachen, und oft noch mehr, des theoretischen Luftbedarfs in die Verbrennung eintritt.

Die Temperaturen, welche bei vollkommener Verbrennung entwickelt werden, sind davon abhängig, an wie grosse Mengen von Kohlensäure, Stickstoff und überschüssige Luft die freigewordene Wärme übertragen wird. Wenn die Verbrennung mit der gerade nöthigen Luftmenge erfolgt, so wird, wenn 0,5363 k Kohlenstoff mit 1 cbm Sauerstoff + 3,76 cbm Stickstoff verbrannt, und 1 cbm Kohlensäure + 3,76 cbm Stickstoff gebildet werden, die Flammentemperatur, wie früher (S. 25) berechnet, 2708° C. betragen, verbrennt aber dasselbe Gewicht Kohlenstoff mit **doppelter** Luftmenge, dann wird die Flammentemperatur nur sein:

$$\frac{4334}{1 \cdot 0,427 + 3,76 + 4,76 \cdot 0,31} = 1412° \text{ C.}$$

Nun sind aber die Fälle garnicht selten, dass industrielle Feuerungen, insbesondere Dampfkesselfeuerungen, mit dem Dreifachen des theoretisch erforderlichen Luftvolumens functioniren, in welchem Falle die Flammentemperatur eine weitere Verminderung erfährt und nur noch beträgt:

$$\frac{4334}{1 \cdot 0,427 + 3,76 + 9,52 \cdot 0,31} = 953° \text{ C.}$$

Ferd. Fischer[1]) hat die mit 150° C. entweichenden Verbrennungsgase einer Dampfkesselfeuerung analysirt und die Zusammensetzung derselben, in Vol. pCt., gefunden zu:

Kohlensäure	1,8 pCt.
Sauerstoff	19,1 „
Stickstoff	79,1 „

Die verwandte Kohle (Anthracit) hatte im Durchschnitt 80 pCt. Kohlenstoff, 100 k Kohle geben demnach bei vollständiger Verbrennung 293 k Kohlensäure (12 Kohlenstoff = 44 Kohlensäure). Da nun 1 cbm Kohlensäure 1,967 k, Stickstoff 1,257 k und Sauerstoff 1,43 k wiegt, so geben 100 k Kohle

		Theoretische Luftmenge:
Kohlensäure	293 k,	—
Sauerstoff	2260 „	781 k
Stickstoff	8232 „	2615 „

multiplicirt man diese Gewichtsmengen mit den specif. Wärmen und mit 150, so ergiebt sich folgendes Resultat:

---

[1]) **Zeitschrift für Thonwaarenindustrie** 1879 N. 8.

	Vol.-Verhältn.	1 cbm wiegt k	Gew.-Verhältn.	100 k Kohle geben	Spec. W.	Wärmeverlust bei 150° C.
Kohlensäure . . .	1,8	1,967	3,54	293	0,217	9 537
Sauerstoff	19,1	1,430	27,31	2260	0,218	74 222
Stickstoff	79,1	1,257	99,43	8232	0,244	301 291
						385 050

Für je 100 k Kohle, die einen Brennwerth von etwa 670 000 W. E. hatten, gingen demnach 385 000 W. E., oder fast 60 pCt. des gesammten Brennwerthes, verloren, bei Berücksichtigung des Wassergehaltes der Rauchgase sogar noch mehr.

Diese Berechnungen thuen dar, wie enorm die Verluste sein können, welche bei der Verbrennung mit Luftüberschuss eintreten. Demgegenüber erscheint es in der That vortheilhafter, durch unvollständige Verbrennung direkte Einbusse an Heizmaterial, als durch vollständige Verbrennung indirekte, durch Verlust entwickelter Wärme, zu erleiden, schon desshalb, weil ersterenfalls erklärlichermaassen höhere Temperaturen erhalten werden.

Nun ist es zwar richtig, dass man mit Hülfe der Rauchgasanalyse im Stande ist, sich über den Verlauf der Verbrennung zn orientiren und auf Grund der analytischen Resultate auf dieselbe regulirend einzuwirken, ebenso richtig ist es aber auch, dass man auf die Verbrennungserscheinungen im allgemeinen keinen so hohen Werth legt, um eine sorgfältige Kontrole der Verbrennung für nöthig zu halten, selbst dann nicht, wenn man sich auf diesem Wege gegen so erhebliche Verluste schützen könnte, wie sie durch regellose Verbrennung bedingt werden, was aber nur bis zu einem gewissen Grade der Fall sein könnte, weil, wie dargelegt worden, die Verbrennung, resp. die Luftzuführung bei dem steten Wechsel der Verhältnisse zwischen Brennstoff, bezüglich Quantität und Qualität, und Luft in einemfort korrigirt werden müsste.

In Anbetracht dieser Thatsachen kann man annehmen, dass die bei technischen und industriellen Wärmeerzeugungsprocessen mittels direkter Verbrennung zu erfüllenden Bedingungen als gelöst betrachtet werden, wenn ein gewisses Quantum Wärme in einer gegebenen Zeit disponibel gemacht, resp. einem bestimmten Zwecke zugeführt wird, wobei der ökonomische Effekt, eben weil von unberechenbaren Faktoren abhängig, erst in zweiter Linie, oft überhaupt garnicht in Betracht gezogen wird.

Wenn oben das Beispiel über die ausserordentlich vollkommene Vertheilung eines festen, lösbaren Körpers in einer Flüssigkeit zu dem Zwecke angeführt wurde, um die Verdünnung des Sauerstoffs durch indifferente Gase und den Einfluss einer solchen Verdünnung auf den Effekt des Verbrennungsprocesses zu veranschaulichen, so kann eben dieses selbe Beispiel auch noch in einer anderen Bedeutung hier angewendet werden, in der nämlich, dass es zeigt, wie es nur dann möglich ist, verschiedene Körper innigst zu durchmischen, wenn sie flüssig, besser noch, wenn sie gasförmig sind.

Wie schon in der Einleitung (S. 10) dargelegt worden, sind es gerade die gasförmigen Körper, welche sich ihrer Natur nach, und dem Gesetze der Diffusion unterworfen, gegenseitig so vollständig durchdringen, dass eine einzelne Gasart in einer anderen oder in mehreren anderen Gasarten vollkommen gleichmässig vertheilt wird, wobei unter geeigneten Umständen diejenigen, welche chemische Verwandtschaft zu einander besitzen, sich verbinden, um nun wieder als zusammengesetzte Gase in das Gemisch der übrigen zu diffundiren.

Die Erscheinung der Diffusion ist für die Verbrennung im allgemeinen und für die Gasfeuerung im besonderen von grosser Wichtigkeit, denn sie entspricht vollkommen der Grundbedingung des Verbrennungsprocesses, dass die Brennstoffe mit dem Sauerstoff behufs chemischer Verbindung in unmittelbare Berührung treten müssen, dies kann aber nur dann der Fall sein, wenn jene nicht fest und erst successiv vergasend, sondern vielmehr im vollkommen gasförmigen Zustande mit dem Sauerstoffgase, resp. der atmosphärischen Luft, in die Verbrennung eintreten. Bei der ausserordentlichen Geschwindigkeit, mit welcher die Gase sich im Raume bewegen und sich durchdringen, muss, wenn die Brennsubstanz nur gasförmig ist, in kaum messbarer Zeit jedes Kohlenoxyd- und jedes Wasserstoffmolekül mit einem Sauertoffmolekül zusammentreffen und sich mit demselben verbinden, wenn sonst die Bedingungen erfüllt sind, unter welchen chemische Verbindungen stattfinden können.

Neben der Diffusion macht sich aber auch noch eine andere Eigenschaft der Gase geltend, welche der Verbrennung weit weniger förderlich ist als jene, die nämlich, dass sie das Bestreben haben, sich im Raume zu zerstreuen.

Es ist augenscheinlich, dass, wenn ein Gasvolumen sich über einen gewissen Grad seiner Dichtigkeit hinaus ausdehnt, die einzelnen Gasmoleküle, welche das Volumen bilden, sich von einander entfernen, und dies ist nichts anderes als eine zweite Art der Verdünnung, welche in einer ähnlichen Weise wirkt, wie wenn dasselbe Gas bei gleichbleibendem Volumen durch Hinzumischen eines indifferenten Gases verdünnt wird, denn in beiden Fällen wird die Entzündbarkeit des Gases vermindert, auf der einen Seite durch Entfernung der Moleküle der verbindungsfähigen Gase von einander, auf der anderen Seite durch dichtere Einhüllung derselben in solche Gasmassen, welche die chemische Affinität jener abschwächen.

Während so die Natur der Gase, durch die Diffusion, der Verbrennung förderlich sein kann, strebt sie dieser durch die Tendenz der Ausdehnung

auch wieder entgegen; dies ist so wichtig, dass man bei der Heizung mit
Gasen auf diesen Umstand Rücksicht nehmen und den Verbrennungsprocess
so leiten muss, dass im Moment der physikalischen Vereinigung von Gas
und Luft die Wirkungen der Ausdehnung nicht zum Ausdruck kommen
können, um so die chemische Vereinigung der Brennsubstanz zu befördern.
Dies kann nur in der Weise geschehen, wenn die Gase kurz vor dem Eintritt derselben in den Verbrennungsraum so zusammengeführt werden, dass
die bis dahin getrennten Ströme von Gas und Luft in dünnen Schichten
aufeinander treffen, wobei eine so innige Durchmischung derselben stattfindet, dass die Entzündung erfolgt, und diese die austretenden Gase bei
der nun folgenden Ausdehnung derselben im Raume begleitet.

In der Regel findet man dies Princip bei den Gasfeuerungen in einer
Form durchgeführt, welche den angedeuteten Effekt sehr vollkommen erreichen lässt, häufig wird dasselbe aber auch gänzlich vernachlässigt, dadurch,
dass man das durch indifferente Bestandtheile bereits verdünnte Heizgas
nicht nur frei in Luft, wie beim reinen Leuchtgase gebräuchlich, sondern
auch in eine solche Luft austreten lässt, deren Sauerstoffgehalt zum Theil
schon durch Verbrennungsgase, Kohlensäure und Wasserdampf, ersetzt ist,
weil nicht jeder Flamme ein separater Luftstrom von normaler Zusammensetzung, sondern einer Vielheit hinter einander befindlicher Flammen ein ge-
meinsamer Luftstrom zugeführt wird, was zur Folge hat, dass nur auf den
ersten Gasstrom normale Luft, auf den folgenden bis zum letzten aber ein
Gemisch von Luft und zunehmenden Mengen verbrannter Gase trifft.

Dass der Effekt eines so unvollkommenen Systems der Verbrennung
nur ein sehr geringer, dass er unter zugespitzten Verhältnissen kaum so
gross sein kann, wie derjenige einer direkten Feuerung, dürfte kaum in
Zweifel zu ziehen sein.

Aber auch bei der vollkommensten Art der Gasfeuerung ist im System
selbst und allein nicht die Gewähr dafür geboten, dass der Verbrennungseffekt ein erheblich besserer wäre als bei der direkten Feuerung, weil sich
dort ebensowenig wie hier das Verhältniss zwischen Brennsubstanz und
Verbrennungsluft in einer Weise regulirt, wie es der Theorie der vollkommenen Verbrennung angemessen wäre; was die Gasfeuerung aber weit über
die direkte Feuerung erhebt, das ist der ihr eigene Umstand der grösseren
Gleichmässigkeit bezüglich der Menge und Güte des gasförmigen Heizmaterials, dem sich das Maassverhältniss der atmosphärischen Luft leicht
und dauernd anpassen lässt.

Denn während bei der direkten Feuerung die Menge und Beschaffenheit des zur Verbrennung gelangenden Heizstoffs einem fortwährenden, bedeutenden Schwanken unterliegt, ist bei der Gasfeuerung die Produktion
von Gas nach Qualität und Quantität meist eine sehr konstante, so dass
es hier viel weniger schwierig ist, Brennsubstanz und Verbrennungsluft in
ein angemessenes Gleichheitsverhältniss zu einander zu bringen, dies um

so leichter, als hier die Analyse des Heizgases einerseits und der Verbrennungsgase andererseits zu einem wirksamen Kontrol- und Korrektivmittel für Ofenzug und Ventilstellung der Gas- und Luftzuführungseinrich-
tungen ausgebildet werden kann. —

Wenn bei Berechnung der Flammentemperaturen, welche mit direkter
Feuerung erreicht werden können, für diese ein Luftüberschuss von 100 pCt.
als erforderlich vorausgesetzt werden musste, so motivirt es sich durch
Theorie und Erfahrung, dass die vollkommene Verbrennung des Generatorgases bei rationeller Anordnuug der Verbrenungseinrichtungen bereits erfolgt,
wenn das theoretisch erforderliche Quantum Verbrennungsluft um nur 10
bis 20 pCt. überschritten wird. Nimmt man demnach bei der Berechnung
der Verbrennungstemperaturen der Generatorgase einen Luftüberschuss von
20 pCt. an, so entfernt man sich mit diesem Satze keinenfalls sehr weit
von der Wirklichkeit.

Bei der rechnungsmässigen Ermittelung der Flammentemperatur, welche
das Generatorgas zu entwickeln vermag, müsste der Umstand berücksichtigt
werden, dass bei der Vergasung ein Verlust entsteht, der gleich wäre der
Bildungswärme des Kohlenoxyds und der Verbrennungswärme desjenigen
Theiles Kohlenstoff, der im Generator zu Kohlensäure verbrannt worden
ist, wenn die Gase mit Null Grad zur Verbrennung gelangen würden. Da
dies nun aber, wie früher (S. 70) dargelegt worden, nicht der Fall ist,
so darf man ganz unbedenklich die durch die Entstehung von Kohlensäure
hervorgerufene Einbusse am kalorischen Effekt mit derjenigen Wärmemenge
kompensiren, welche aus der Bildung des Kohlenoxyds herrührt und zum
grösseren Theile mit der Verbrennungswärme der Kohlensäure in den Verbrennungsraum gelangt, eine Voraussetzung, die nur dann nicht zutrifft, wenn
die Gase bis zum Verbrennungsraum einen entsprechenden Wärmeverlust
erleiden. Man kann daher bei der Temperaturberechnung die Kohlensäure
im Gase vernachlässigen und dieses als nur aus Kohlenoxyd nebst Stickstoff
bestehend betrachten.

Geht man von dieser Voraussetzung aus und nimmt man an, dass
die Anfangstemperatur von Gas und Luft $= 0^{\circ}$ C. ist, so wird die aus der
Verbrennung von 1 cbm Kohlenoxyd ($+ 1{,}88$ cbm Stickstoff) mit 0,5 cbm
Sauerstoff ($+ 1{,}88$ cbm Stickstoff), also der einfachen Luftmenge, zu 1 cbm
Kohlensäure ($+ 3{,}76$ cbm Stickstoff) resultirende Temperatur

$$\frac{3007}{1 \cdot 0{,}427 + 3{,}76 \cdot 0{,}31} = 1888^{\circ}\ C.$$

betragen, verbrennt das Gas aber mit 20 pCt. Luftüberschuss, so vermindert
sich die Flammentemperatur auf

$$\frac{3007}{1 \cdot 0{,}427 + 3{,}76 \cdot 0{,}31 + 0{,}476\,(0 + N) \cdot 0{,}31} = 1728^{\circ}\ C.$$

Diese Zahlen liefern den Beweis, dass bei der Heizung mit Generatorgas unter den voraufgestellten Bedingungen höhere Temperaturen erzeugt werden, als bei der direkten Verbrennung der festen Heizstoffe; die Ursache für diese Erscheinung liegt einfach darin, dass bei der Gasfeuerung die entwickelte Wärme an weniger Luft übertragen wird, als bei der direkten Feuerung.

Eine bedeutsame Eigenthümlichkeit der Gasfeuerung, welche sowohl ihre hohe Stellung im Bereich pyrotechnischer Processe wie auch ihre Beschränkung auf einen verhältnissmässig engen Kreis solcher erklärt, ist der Umstand, dass ihre Bedeutung nur dann ganz zur Geltung gelangt, wenn das Gas oder die Verbrennungsluft, am vortheilhaftesten beide, vor der Verbrennung so hoch erhitzt werden, dass diese unabhängig von der im Verbrennungsraum lokalisirten Hitze erfolgt.

Die Erscheinung, dass kaltes oder unter die Entzündungstemperatur abgekühltes Generatorgas nicht verbrennt, wenn es, oder die Verbrennungsluft, nicht zunächst bis auf den Entzündungspunkt erhitzt wird, ist auch nur eine Folge der demselben beigemengten indifferenten Gase, wie die an der Luft erfolgende Verbrennung des von indifferenten Bestandtheilen befreiten Leuchtgases zeigt. Da nun aber eine Reinigung des Generatorgases, ähnlich dem des Leuchtgases, praktisch nicht ausführbar ist, so muss die durch indifferente Gase geschwächte chemische Affinität desselben durch Erhitzung wieder angefacht werden.

Durch dieses Bedingniss, das nur in gewissen Fällen erfüllt werden kann, wird die Anwendung der Gasfeuerung eben eine viel beschränktere als die der direkten Feuerung; denn während hier die Verbrennung inmitten glühender Brennstoffmassen erfolgt, gelangen die Gase nur selten unmittelbar aus der Glut des Vergasungsapparats in den Verbrennungsraum, sie haben vielmehr in den meisten Fällen mehr oder minder lange Leitungen zu passiren, bevor sie zur Verbrennung kommen, und werden dadurch in jedem Falle unter die Vergasungstemperatur, häufig auch unter die Entzündungstemperatur abgekühlt. Die Folge dieser Abkühlung ist nun aber nicht nur die, dass eine beträchtliche Menge der im Verbrennungsraum vorhandenen Wärme permanent für die Erhitzung des kalten Gases auf die Entzündungstemperatur abgegeben wird, sondern auch die, dass das Gas, um sich in dieser Weise zu erhitzen, frei in den Verbrennungsraum austreten muss, wobei alsdann noch die Wirkungen der Ausdehnung und die Durchmischung mit indifferenten Substanzen, in Form von Verbrennungsgasen, eintreten, was alles derart störend auf die Verbrennung einwirkt, dass deren Effekt sich successive bis zum endlich erfolgenden Stillstande derselben vermindern kann.

Diese Erscheinungen erklären es zur Genüge, dass die Gasfeuerung nur da mit Erfolg angewendet werden kann, wo das Gas entweder mit der ganzen Wärme, welche es im Generator angenommen hat, in den Verbrennungsraum gelangt, oder wenn die Erhitzung desselben wie auch der Luft durch verlorene Wärme bewirkt werden 'kann. Letzteres kann dadurch geschehen, dass die mit den Verbrennungsgasen entweichende oder die nach Beendigung wie auch nach Translocirung gewisser pyrotechnischer Processe im Verbrennungsraume (kontinuirlicher Ziegel-Brennofen) aufgespeicherte Wärme an das Gas oder die Luft übertragen wird. Wir werden weiter unten sehen, welchen Einfluss die Erhitzung des Gases und der Luft oder dieser allein auf den Temperatureffekt der Verbrennung ausübt.

Das am genialsten durchgeführte System der Gas- und Lufterhitzung mittels verlorener Wärme, das auf dem Gebiete der Pyrotechnik gradezu Epoche gemacht hat, ist dasjenige, welches von den Brüdern Dr. William Siemens und Friedrich Siemens erfunden wurde, und das unter der Bezeichnung Siemen's regenerative Gasfeuerung bekannt ist.

Es beruht dieses System, wie alle ähnlichen, welche die Uebertragung der Temperatur irgend eines heisseren Körpers auf einen anderen kälteren bezwecken, auf der physikalischen Eigenschaft aller Stoffe, sich gleichmässig auf die Temperatur zu erwärmen oder abzukühlen, welcher sie ausgesetzt sind. Wird demnach ein erhitzter Körper mit einem kälteren in Berührung gebracht, so wird jener an diesen so lange und so viel Wärme abgeben, bis die Differenz in der Wärmekapacität beider ausgeglichen ist. Das Gesetz findet seine Nutzanwendung bei der regenerativen Gasfeuerung dadurch, dass die dem Gasofen entströmenden, noch sehr heissen Verbrennungsgase mit kälteren Körpern so lange in Berührung gebracht werden, bis die Temperatur beider gleich ist. In diesem Momente des passiven Wärmezustandes wird der Strom der Verbrennungsgase abgelenkt, um seiner Wärme auf einer andern Stelle entzogen zu werden, und es treten nunmehr das kältere Gas und die Verbrennungsluft mit dem vorher erhitzten Körper in unmittelbare Berührung, dessen Wärmeübermaass sie an sich reissen, um sich damit auf die gleiche Temperatur zu erhitzen, dies um so energischer, je grösser die Differenz der beiderseitigen Temperaturen ist. Ist diese Differenz nahezu ausgeglichen, hat sich der durch die Ofengase erhitzte Körper bedeutend abgekühlt, so findet ein Wechsel statt, derart, dass Gas und Luft nunmehr den inzwischen erhitzten Raum, die Ofengase aber den abgekühlten Raum passiren müssen.

Der Begriff „regenerative Gasfeuerung" ist an und für sich ein enger, wenn man die hier zu Grunde liegende, eben angedeutete leitende Idee nicht aus den Augen lässt, welche das Vorhandensein von besonderen Wärmemagazinen — Regeneratoren — (Wiederbeleber) mit grossen, wärmeaufnehmenden und wärmeabgebenden Oberflächen zur Bedingung hat, wie sie dem Siemens'schen System eigenthümlich sind. Neuerdings hat man diesem Begriffe eine erweiterte Fassung gegeben, indem man auch die einseitige Erhitzung der Verbrennungsluft in Kanälen, welche äusserlich durch die Verbrennungsgase erhitzt werden, als regenerative Gasfeuerung bezeichnet, keineswegs aber darf diese Bezeichnung im Sinne der Siemens'schen Regenerativ-Gasfeuerung verstanden werden, weil es jener an den wesentlichsten Merkmalen dieser, den eigentlichen Regeneratoren, und insbesondere dem Regenerator für die Erhitzung des Gases, mangelt.

Die Regeneratoren sind grössere kanalartige Räume, welche mit feuerfesten Steinen gitterartig ausgesetzt sind, wodurch nicht nur die Verbrennungsgase gezwungen werden, diese Räume langsamer zu passiren, um Zeit zu haben, ihre Wärme an die Steinmassen abzugeben, es wird dadurch im umgekehrten Falle auch der Gas- resp. Luftstrom genöthigt, in gleich langsamer Weise diese Räume zu durchziehen, um die darin angesammelte Wärme energischer an sich zu nehmen.

Um den Ofenzug trotz dieser Vergitterung nicht zu hindern, müssen die Regeneratoren in ihren freien Querschnitten denen der Zu- und Abzugskanäle gleich gross sein, so dass die Summe des Flächeninhaltes der durch den gitterförmigen Aussatz gebildeten kleineren Kanäle noch immer so gross ist, wie der Flächeninhalt des Querschnittes der Gas- und Luftkanäle.

Das System der gleichzeitigen Erhitzung des Gases und der Luft bei Siemens-Oefen macht das Vorhandensein von doppelpaarigen Regeneratoren und daher den Umstand zur Bedingung, dass der Gasofen in zwei symmetrische Hälften zerlegt werden muss, deren Axe an ihren Endpunkten denjenigen Theil des Ofens durchschneidet, in welchem sowohl die Regulirung der Gas- und Luftströmung nach dem Gasofen resp. nach den betr. Regeneratoren, wie auch die des Abzuges der Verbrennungsgase stattfindet.

Der Siemens'sche Gasofen hat diesen Dispositionen entsprechend auf jeder der beiden gleichmässigen Halbseiten zwei Regeneratoren, je einer für die Gas- und Lufterhitzung dienend, welche sich paarweis einander gegenüber liegen und durch einen Kanal mit einander verbunden sind, an dessen Ausgangsöffnungen nach dem Schornstein, resp. Gasgenerator einerseits, dem Schornstein und der Lufteinströmung andererseits, die sogenannten Wechselklappen situirt sind, so dass die Kanäle für die Luftzuführung sich bei der Wechselklappe des Luftregenerators, jene für die Gaszuführung sich aber bei derjenigen Wechselklappe vereinigen, welche bei der Zweitheilung des Hauptgaskanals angebracht ist.

Diese Wechselklappen bestehen aus einem gusseisernen oder gemauerten Gehäuse mit vier Passagen, von denen stets je zwei durch einen gusseisernen Flügel derartig in Verbindung gesetzt werden, dass immer auf der einen Seite dieses Flügels oder der Klappe die Verbindung des Gasofens mit dem Gasregenerator oder der Lufteinströmungsöffnung stattfindet, während auf der anderen Seite die Verbindung des Ofens mit dem Schornstein frei ist. Als Typus dieses Regenerativsystems kann der Stahlschmelzofen von W. Siemens dienen, welcher auf dem Hüttenwerke Creusot ausgeführt und in den Fig. 5 und 6 (Schnitt nach $A-B$) dargestellt ist.

Aus dem Hauptkanale a tritt das vom Generator kommende Gas durch die offene Klappenpassage in den Zweigkanal b, und von hier in den bereits erhitzten Regenerator c, den es von unten nach oben durchströmt, um dann bei d in den Schmelzraum zu gelangen, der mit einer Anzahl Schmelztiegel e besetzt ist. Die für die Verbrennung des Gases erforder-

Fig. 5.

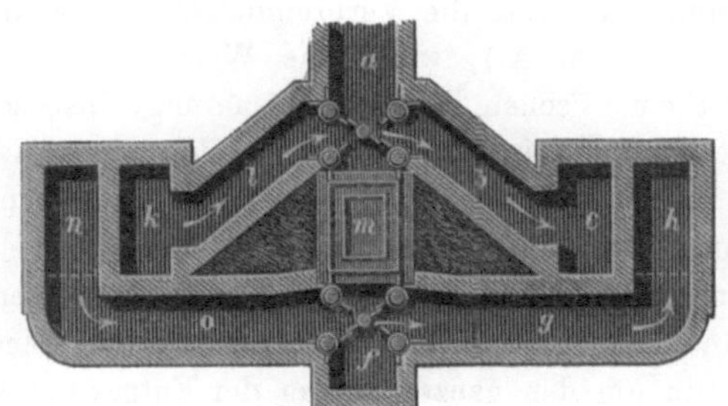

Fig. 6.

liche atmosphärische Luft dringt bei f durch die nach g hin offene Wechselklappe in den ebenfalls erhitzten Regenerator h, von wo sie, in die Höhe steigend mit den Gasen auf den Herd gelangt. Die Flamme des Schmelzraumes theilt sich, nachdem sie ihre Wirkung gethan, bei i und strömt nun theils in den Gasregenerator k, um von hier durch den Kanal l in den Schornstein m zu entweichen, theils in den Luftregenerator n, und von hier durch o gleichfalls in den Schornstein.

Wenn die Regeneratoren c und h die aufgespeicherte Wärme an den durchpassirenden Gas- und Luftstrom abgegeben, die Regeneratoren k und n sich aber durch die abziehenden Verbrennungsgase stark erhitzt haben, dann findet der Klappenwechsel statt, und zwar in der Weise, dass nunmehr das Gas durch l, die Luft aber durch o in die Regeneratoren k und n gelangen, um bei i auf den Herd zu treten, während die Verbrennungsgase bei d, theils durch den Regenerator c und den Kanal b, theils durch Regenerator h und Kanal g nach dem Schornstein entweichen.

Bevor die Gase in den Regenerator eintreten, müssen sie ein heberartig geformtes Rohr von Eisen - oder Stahlblech mit grosser Oberfläche passiren, um darin abgekühlt zu werden. Es geschieht dies nicht nur zu dem Zwecke, den Gasen die kondensirbaren Produkte, welche die Regeneratoren verrussen könnten, zu entziehen und die Wechselklappen vor dem Verbrennen zu schützen, sondern auch deshalb, das specifische Gewicht der Gase innerhalb des Kühlrohres zu vermindern und so eine Druckdifferenz in den beiden Schenkeln desselben hervorzurufen, lediglich zu dem Zwecke, die Bewegungsenergie des Gasstromes zu erhöhen.

Das Verfahren selbst ist, unbeschadet des hohen Werthes der Siemens'schen Regenerativfeuerung, keineswegs rationell, da es den ökonomischen Effekt schmälert; andere Gasfeuerungstechniker lassen deshalb das Gas ohne weitere Zwischenbehandlung aus dem Generator direkt in den Verbrennungsraum eintreten, suchen Abkühlung desselben nach Möglichkeit durch Einbauen des Generators in den Ofen zu verhüten und erhitzen mittels der heissen Verbrennungsgase nur die Verbrennungsluft (Rekuperativfeuerung System Ponsard, Nehse u. A.), wobei die Wechselklappen und sonstige Uebelstände der Siemens'schen Regenerativfeuerung, insbesondere die mit derselben eng verbundene einseitige Flammenbildung vermieden werden.

Neuerdings haben Gröbe und Lürmann ein bedeutsames System der Gasfeuerung erfunden, welches die Ausnutzung der Abhitze für die Gaserzeugung zum Ausgang hat, derart, dass sie die rohen Brennstoffe mittels der heissen Verbrennungsgase in einem eigenthümlichen Generator zunächst entgasen, wobei ein um den ganzen Betrag der Entgasungswärme heisseres Gas gewonnen wird.

Der Gröbe-Lürmann-Generator (Fig. 7) besteht im wesentlichen aus zwei mit einander in Verbindung stehenden Theilen, dem eigentlichen Vergasungsraume B und der Retorte A. In diese wird der Brennstoff eingebracht und aus derselben mittels einer geeigneten Schubvorrichtung b in den Vergasungsraum gestürzt. Die Retorte wird von den Verbrennungsgasen, welche auf ihrem Wege nach dem Schornstein die kleinen Kanäle DD passiren, stark erhitzt, und damit das in denselben enthaltene Brennmaterial einer trockenen Destillation unterworfen, wobei die in demselben enthaltenen verdampfbaren Kohlenwasserstoffe und das Wasser ausgetrieben werden; letzteres wird durch diesen Process zu einem grösseren oder geringeren Theile, je nach Höhe der auf die Retorte einwirkenden Temperatur, in Wasserstoff und Sauerstoff zerlegt. Die in der Retorte sich bildenden dampf- und gasförmigen Produkte treten aus dieser in den Vergasungsraum ein, wo sie sich mit den Gasen mischen, die aus dem hier vergasenden Brennstoff aufsteigen, welcher, nachdem er die Retorte passirt hat, nur noch aus reiner Kohle, Koks, besteht.

In der Trennung dieser beiden Phasen der Gaserzeugung, der Entgasung
oder der Destillation, und der Vergasung liegt der hohe Werth dieser Gasfeuerung.

Denn während bei der Vergasung der reinen Kohle, der Koks, nur
Wärme entsteht, wird bei der Entgasung nur Wärme verbraucht, wenn

Fig. 7.

man daher die für die Entgasung erforderliche beträchtliche Wärmemenge,
welche die Vergasung aufbringen muss, auf einem anderen Wege beschafft,
so wird der Wärmeeffekt, den das so dargestellte Gas bei seiner Verbrennung
liefert, um denselben Betrag höher sein, der andernfalls für den Entgasungsprocess auf Kosten der im Generator frei gewordenen Wärme hätte aufgewendet werden müssen. Es kommt aber auch noch in Betracht, dass
die entgasten Kohlen viel normaler vergasen, als die rohen, weil jene im
Generator sich nur wenig oder garnicht festsetzen, nicht mehr verschlacken,
sondern kontinuirlich und ohne besondere Nachhülfe durch den auf dem
Rost erfolgenden Abbrand nach unten sinken, also in steter Bewegung sind,
während die Vergasung roher Brennstoffe, insbesondere der schlackenden,
grosse Aufmerksamkeit, häufiges Niederstossen der Kohle etc., erheischt,
wenn nicht bedenkliche Störungen im Gange des Vergasungsprocesses auftreten sollen.

In der Natur der Sache liegt es nun aber, dass die Vortheile des
Gröbe-Lürmann-Generators anderen Gasfeuerungen gegenüber nur dann

in vollem Umfange zur Geltung kommen, wenn eben der Entgasungsprocess mittels verlorener Wärme, der Abhitze aus dem Verbrennungsraum, bewirkt wird, die sonst ganz oder zum Theil doch verloren ginge. Wo diese Abhitze nicht vorhanden, oder wo die für die Entgasung erforderliche Wärme dem Generator selbst entnommen werden muss, wird der Werth der Gröbe-Lürmann-Gasfeuerung — vom kalorischen Standpunkte aus betrachtet — nicht voll realisirt, während die mit der Trennung der Vergasung und Entgasung verknüpften Vorzüge hinsichtlich grösserer Einfachheit und Sicherheit des Betriebes nicht gekürzt werden. Dieses System wird daher da seine vortheilhafteste Anwendung finden, wo in stationären Verbrennungsräumen hohe Temperaturen erzeugt und grössere Quantitäten von Abhitze für die Entgasung disponibel werden, bei Oefen für metallurgische Zwecke, Glasschmelzöfen, Retortenöfen, also da, wo Verbrennungs- und Vergasungsapparat unmittelbar oder doch sehr nahe bei einander situirt werden können.

Dass der Gröbe-Lürmann-Generator in diesem Falle ausserordentlich günstige Resultate liefert und bezüglich des ökonomischen Effects die Siemens'sche Regenerativfeuerung um ein Beträchtliches überholt, bekunden die vom Verf.[1] veröffentlichten Betriebsresultate, welche auf dem Osnabrücker Eisen- und Stahlwerk mit einem Gröbe-Lürmann-Flusseisenwärmofen im Vergleich mit Siemens-Oefen selben Zwecks erzielt wurden.

Die der Verbrennung voraufgehende Erhitzung des Gases und der Luft, oder auch der Luft allein, muss naturgemäss eine Steigerung der Flammentemperatur herbeiführen, die gradatim dem Maasse der Erhitzung folgt, weil die Erhitzungstemperatur sich der Verbrennungstemperatur zu addirt. Der Grad der Erhitzung, welchen Gas und Luft in den Erhitzungsapparaten erhalten, ist ganz davon abhängig, mit welcher Temperatur die Feuergase einerseits den Ofen, andererseits den Erhitzungsapparat verlassen, und welchen Theil der in diesem angehäuften Wärme Gas und Luft in den Verbrennungsraum zurückführen, von Umständen also, die sich der genauen Kenntniss entziehen. Das Maass der Erhitzung kann deshalb nur auf Schätzung beruhen und bietet als Schätzungswerth Raum genug für Annahmen bezüglich des resultirenden Temperatureffects, welche die Möglichkeitsgrenze in sehr vielen Fällen weit überschreiten. Krans[2] nimmt an, dass beim Siemens-Ofen die Verbrennungsgase mit 1600^0 C. in die Regeneratoren entweichen, und berechnet, dass wenn jene sich in diesen bis auf 200^0 C. abkühlen, Gas und Luft sich im Mittel auf 1262^0 C. erhitzen, welche Temperatur derjenigen der Verbrennung zugezählt werden muss. Ist diese, wie S. 99 berechnet, 1728^0 C., so wird sie durch die Regeneration auf $1262 + 1728 = 2990^0$ C. gesteigert werden. Périssé[3] in seiner

<hr>

[1] Thonindustrie-Zeitung 1880 Nr. 32.

[2] Étude sur le four a gaz. S. 26 f.

[3] Revue universelle, Bd. 38. S. 269.

Untersuchung über die Temperatur der Gasöfen kommt bezüglich der Temperatur des Siemens-Ofen zu einem ähnlichen Resultat und erhält, indem er eine Erhitzung des Gases und der Luft auf 1100° C. voraussetzt, für die Flammentemperatur die Zahl 2820° C., und 2640° C., wenn die Verbrennung mit 10 pCt. Luftüberschuss stattfindet. Nach Vicaire's graphischer Methode ergeben sich Werthe der wirklichen Temperaturen bei grade nöthigem Luftzutritt zu 2070° C., bei Luftüberschuss zu 2015° C. Im Ponsard'schen Ofen mit Lufterhitzung beträgt die theoretische Temperatur bei einfacher Luftmenge 2820° C.; die wirkliche nach Vicaire 2015° C. Ist im Bicheroux-Ofen die Luft auf 200° C. erhitzt, und verbrennt das Gas bei gleicher Zusammensetzung und Temperatur wie im Ponsard'schen Ofen, ohne Erhitzung des Gases, so erfolgen Temperaturen von 1790° C. bei einfacher Luftmenge, und von 1650° C. bei 20 pCt. Luftüberschuss. Danach entwickeln die Oefen von Siemens und Ponsard nahe an 2000° C., andere Ofen mindestens 300° C. weniger. Wird den 1000° C. heissen Gasen aus dem Gröbe-Lürmann-Generator auf 400° C. erhitzte Verbrennungsluft zugeführt, so beträgt die Flammentemperatur 2837° C., also ebenso viel, als wenn bei der Siemens-Regenerativfeuerung Gas und Luft auf 1100° C. erhitzt werden.

Seit durch H. Sainte-Claire Deville u. A. die Dissociationserscheinungen beobachtet und deren Einwirkungen auf den Verbrennungsprocess festgestellt worden, sind die älteren, oft ungeheuerlichen Annahmen über Verbrennungstemperaturen auf ein sehr bescheidenes Maass zurückgeführt worden. Während vor Deville ein namhafter Technolog die Scharffeuertemperatur eines Sèvres-Porzellanofens zu 11—12000° (° C.?), und ein Hüttenmann die Schweisstemperatur des Eisens zu 7054° C. ansetzen konnten, wissen wir heute, dass die oben angenommenen rechnungsmässigen Temperaturen des höchststehenden Siemens-Ofen in der Praxis überhaupt nicht, die von Vicaire als wirkliche bezeichneten vielleicht unter äusserst günstigen Verhältnissen erreicht werden können, weil bei solch' hohen Temperaturen Sauerstoff sowohl wie Kohlenstoff und Wasserstoff die Fähigkeit verlieren, sich chemisch verbinden zu können, oder dass, sobald die Verbrennungstemperatur eine gewisse Grenze des Maximums überschreitet, die entstandenen Verbrennungsprodukte Kohlensäure und Wasserdampf als solche nicht mehr bestehen können, sondern wieder in die Einzelbestandtheile zerfallen müssen.

Wenn eine solche Dissociation der Verbrennungsprodukte stattfindet, so wird ebenso viel Wärme für die Spaltung der Verbindungen verbraucht, wie bei Entstehung derselben frei geworden, es kann demnach die Verbrennungstemperatur die Dissociationstemperatur niemals überschreiten, und diese liegt begründeter Annahmen nach immer unterhalb 2000° C. So fand Bunsen, als er Wasserstoff und Kohlenoxyd mit äquivalenten Mengen Sauerstoff zur Verbrennung brachte, und die entstehende Verbrennungstemperatur auf 2558—3033° C. stieg, dass nur etwa ein Drittel des Gases sich mit

Sauerstoff wirklich verbunden hatte. Als er aber ein indifferentes Gas in solcher Menge beimischte, dass die Verbrennung mit Temperaturen von 2471 bis 2146° C. erfolgte, verbrannte die Hälfte des Wasserstoffes oder des Kohlenoxyds; um diese vollständig zu verbrennen, hätten die Temperaturen noch viel weiter erniedrigt werden müssen.

Cailletet[1]) hat neuerdings auf eine mit der Dissociation zusammenhängende Erscheinung aufmerksam gemacht, welche von grossem praktischen Interesse ist. Er hat die Verbrennungsgase eines Schweissofens untersucht, die oberhalb des Herdes entnommen wurden, wo die Hitze eine so hohe war, dass das Auge den Glanz der heftigen Weissglühhitze nicht ertragen konnte. Bei der Entnahme des Gases wurde die Vorsicht gebraucht, diese durch ein Rohr mit Wasserkühlung abzuziehen, so das dasselbe schnell unter die Entzündungstemperatur abgekühlt wurde und die etwa dissociirten Elemente sich nicht wieder verbinden konnten. Die Analyse der so erhaltenen Gase ist unter *A* mitgetheilt, unter *B* aber eine solche des Gases, nachdem es einen Kanal von 15 m Länge passirt und sich unter 500° C. abgekühlt hatte:

	A.	*B.*
Sauerstoff	13,15	7,65
Kohlenoxyd	3,31	3,21
Kohlensäure	1,04	7,42
Stickstoff durch Differenz berechnet	82,50	81,72
	100,00	100,00

Eine Vergleichung dieser beiden Analysen führt zu dem Resultat, dass der Sauerstoff nach Abkühlung des Gases um beinahe die Hälfte vermindert ist, dass derselbe das Kohlenoxyd fast unverändert gelassen, dagegen die in grosser Menge in den Verbrennungsgasen enthalten gewesene, aus der Dissociation der Kohlensäure herrührende feinzertheilte Kohle vollständig verbrannt hat, oder dass die dissociirt gewesenen Elemente sich bei Abkühlung unter dem Zersetzungspunkt wieder vereinigt haben.

Die Cailletet'sche Untersuchung erklärt in sehr einfacher Weise die Erscheinung, dass in Oefen mit hohen Temperaturen die Flamme eine oft auffällige Länge annimmt und in solchen Theilen derselben noch sichtbar wird, die vom Herde des Feuers viel zu weit abliegen, um unter gewöhnlichen Verhältnissen von der eigentlichen Herdflamme noch erreicht werden zu können. Das Material der Flamme besteht in diesem Falle lediglich aus den durch Zersetzung frei gewordenen Elementen, die sich bei der Abkühlung unter den Dissociationspunkt wieder verbinden, und damit die bei der Zersetzung gebundene Wärme wieder fühlbar machen.

---

[1]) Journal für Gasbeleuchtung 1878 Nr 1.

Dritter Abschnitt.
Die Gasgeneratoren.

a. Allgemeines.

Der zur Herstellung des Heizgases dienende Apparat, der Generator oder Gaserzeuger, muss als das wichtigste Glied in der Gesammtheit der Einzeltheile einer Gasfeuerung betrachtet werden, denn wenn auch die Bedingungen, unter welchen der Vergasungsprocess sich vollzieht, unschwer zu erfüllen sind, so hängt doch der rationelle Verlauf desselben nicht wenig von der Konstruktion des Generators ab. Es muss dieserhalb die Wahl eines anzuwendenden Gaserzeugers mit Sachkenntniss, insbesondere aber mit Berücksichtigung der näheren Umstände geschehen, unter welchen eine Gasfeuerung betrieben werden soll.

Die Formen der Gasgeneratoren sind wenig einheitlich. Die der ältesten, z. B. der von Bischof, Thoma, Ebelmen, Schinz u. A., lehnen sich noch an die des Hohofens an, was in Anbetracht des geschichtlichen Zusammenhangs der Gasfeuerung mit dem Hohofen nicht überraschen kann, ebenso wenig der Umstand, dass jene Generatoren auf Anwendung von Gebläsewind basirt waren, mit Ausnahme desjenigen von Bischof, der von vornherein den Standpunkt einnahm, dass die Vergasung sich auch mit natürlichem Luftzuge bewirken lassen müsse.

Mit der Fortentwickelung der Gasfeuerung und ihrer allmäligen Ausbildung zu einer weitere Industriegebiete in Anspruch nehmenden Specialtechnik ist die ursprüngliche Form des Generators mehr und mehr verlassen worden und an Stelle des Schachtes mit rundem Querschnitt vorzugsweise der mit rechteckigem getreten, nicht immer mit innerer Nothwendigkeit, denn es unterliegt keinem Zweifel, dass der Generator mit rundem Schacht ganz specifische, wenn auch keineswegs universale Vorzüge hat, die anderen Formen nicht zu eigen sind.

Im allgemeinen lässt sich nicht verkennen, dass bei Einführung neuer Generatorkonstruktionen das Bestreben maassgebend war, zu specialisiren, und dieselben dem jeweiligen Zwecke anzupassen, indem man ihnen solche Einrichtungen gab, wie sie durch die näheren Umstände bedingt werden, insbesondere durch den Charakter des Vergasungsmaterials das bei seiner Vielartigkeit eine gleichförmige Behandlung nicht zulässt. Andererseits ist bei strenger Prüfung und Sichtung der vorhandenen Generatorkonstruktionen die Thatsache nicht zu verkennen, dass ein grosser Theil derselben in keinerlei Beziehungen zu den einfachen Forderungen der Praxis steht.

Wie sehr nun aber auch die Formen der Generatoren umgestaltet und erweitert wurden, so wenig ist doch der Vergasungsprocess selbst dadurch modificirt worden, obwohl die mancherlei Unvollkommenheiten desselben es hätten nahe legen müssen, grade hier Verbesserungen anzustreben. Zwar ist schon im Jahre 1868 ein nach dieser Richtung hin sehr beachtenswerthes Generatorsystem, das von E. Minary in Besançon, bekannt geworden, das zur Aufgabe hatte, die in den Brennstoffen enthaltenen Kohlenwasserstoffe mittels einer ebenso einfachen wie wirksamen Einrichtung des Generators innerhalb desselben zu zersetzen, resp. sie in wirkliche Gase umzuwandeln, indess scheint dieser Versuch ohne jede weitere Nachahmung geblieben zu sein; erst neuestens hat man wieder angefangen, auf Basis des Minary'schen Principes die beiden Phasen des Generatorprocesses, die Vergasung und die Entgasung, als selbständige Momente zu betrachten, und demgemäss für jedes derselben konstruktive Mittel in den Generator einzufügen, welche entweder darauf hinauslaufen, Vergasung und Entgasung von einander zu trennen, oder doch letztere derart zu leiten, wie es der Natur dieses Processes angemessen, bei den Generatoren älterer Konstruktion aber nicht ausführbar ist.

Nach dem momentanen Stande des in Rede stehenden Gegenstandes lassen sich alle Generatoren trotz der grossen Verschiedenheiten im Aufbau und in der Armirung sammt und sonders in zwei Klassen eintheilen, und zwar in Generatoren mit direkter und in solche mit indirekter Entgasung, wobei es keinen Unterschied macht, ob die Generatoren einen runden oder eckigen Schacht, ob sie Plan-, oder Treppenrost haben, ob sie mit Schornsteinzug oder mit Gebläse arbeiten u. s. w.

Die erste Klasse umfasst alle diejenigen Generatorkonstruktionen, in denen der noch nicht entgaste Brennstoff unmittelbar im aufsteigenden Gasstrom entgast, die zweite alle diejenigen, in denen die Vergasung lediglich durch Wärmeübertragung, entweder aus den Vergasungsprodukten oder aus den Verbrennungsgasen, also indirekt, bewirkt wird.

Generatoren mit direkter Entgasung.

Das charakteristische Merkmal für Generatoren dieser Art ist dieses, dass die Gase oberhalb der Brennstoffsäule aus dem Generator entweichen, und dass die Entgasung in dem am wenigsten heissen Theile und zunächst dem Gasabzugskanale stattfindet, so dass die Entgasungsprodukte in geringerem Umfange zersetzt werden als es der Fall wäre, wenn sie der Einwirkung einer höheren Temperatur als der, bei welcher die Entgasung erfolgt, unterworfen würden.

Bei der grossen Anzahl bereits bekannter Generatoren dieser Art ist eine umfänglichere Vorführung solcher nicht möglich, es genügt auch, an einigen wenigen die im allgemeinen allen eigenthümlichen Einrichtungen zu veranschaulichen.

Der in Fig. 8 dargestellte Schachtgenerator wird für die Vergasung von Torf, grobstückiger Braunkohle und Steinkohle empfohlen.

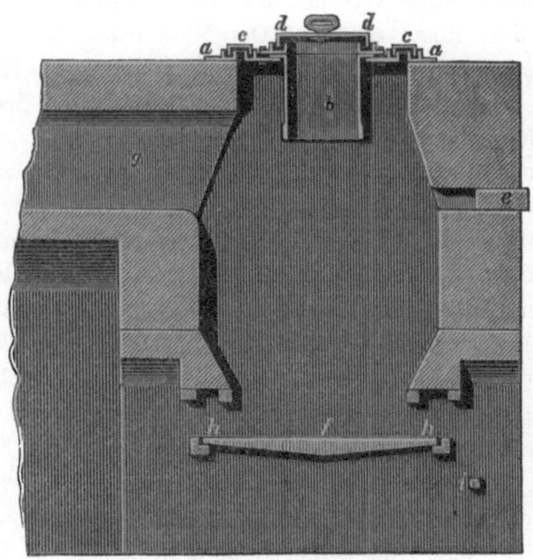

Fig. 8.

Es bezeichnen hier *a a* eine den Generator nach oben hin schliessende Deckplatte von Gusseisen, an welcher der viereckige Fülltrichter *b* durch Schrauben befestigt ist, und die ausserdem noch mehrere Schau- oder Schüröffnungen *c c* enthält. Der Fülltrichter, über welchen später noch ausführlicher die Rede sein wird, dient zum Einwerfen des Brennstoffs in den Generator; derselbe ist mit einem abhebbaren Deckel versehen, dessen Ränder in eine mit Sand gefüllte Rinne oder Zarge *d d* eintauchen, was auch bei den Deckeln der Oeffnungen *c c* der Fall ist. Durch diesen einfachen Verschluss wird ebensowohl das Ausschlagen von Gas aus dem Generator wie auch das Eindringen von Luft in denselben an diesen Stellen vermieden.

Der Fülltrichter reicht bei diesem Generator so tief in den Vergasungsraum hinab, wie die Brennstoffschüttung hoch sein darf, niemals aber darf dieselbe so hoch geführt werden, dass der Gaskanal *g*, durch welchen die Gase nach dem Gasofen abziehen müssen, verstopft wird. Es ist deshalb der Fülltrichter stets so tief einzustellen, dass der Gaskanal, den man von *e* aus zu reinigen vermag, offen bleibt.

Der Generator ist mit einem Planrost *f* versehen, welcher von zwei Seiten durch die Oeffnungen *hh* von Schlacken gereinigt werden kann, wozu man sich geeigneter Werkzeuge bedient, die, wenn sie nicht benutzt werden, auf der Querstange *i* aufliegen.

Auf den Kupferhütten zu Falun in Schweden benutzt man zur Vergasung von Sägespähnen, Torfklein und klarer Kohle kreisrunde Schachtgeneratoren mit einem pyramidalen, aus acht Segmenten bestehenden Rost[1]. Der Generator wird mit Gebläseluft betrieben, welche durch ein Rohr, das mit einem Hute versehen ist, im Centrum des Aschenraumes und dicht unter dem Roste eintritt. Der Winddruck ist im allgemeinen 10,9 mm Wassersäule für Holz, für Sägespähne darf er 13,1 mm nicht übersteigen. Die ältere Art, den Wind ohne Rost durch drei Düsen einzuführen, hat sich nicht bewährt.

Zur Entfernung des in den Gasen enthaltenen Wassers dienen zwei nach dem Patent Hanström und Björklund konstruirte Kondensatoren, in welchen die Gase abgekühlt werden. Dieser Apparat besteht aus einem Cylinder von 3,3 mm starken Eisenblech mit Böden an beiden Enden, in welche zahlreiche Messingröhren eingelöthet sind, die 2,97 m Länge und 48 mm Weite haben. Durch diese Röhren strömen die Gase, während in dem Cylinder Kühlwasser cirkulirt, welches am unteren Boden ein- und am oberen austritt. Gewöhnlich braucht man für jeden Generator nur einen Kondensator, der bei normaler Sommerwärme in der Sekunde 7,8 bis 10,5 l Kondensationswasser erfordert. Das aus dem Gase kondensirte Wasser nebst Theer sammelt sich in einem Bassin, aus welchem der Theer für sich gewonnen wird. Täglich erhält man von jedem Generator bei einem Verbrauch von ca. 235 hl frischer Sägespäne etwa 20 hl Gaswasser.

Der seines eigenthümlichen Rostes wegen bemerkenswerthe Generator (Fig. 9) ist nach Verf. Erfahrung für alle Brennstoffarten, mit Ausnahme der erdigen Braunkohle vielleicht, geeignet.

Der nach einer Kettenlinie ausgeführte Rost bietet den grossen Vortheil, dass die Kohle in steter aber allmäliger Niederwärtsbewegung bleibt, und die Verbrennungsrückstände ohne besonderes Zuthun nach der Oeffnung zwischen Rost und Hinterwand gedrängt werden, von wo sie leicht entfernt werden können, was bei keinem anderen Rost in diesem Umfange der Fall ist. Nicht viel minder beachtenswerth ist der Umstand, dass beim etwa nöthig werdenden Niederstossen der Kohle mittels der Schürstange, die durch eine kleine Oeffnung im Deckel des Fülltrichters in den Generator eingeführt wird, dieselbe an den überall gebogenen Flächen des Rostes abgleitet, so dass das Zerstossen der Roststäbe, wie es beim

---

[1] Neumann's Jahrbuch, 1876. S. 17 und Tafel 1.

Planrost leicht der Fall, hier kaum vorkommt. Demgegenüber darf nicht
unerwähnt bleiben, dass der Rost vermöge seiner exponirten Lage zu grossen
Wärmeverlusten durch Ausstrahlung Veranlassung bietet, weshalb der
Aschenfall durch eine Thür oder Klappe so viel wie thunlich, abgeschlossen
werden muss.

Fig. 9.

Der Treppenrostgenerator eignet sich besonders in den Fällen, wo
man genöthigt ist, grusförmiges, selbst schlackendes Brennmaterial, zu vergasen, wie z. B. erdige Braunkohle, Torfgrus, Steinkohlenklein etc., denen
man also nur eine geringere Schütthöhe geben darf.

In Fig. 10 ist ein Generator mit Treppenrost dargestellt. Es bezeichnen
in diesem Schnitte a den Vergasungsraum, b den Fülltrichter, cc Schürlöcher und d den Gaskanal nach dem Gasofen. Die geneigte Schüttwand i
ruht auf einer starken Eisenplatte, welche an ihrem unteren Ende mit
einem schuhförmigen Widerlager versehen ist und durch die Säule h getragen wird, während sie nach obenhin im Mauerwerk befestigt ist. Die
schiefe Ebene der Schüttwand bewirkt die Trocknung und Vorwärmung
des successive auf dem Treppenrost f und den Planrost g niedersinkenden
Brennstoffs, und muss dieselbe unter dem natürlichen Böschungswinkel
eines Brennmaterials von mittlerer Feinheit, also etwa 45° liegen. Die
Fortsetzung der Schüttwand bildet der Treppenrost, dessen Neigungswinkel
etwa 40°, bei erdiger Braunkohle und anderen feinkörnigen Brennstoffen
aufsteigend bis zu 50—55° beträgt.

Von Wichtigkeit bei diesem und ähnlichen Generatoren ist die Bestimmung der richtigen Weite der Passage zwischen i und e, denn ist dieselbe zu weit, sagt F. Steinmann[1]), so findet ein fortwährendes Ueberschütten und damit eine Hemmung der Gasentwickelung statt, ist sie aber zu eng, so wird die Destillationsschicht zu niedrig und producirt wilde Gase.

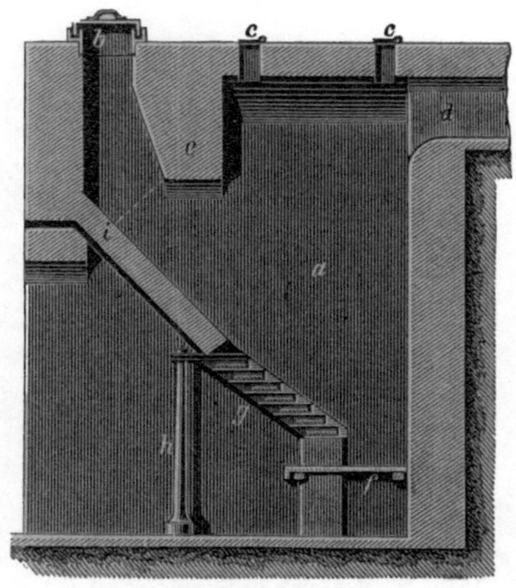

Fig. 10.

Hauptsächlich maassgebend ist hierin der Feinheitzustand des Brennstoffs. Am kleinsten und zwar 26—31 cm ist die Passage i—e für Braun- und Steinkohlengrus zu machen, für grobstückige Kohle beträgt die Weite derselben 47—52 cm.

Dem eben beschriebenen sehr ähnlich ist ein Gasgenerator von Siemens, doch fehlt bei diesem der Planrost, so dass die unterste Lage des Brennstoffs resp. die Rückstände desselben, Schlacke und Asche, an dieser Stelle unmittelbar auf dem Boden des Aschenraumes aufliegen und von hier ab entfernt werden können. Dagegen besitzt der Siemens'sche Generator eine eigenthümliche Vorrichtung, durch welche Wasser in einen eiseren Behälter unter den Treppenrost geleitet wird, welches sich unter dem Einfluss der Hitze in Dampf verwandelt, der sich in der glühenden Kohlensichte zersetzt[2]). Ein anderer Treppenrost-Generator von Siemens ist mit Dampfstrahlunterwind-Gebläse versehen. Zeichnung desselben ist von Ramdohr mitgetheilt worden[3]).

Ein von dem französischen Ingenieur Fichet speciell für Dampfkessel angewendeter Generator wird durch Fig. 11 veranschaulicht.

[1]) Kompendium der Gasfeuerung. Freiberg 1876. S. 15.
[2]) Die Glasfabrikation von Dr. H. E. Benrath. Braunschweig 1875. S. 135.
[3]) Die Gasfeuerung II Theil. Halle a. S. 1877. S. 44.

Bei geringer Schütthöhe im Vergasungsraume a ist es erforderlich, den Zutritt der Luft zu beschränken, zu welchem Zwecke der Raum vor dem Treppenroste g und dem Planroste f mit einer hohlen gusseisernen Thür e zu verschliessen ist, durch welche ausserdem die Wärmeausstrahlung wesentlich verringert wird.

Fig. 11.

Diese Thür enthält regulirbare Oeffnungen, welche so angeordnet sind, dass die von aussen eintretende Luft sich in der Kastenthür erst erwärmt und dann durch die inneren Oeffnungen unter den Rost gelangt.

Der Fülltrichter b dieses Generators ist wie derjenige Fig. 9 mit einer inneren, an einem Hebel befestigten Klappe versehen, auf welche nach Abheben des Deckels h die Kohle aufgeschüttet wird. Schliesst man den Cylinder wieder mit dem Deckel h und bewegt den Hebel aufwärts, so fällt die Kohle in den Vergasungsraum hinab, ohne dass dabei Gase entweichen, was bei dem einfachen Deckelverschluss nicht zu vermeiden ist.

Ein eigenthümlicher Gasgenerator von Thum, ausgeführt auf der Zinkhütte zu Sunderland (England) ist von Friedrich Neumann beschrieben[1]). Die Figuren 12 und 13, letztere nach Schnitt $A\,B$, veranschaulichen diese Generatorkonstruktion, welche eine weitere Beachtung verdient.

Die Kohleneingabe und die Wartung des Rostes geschehen hier auf den sich gegenüber liegenden Seiten des Generators, erstere bei b, diese bei n. Das Auflockern des Brennstoffs und das Niederstossen der Schlacken geschieht einzig von der Beschickungsöffnung b aus, welche mit einem besonderen Verschlusse nicht versehen ist, sondern durch vorliegende Kohlen

---

[1]) Jahrbuch 1875. S. 18.

gedichtet wird. Liefert eine Kohle eine einigermaassen leichtflüssige Schlacke, so sammelt sich dieselbe ohne irgend welche Nachhülfe auf dem Rost, und

Fig. 12.

wird dann von hier durch n entfernt. Nur im Nothfall bedient man sich zur Reinigung des Rostes einer Oeffnung in der Mauer oberhalb des Rostes, welche nach jedesmaliger Benutzung wieder vermauert wird.

Zwei solcher Doppel-Generatoren, welche sich auf der Zinkhütte in Sunderland im Betriebe befinden, werden durch einen Arbeiter mit Leichtigkeit bedient (ein Arbeiter genügt für die Bedienung von sechs Generatoren) und verarbeiten nur Staub-Kohlen, welche durch ein Sieb von 10 mm Maschenweite gegangen sind, von welchen die Generatoren zusammen täglich $2\frac{1}{2}$ — 3 Tonnen à 1016 k vergasen.

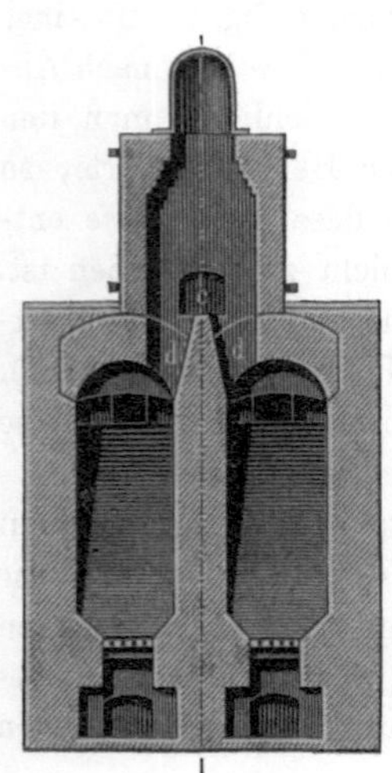

Fig. 13.

Die Ableitung des Gases aus den Generatoren nach dem Schmelzofen vermittels der Eisenrohre h erscheint in einer Beziehung als eine nachahmenswerthe Einrichtung, insofern nämlich, als durch dieselbe ein leichtes und schnelles Entfernen des aus den Gasen sich absetzenden Niederschlages, bestehend aus Theer und Russ, ermöglicht wird; es ist auch wahrscheinlich, dass diese Rohre die theilweise Kondensation des in den Gasen enthaltenen Wasserdampfes bewirken, dagegen darf nicht übersehen werden, dass die Rohre auch einen bedeutenden Wärmeverlust und infolge dessen eine schädlich wirkende Abkühlung der Gase verursachen.

Bei der Verwendung stark russenden Brennmaterials, was in dem genannten Etablissement der Fall zu sein scheint, werden sich nicht nur die Rohre *h*, sondern auch die Passagen *d* zuweilen mit Russ anfüllen. Um diese letzteren zu reinigen, durchfährt man dieselben mit einem geeigneten Gegenstande, einem Drahtbesen etc., von der Reinigungsöffnung *c* aus mehrere Male sowohl nach unten als nach oben hin, während man die Rohre durch Einführen einer Krücke in die vorher geöffneten Verschlüsse *e* und *g* von Russ säubert, der in die Vertiefung *k* hinabstürzt, ohne, wenn der Schieber *l* niedergelassen war, durch den Zug mit in den Hauptgaskanal *m* fortgerissen zu werden.

Der unterhalb der geneigten Schüttwand des Generators angebrachte Kanal *i* dient zur Aufsaugung der Gasverbrennungsluft, die durch das Aufsteigen von diesem tieferen Niveau aus und infolge ihrer unter den Generatoren statthabenden Erwärmung eine geringe Pressung erlangt, so dass dieselbe auch ohne sehr starken Schornsteinzug in den Verbrennungsraum geleitet werden kann.

Generatoren mit indirekter Entgasung.

Der erste Gaserzeuger dieser Art war der schon erwähnte von Minary[1].

Die an demselben angebrachte Entgasungseinrichtung besteht aus einem nach unten hin sich etwas erweiternden gemauerten Cylinder, der nach oben in den Fülltrichter, unten aber in den eigentlichen Vergasungsraum ausmündet. Aus diesem führen mehrere Kanäle hinterhalb des Entgasungscylinders aufwärts in einen denselben umgebenden Ringkanal, aus welchem das Gas in den Gaskanal eintritt.

Dadurch, dass das den Generator verlassende Gas den bis oben mit Brennstoff angefüllten Entgasungsraum umspült, wird dieser sammt dem darin befindlichen Brennstoff hoch erhitzt, was zur Folge hat, dass letzterer nicht nur entgast, sondern dass auch — und dies ist hierbei das wichtigste — die Entgasungsprodukte wegen Anordnung der Gasabzüge in der Nähe der Glutzone zunächst stark glühende Kohle passiren müssen, wodurch die Kohlenwasserstoffe und der Wasserdampf zersetzt werden.

Mit dem Generator von Minary im wesentlichen identisch ist derjenige von Brook & Wilson, Fig. 14 und 15 (Schnitt *A—B*)[2].

---

[1] Wochenschrift des Vereins deutscher Ingenieure. 1879. No. 25.
[2] Zeitschrift des Vereins deutscher Ingenieure. 1878. S. 182.

Es besteht derselbe aus dem Vergasungsraum A und dem Entgasungsraum B, der von dem Kanal c umgeben ist, in welchen die Gase durch vier Oeffnungen eintreten, um hiernach in den Gasabzugskanal zu gelangen. Der Generator ist ohne Rost und arbeitet mit Körting'schem Dampfstrahl-

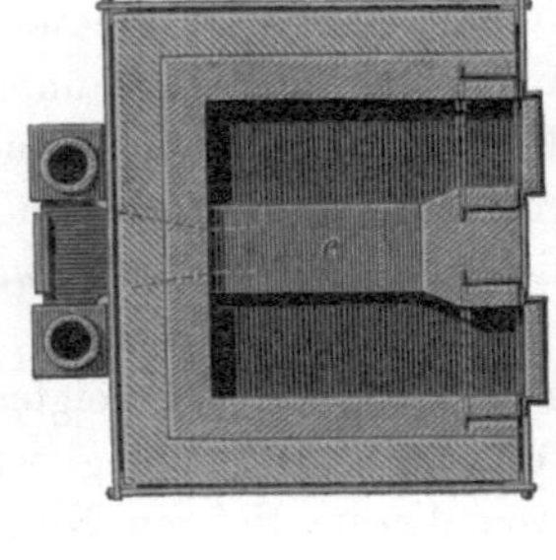

Fig. 14.   Fig. 15.

unterwindgebläse, zu welchem Zwecke innerhalb des Vergasungsraumes ein aus Gusseisen mit Chamottesteinverkleidung hergerichteter Windvertheilungskasten e angebracht ist. Die seitlichen Oeffnungen d dienen sowohl als Schau- wie auch als Schürlöcher.

Dieser Generator scheint sich in England praktisch bewährt zu haben, doch möchte Anordnung und Lage des Windvertheilungskastens inmitten der Kohle keine Nachahmung verdienen.

C. Nehse in Dresden hat einen den vorigen ähnlichen Generator konstruirt (D. R.-Pat. No. 8668), mit dem Unterschiede jedoch, dass in dem den Entgasungscylinder umgebenden Raume bereits die Verbrennung des Gases eingeleitet und so eine um vieles höhere Entgasungstemperatur erzielt wird. Diese Disposition beschränkt die Anwendbarkeit des Generators auf solche Fälle, wo derselbe in nächster Nähe des Wärmeverbrauchsortes angeordnet werden kann.

Hierher gehört auch der auf S. 105 bereits beschriebene und abgebildete Gröbe-Lürmann-Generator mit getrennter Ent- und Vergasung und mechanischer Beschickung, mit Benutzung der Abhitze für die Entgasung, es hat also der Generator in dieser Form auch nur für ganz specielle pyrotechnische Processe Bedeutung, während eine andere Konstruktion desselben, Fig. 16, eine allgemeine Bedeutung hat, weil die Entgasung hier mittels der Wärme des Generators selbst bewirkt wird[1]).

---

[1]) Zeitschrift für Thonwaarenindustrie. 1878. No. 7.

Das zu vergasende resp. zunächst zu entgasende Brennmaterial gelangt durch den Fülltrichter a in den horizontalen Cylinder b, aus welchem es mittels einer daran befindlichen Schraube oder Schnecke in die Retorte A vorgeschoben wird. Diese, aus einem feuerfesten Rohr bestehend oder

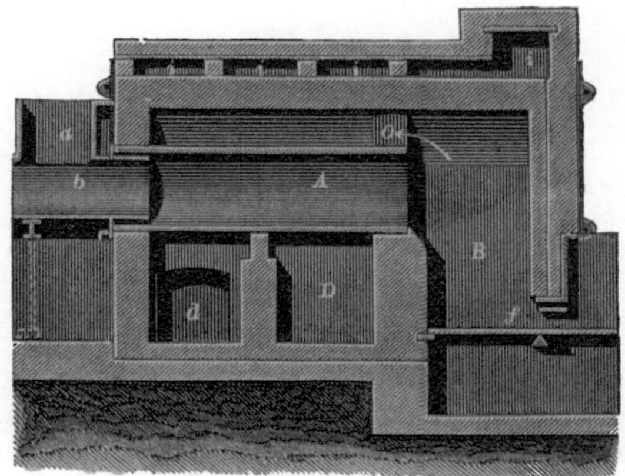

Fig. 16.

aus feuerfesten Formsteinen gemauert, wird von aussenher erhitzt, dadurch der Inhalt derselben successive entgast und in Koks umgewandelt, der in den eigentlichen Vergasungsraum B stürzt, wo derselbe völlig vergast wird. Die hier sich bildenden Gase entweichen durch die Oeffnung o und vereinigen sich hier mit den der Retorte entströmenden Entgasungsprodukten, umspülen die Retorte und gelangen durch D und d nach dem Verbrennungsraum. Die Kanäle ii sollen für Erhitzung der Verbrennungsluft dienen, doch ist deren Anbringung keineswegs zu empfehlen, da jeder Wärmeverlust im Generator nachtheilige Wirkungen im Gefolge hat.

Vierter Abschnitt.
Die Gasgeneratoren.

---

b. Specielles.

Nachdem im vorhergehenden Abschnitt der Gasgenerator in seinen verschiedenen Formen, indess ohne nähere Berücksichtigung seiner einzelnen Theile, behandelt worden, erübrigt es noch, auch diese, sowie den Generatorbetrieb, in den Kreis der Betrachtung zu ziehen.

Als einer der wichtigeren Theile des Generators, von deren zweckmässiger An- und Zusammenordnung zu einem Ganzen der praktische Werth desselben mehr oder weniger bedingt wird, verdient in erster Reihe der Rost genannt zu werden, der wie bei jeder anderen Feuerungsanlage so auch hier von grosser Bedeutung ist, da derselbe bei richtiger Disposition und zweckentsprechender Beschaffenheit den Verlauf des Vergasungsprocesses ganz wesentlich fördern, wie er im entgegengesetzten Falle störend auf den Betrieb einwirken kann.

Für grössere gewerbliche Feuerungsanlagen, namentlich aber für Dampfkesselfeuerungen, sind in neuerer Zeit die verschiedenartigsten Roststabformen bekannt und angewendet worden, welche alle eine günstigere Verbrennung bewirken sollen, und vielleicht auch bewirken. Hier mögen diese komplicirten Feuerroste ihre Berechtigung haben, für Gasgeneratoren sind dieselben ganz entschieden als unbrauchbar zu verwerfen, denn für diese werden die aus einfachen aber kräftigen Eisenstäben zusammengesetzten Roste stets am sichersten ihren Zweck erfüllen, und schon ihrer grösseren Solidität wegen zu bevorzugen sein, da der Generatorrost den zerstörenden Wirkungen langandauernder hoher Temperaturen, verbunden mit beträchtlicher Belastung, Widerstand zu leisten hat, was bei Rosten für Dampfkesselfeuerungen in diesem Umfange keineswegs der Fall ist.

Als anwendbar für Gasgeneratoren kommen überhaupt nur drei verschiedene Rostsysteme in Betracht, nämlich der Plan-, Pult- und Treppenrost, von denen öfter wieder zwei mit einander verbunden werden, so dass der Treppenrost bald mit Plan-, bald mit Pultrost kombinirt wird.

Der Planrost, welcher vorzugsweise bei Schachtgeneratoren Anwendung findet, ist nur unter gewissen Voraussetzungen empfehlenswerth. Er eignet sich beispielweise bei Vergasung grobstückiger Stein- und Braunkohle, Torf in Stücken, und Holz, nicht aber bei Verwendung von Steinkohlengrus, erdiger Braunkohle und Torfklein, weil ein grosser Theil dieser unverbrannt durch die Rostspalten fallen würde, was sich allerdings durch ein Verengen derselben beseitigen lässt, doch tritt dann sofort ein nicht weniger grosser Uebelstand auf, der darin besteht, dass die Luftcirkulation beschränkt wird, und der Vergasungsprocess infolge dessen äusserst träge verläuft.

Bei der Vergasung von Torf und Holz bedarf es übrigens eines eigentlichen, aus Eisenstäben gebildeten Rostes nicht, da diese Brennstoffe nicht schlacken und die Asche von den brennenden Theilen sich leicht abtrennt. Man mauert auch wohl auf der Sohle des Generators von feuerfesten Steinen gradlinig verlaufende und entsprechend weite, oben offene Kanäle, welche mittels einer Krücke öfter gereinigt werden müssen, doch ist mit dieser Anordnung ein besonderer Vortheil nicht verknüpft.

Ausser den oben genannten Mängeln haftet dem Planrost noch der weitere Uebelstand an, dass er bei grösserer Oberfläche seiner horizontalen Lage wegen schwer zu übersehen und rein zu halten ist; denn selbst bei sehr hohem Aschenraume bleibt die Arbeit der Reinigung und des Schürens des Planrostes immer eine sehr schwierige.

Nach dieser Richtung hin bietet der Pultrost, noch mehr aber der Bogenrost des Generators Fig. 9, dem Planrost gegenüber schätzenswerthe Vorzüge, vorausgesetzt, dass er an der offenen Seite des Aschenraumes höher liegt als an der Rückwand, doch werden diese Vorzüge zu direkten Nachtheilen umgekehrt, wenn der Rost nach dem Schürstande hin tiefer liegt, denn durch eine derartige Disposition, für welche keinerlei praktische Gründe vorliegen, wird jede wirksame Kontrole der Vorgänge auf dem Roste fast illusorisch gemacht.

Der Treppenrost zeichnet sich dem Plan- und Pultrost gegenüber namentlich dadurch aus, dass er die vortheilhafteste Verwendung feinkörniger, relativ fast werthloser Brennstoffe, wie erdige Braunkohle, Torfklein, Staubkohle, Sägespähne etc. ermöglicht, zu deren rationeller Nutzbarmachung die Gasfeuerung besonders berufen erscheint. Dass der Treppenrost eine leichte Reinhaltung und Uebersicht gestattet, liegt wohl auf der Hand, doch ist auch dieser nicht frei von Mängeln, als deren hauptsächlichster der grosse Verlust an Wärme zu betrachten ist, der durch die schräge Lage des Rostes hervorgerufen wird. Je tiefer man aber den Neigungswinkel des Treppenrostes nehmen darf, desto weniger wird sich dieser Verlust fühlbar machen, da alsdann ein grösserer Theil der durch den Rost hindurch gehenden Strahlwärme mit der vom Generator angesogenen Verbrennungsluft sicherer wieder in den Betrieb zurückgeführt wird.

Die Grösse resp. die freie Oberfläche eines Generatorrostes bestimmt sich nach der Menge des in einer gegebenen Zeit zu vergasenden Brennstoffs einerseits und dem Gasverbrauche andererseits, dann aber auch noch nach der physikalischen Beschaffenheit des Brennstoffs. Hierbei ist indess festzuhalten, dass die Grösse des Rostes eine gewisse Grenze nicht überschreiten darf, wenn der Betrieb ein übersichtlicher bleiben soll. Als grössete Rostfläche möchten 2 □m anzunehmen sein; reicht das auf einem solchen Roste zu producirende Gas für einen regelrechten Ofenbetrieb nicht aus, so vergase man lieber in zwei kleineren, dicht nebeneinander liegenden Generatoren, die einen weit vortheilhafteren und sichereren Betrieb ermöglichen, als ein zu grosser Generator es gestattet.

Der durch die Rostspalten entstehende freie Raum soll nach Steinmann im Verhältniss zur Gesammtoberfläche bei Plan- und Pultrosten ein Drittel, bei Treppenrosten wegen der kontinuirlichen Aschenanhäufung zwischen den einzelnen Rostspalten und der dadurch hervorgerufenen Beschränkung des Luftzutrittes ein Halb bis drei Viertel betragen. Bei Plan- und Pultrosten dürfte diese Voraussetzuug indess nicht immer durchführbar sein, man wird im Gegentheil bei Verwendung feinkörnigen Brennstoffs den freien Raum selbst bis auf ein Viertel der Rostoberfläche beschränken müssen, womit dann allerdings der vorhin schon erwähnte Uebelstand eintritt, dass die Luft nicht in genügender Menge in den Generator zu gelangen vermag, weshalb man für derartigen Brennstoff einen solchen Rost besser überhaupt nicht anwendet.

Für den Planrost sind die bekannten fischbauchförmigen Roststäbe insofern die geeignetsten, als ihre Form dem Umstande, dass die Abnutzung zunächst auf der Mitte erfolgt und diese auch die Belastung vorzugsweise aufzunehmen hat, angemessen Rechnung trägt. Bei sehr grosser Rostfläche legt man wohl zwei Reihen Roststäbe voreinander, so dass ausser den beiden Rostträgern an den Enden der Roststäbe noch ein dritter in der Mitte erforderlich wird. Diese Anordnung ist aber nur dann zu empfehlen, wenn ein zweiseitiger Schürstand vorhanden ist, wie bei dem Schachtgenerator Fig. 8, andernfalls wird die Reinigung und Aufräumung der hinteren Hälfte des Rostes durch den mittleren Rostbalken im hohen Grade erschwert, ja unter Umständen ganz unmöglich.

Diese für den Planrost allgemein in Anwendung gekommenen Roststäbe sind auch für den Pultrost brauchbar, da aber bei diesem das Feuer und daher auch die Abnutzung gleichmässiger über den ganzen Rost vertheilt sind, so ist die mittlere bauchförmige Verstärkung hier weniger nothwendig. Man nimmt dieserhalb für den Pultrost meistens einfache, entsprechend lange Eisenstäbe von überall gleichem, länglich viereckigem Querschnitt, die an ihrem einen Ende eine ⌐ förmige Umbiegung erhalten, welche dazu dient, die einzelnen Roststäbe auf dem einerseits höher liegenden Rostträger fest zu halten.

Der Treppenrost besteht aus einer Anzahl von 15—20 mm dicken und 180—200 mm breiten Eisenplatten, welche in stufenförmiger Abschrägung

mit einem Zwischenraum von 60—120 mm in seitlichen Rostträgern befestigt sind. Diese Roststäbe müssen leicht entfernbar sein, damit man etwa
schadhaft werdende Theile auswechseln kann, und bei grösserer Länge gegen
Durchbiegung geschützt werden. Diesen Uebelstand verhindert man am
sichersten dadurch, dass man kurze Stäbe und mehrere Rostträger anbringt.
Schonung der Roststäbe wird in hervorragender Weise auch dadurch erreicht, dass man Wasser oder Wasserdampf unter den Rost leitet.

Ueber die zulässige Höhe der Brennstoffschüttung auf den verschiedenen
Rosten lassen sich bestimmte Angaben nicht machen, auf Treppenrosten
kann die Schütthöhe betragen bei Verwendung von

stückreicher Gaskohle		700— 800 mm
do. Braunkohle		625— 700 „
lignitartige do.	feucht	·580— 600 „
do. do.	trocken	650— 750 „
Torf in Stücken und fest		800—1000 „
do. „ „ „ lose		1200—1400 „

doch sind diese Ziffern wieder von gegebenen Umständen, der so sehr
verschiedenen Beschaffenheit des Brennstoffs, den Zugverhältnissen etc.,
abhängig.

Unterhalb des Rostes befindet sich der Aschenraum, der namentlich
bei Plan- und Pultrosten genügend hoch sein muss, damit die Reinigung
und Aufräumung der einzelnen Rostspalten ohne Schwierigkeit erfolgen
kann. Durch den Aschenraum strömt auch die atmosphärische Luft in den
Gasgenerator, und da die Menge derselben das für den Vergasungsprocess
erforderliche Maass nicht überschreiten darf, so muss die Zugangsöffnung
des Aschenraumes in allen den Fällen verschliessbar sein, wo nicht durch eine
bedeutende Brennstoffschüttung und die daraus folgernden Widerstände die
Menge der in den Generator eintretenden Luft bereits eine natürliche Beschränkung findet. Bei Anwendung gepresster Luft muss der Aschenraum
natürlich stets dicht verschliessbar sein.

Es erscheint auch ohne weitere Untersuchungen als auf der Hand
liegend, dass Generatoren mit Schornsteinzug mancherlei störenden Einflüssen
unterworfen sind, wenn der Schorstein nicht von vornherein solch bedeutende
Dimensionen erhält, dass Differenzen und Schwankungen in seiner Zugkraft
gänzlich ausgeschlossen erscheinen.

Jede Störung der normalen Aspiration des Schornsteins macht sich
sofort durch alle Theile der ganzen Gasfeuerungsanlage hindurch bemerkbar, was in der Praxis allerdings in vielen Fällen ohne wesentliche Bedeutung sein mag, immerhin aber nicht ausschliesst, dass die Abhängig-
keit einer Feuerungsanlage von dem Gange eines Schornsteins ein sehr
missliches Moment ist.

Vollzieht sich die Gasbildung und bezw. auch die Gasverbrennung einerseits, sowie die Zuführung der atmosphärischen Luft und die Abführung der Verbrennungsgase andererseits vermittels mechanischer Apparate, welche die atmosphärische Luft entweder unterhalb des Rostes verdichten (Ventilatoren) oder aber dieselbe jenseits des Verbrennungsraumes verdünnen (Exhaustoren), so sind damit alle Störungen im Gange einer Gasfeuerung, und jeder Feuerung überhaupt, nach dieser Richtung hin vollständig ausgeschlossen.

Die Kenntniss der Ventilatoren und Exhaustoren kann hier vorausgesetzt werden, da diese Apparate seit langer Zeit und vielfach in Anwendung sind, weniger aber in weiteren Kreisen bekannt sind die nach dem Princip der Giffard'schen Injektoren konstruirten Dampfstrahlunterwindgebläse, welche als ein sehr beachtenswerther Ersatz der Flügelventilatoren dienen, und auch für gewisse Zwecke den Exhaustor ersetzen können.

Die Wirkungsweise des Dampfstrahlunterwindgebläses resultirt aus der Umsetzung der Geschwindigkeit in Druck, welcher dadurch hervorgerufen wird, dass ein Wasserdampfstrahl mit grosser Schnelligkeit durch ein Rohrsystem strömt, und, durch Düsen mit der äusseren Luft in Verbindung stehend, diese ansaugt und nach Abnahme seiner anfänglichen Geschwindigkeit verdichtet.

Das von der Firma Gebr. Körting in Hannover eingeführte Dampfstrahlunterwindgebläse ist vermöge seiner ingeniösen Konstruktion und der geschickten Anordnung der Mischungsdüsen für Dampf und Luft geeignet, mit einem Minimum von Dampf zu arbeiten, dessen grössere Menge sich sogleich an der mitgerissenen kalten Luft verdichtet und als Wasser abfliesst, so dass — wie auf S. 52 angegeben — nur wenig Wasserdampf mit in den Gasgenerator gelangt, in welchem derselbe zersetzt wird.

Das Körting'sche Dampfstrahlunterwindgebläse, dessen neueste und wesentlich verbesserte Konstruktion in Fig. 17 dargestellt ist, besitzt gar keine maschinell-beweglichen Theile und wird durch direkten Kesseldampf betrieben, der dem Gebläse durch das Dampfrohr d zugeführt wird. Der Querschnitt der Dampfdüse e kann mittels der Dampfregulirspindel c, welche mit Hülfe des auf der Welle b sitzenden Handrädchens a beliebig auf- und abbewegt werden kann, vergrössert oder verkleinert, und somit die Dampfmenge, welche in die Dampfdüse tritt, regulirt werden. In gewissen Entfernungen von der Mündung der Dampfdüse befinden sich eine Reihe auf einander folgender Zwischendüsen f_1, f_2 u. s. w., welche ganz bebestimmte, durch Versuche festgestellte Querschnitte erhalten haben. Wenn die Regulirspindel c etwas nach oben bewegt wird, so entsteht zwischen dieser und der Mündung der Dampfdüse e eine ringförmige Oeffnung, durch welche der Dampf mit einer dem vollen Dampfdrucke entsprechenden Geschwindigkeit austritt, wobei er eine gewisse Luftmenge mit sich in die erste Zwischendüse f_1 reisst. Dabei erhält diese Luft dieselbe Geschwindigkeit, welche der Dampf nach seiner Expansion in dieser Zwischendüse besitzt, und diese Geschwindigkeit des Dampfes und der Luft wird benutzt, um beim Ueberspringen in die Düse f_2 wieder Luft anzusaugen u. s. w., bis endlich im engsten Theile des Druckkonus g die Geschwindigkeit des Gemisches von Dampf und Luft nur noch so gross ist, dass sie dem unter dem Generatorroste zu erzeugenden Drucke entspricht. Das ganze Düsensystem des Gebläses ist mit einem Schallmantel m umgeben, welcher durch ein Rohr beliebig verlängert werden kann; hiermit ist zugleich ein einfaches Mittel geboten, irgend welche Räume mittels des Unterwindgebläses gleichzeitig zu ventiliren, indem man das Verlängerungsrohr mit den zu ventilirenden Lokalitäten in Kommunikation zu bringen hat. Die von dem Gebläse geförderte Luft wird direkt in den dicht verschlossenen Aschenraum des Generators geleitet, und hat man es somit ganz in der Hand, mittels der Dampfregulirspindel c die Luftmenge, welche angesogen und unter den Rost gepresst werden soll, zu reguliren, indem man die Spindel einfach nach Bedarf mehr oder weniger aus der Dampfdüse e hervorschraubt. Die über dem Dampfeinströmungsrohre d befindliche Oeffnung m dient dazu, die Spindelstopfbüchse anziehen oder lösen zu können.

Bei Anwendung von Gebläsen, gleichviel welcher Konstruktion, muss eine sorgfältige Ueberwachung des von denselben ausgeübten Druckes stattfinden, der einen durch Versuche festzustellenden Normalpunkt nicht überschreiten darf.

Die nächste Folge einer allzustarken Pressung der Luft ist das Emporsteigen und Umsichgreifen der Glut im Generator und theilweises

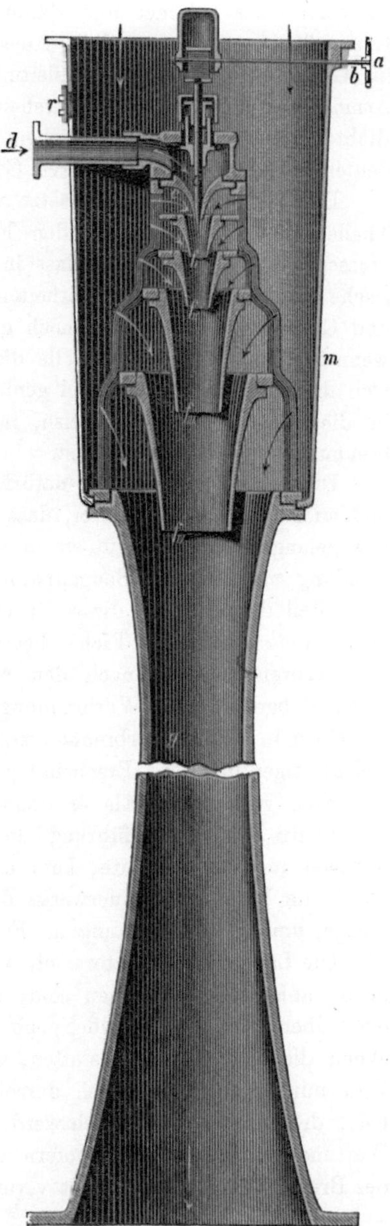

Fig. 17.

Verbrennen der Gase schon im Vergasungsraume, selbst noch im Gaskanale, oder aber es gelangt eine grössere oder geringere Menge der eingepressten Luft unzersetzt durch die Brennstoffschicht hindurch in die Gase, wodurch explosive Gase gebildet und Explosionen im Generator, wie auch in den Gaskanälen veranlasst werden. Ausserdem haben die Gase, wenn der Druck im Generator und in den Gasleitungen grösser ist als der, welchen die Atmosphäre ausübt, das Bestreben, durch die Poren des niemals ganz dichten Mauerwerks zu entweichen, wodurch unter Umständen nicht unbedeutende Verluste an brennbaren Gasen eintreten.

Dem Gebläse entgegengesetzt wirkt der Exhaustor, welcher in allen Theilen einer damit arbeitenden Feuerungsanlage ein mehr oder minder grosses Vakuum erzeugt, so dass in diesem Falle die schwerere atmosphärische Luft durch die Undichtheiten des Mauerwerks in Generatorleitungen und Gasofen eindringt, was noch grössere Uebelstände zur Folge hat, als wenn im entgegengesetzten Falle die Gase einen Ausweg in's Freie suchen, weil die eindringende Luft bei genügend hoher Temperatur des Gases auch in diesem Falle eine theilweise, meist mit Explosionen verbundene Verbrennung des Gases veranlasst.

Diese Druckdifferenz ist natürlich auch bei Schornsteinzug vorhanden, und auch hier kommt es vor, dass die Luft durch das Mauerwerk in das Gas gelangt, wenn auch in einem weit geringeren Grade, als dies bei Anwendung mechanischer Saugapparate zu geschehen pflegt. Einen instruktiven Fall der Wirkung dieser Druckdifferenz auf den Verbrennungsprocess beobachtete neuerdings Fichet bei einer Dampfkesselgasfeuerung, bei der die Verbrennungsgase nach den Analysen mit dem Orsat-Apparat stets einen Ueberschuss an Verbrennungsluft ergaben, obwohl die Zuströmung derselben in den Gasverbrennungsraum fortgesetzt vermindert wurde, über welche eigenthümliche Erscheinung sich Fichet zunächst keine Erklärung zu geben vermochte. Als er dann aber im Verlaufe der Untersuchungen das Ventil für die Zuführung der Luft gänzlich schloss und das Gas dennoch ruhig fortbrannte, kam er zu der Ueberzeugung, dass die Luft durch die Poren des Mauerwerks dringen müsse, und zwar in genügender Menge, um die Verbrennung im Feuerraum unterhalten zu können[1]).

Die Lage des Generators, ob unter- oder oberirdisch, wird gewöhnlich davon abhängig zu machen sein, ob die Gasleitungen sich in der Erde oder über derselben befinden, ob das Bauterrain trocken oder nass ist. Wenn die Umstände es gestatten, ist das Einbauen des Generators in die Erde nur zu empfehlen, weil derselbe dadurch eine gewisse Stabilität erhält, die Gefahr des Undichtwerdens des Mauerwerks verringert und die Wartung des Generators insofern eine leichtere wird, als der Transport des Brennstoffs weniger Arbeit verursacht.

---

[1]) Die Gasfeuerung von C. Ramdohr. Halle a. S. 1875. Bd. I. S. 65.

Das Einbauen des Generators unter Niveau der Sohle des Verbrennungsraumes ist aber auch noch mit dem grossen Vortheil verknüpft, dass die Gase durch die Niveaudifferenz eine gewisse Energie des Auftriebs annehmen, durch welche das Gas mit grösserem oder geringerem Druck in die Leitungen gepresst und so die Funktion des Schornsteins unterstützt wird. Bunte[1]) beobachtete, dass bei schwachem Ofenzuge im Gaskanal eines unter Erdniveau liegenden Generators ein Druck von — 1,84 bis + 0,76 mm Wassersäule vorhanden war, so dass der natürliche Zug des etwa 1,5 mm hohen Generatorschachtes hinreichte, die für die Vergasung erforderliche Luft anzusaugen.

Ein nicht unwichtiges Detail des Generators ist diejenige Vorrichtung, vermittels welcher das Brennmaterial in den Generator eingebracht wird. Es ist dies der Fülltrichter, welcher, an seinem oberen Rande dicht verschliessbar, im Gewölbe des Generators derartig zu situiren ist, dass das durch denselben in den Generator einzufüllende Vergasungsmaterial sich möglichst gleichmässig über den ganzen Rost ausbreitet, da andernfalls das Durchbrennen der weniger hohen Parthieen der Brennstoffschüttung und damit die Bildung wilder Gase zu gewärtigen ist, wenn man nicht durch häufiges und rechtzeitiges Schüren die Ungleichheiten in der Schüttung beseitigt. Es ist daher in erster Reihe erforderlich, dass der Fülltrichter sich geometrisch dem Querschnitte des Generators anpasst, so dass man für einen viereckigen Generator keinen runden, und für einen runden Generator keinen viereckigen Fülltrichter verwenden darf.

Die einfachste Form dieser Vorrichtung ist in Fig. 18 dargestellt, und besteht dieselbe in diesem Falle aus einem kurzen Rohre, das an der Peri-

Fig. 18.

pherie des oberen Theiles von einer Zarge *b* umschlossen ist, welche mit Sand, Kalkpulver oder Wasser gefüllt wird; in diese Zarge taucht der herabgehende Rand des mit einer Handhabe versehenen Deckels *a* ein, und wird dadurch, so lange der Deckel aufliegt, eine Dichtung erreicht, welche ebensowohl das Ausschlagen von Gas, wie auch das Eindringen von Luft verhindert. Diese Konstruktion ist zwar die einfachste, aber auch wohl die unzweckmässigste, da bei jedesmaliger Beschickung des Generators aus dem geöffneten Fülltrichter ein Schwalch von Gasen hervordringt, wenn auch der den Generator bedienende Arbeiter sehr geschickt hantirt.

---

[1]) **Journal für Gasbeleuchtung.** 1878. S. 386.

Der Fülltrichter der Generatoren Fig. 9 und 11 ist mit diesem Uebelstande nicht behaftet, da derselbe nicht nur durch den oberen Abschlussdeckel, sondern auch noch durch eine innere, vermittels eines Hebels zu dirigirende Klappe verschlossen wird.

Bei Anwendung dieser Vorrichtung wird bei jeder Kohleneingabe der obere Deckel zunächst abgehoben, und der über der Klappe befindliche Theil des Trichters mit Brennstoff gefüllt, dessen Schwere durch das Gewicht des an seinem äussersten Ende belasteten Hebels paralisirt wird. Nach geschehener Füllung schliesst man den Trichter mit dem Deckel und bewegt den Hebel mitsammt der Klappe aufwärts, wodurch diese in eine schiefe Lage geräth, und der Brennstoff in den Generator hinabstürzt.

Weniger empfehlenswerth als der vorbeschriebene ist der Fülltrichter des Generators Fig. 14. Wie ersichtlich, wird hier durch einen Konus der Verschluss bewirkt, der in Bezug auf Dichtigkeit genügt, wenn Konus und Trichter an der dichtenden Stelle gut abgedreht werden, doch verhindert er nicht das, wenn auch nicht bedeutende, Ausschlagen von Gas beim Einstürzen der Kohle in den Generatorschacht. Ein grosser Uebelstand ist der, dass der Trichter keine gleichmässige Beschüttung des Rostes gestattet, die Kohle vielmehr in Form eines Ringes im Schacht sich anhäuft, so dass mit der Schürstange fleissig nachgearbeitet werden muss. Im übrigen ist der Konus der Abnutzung weniger unterworfen als die im Fülltrichter angebrachte Verschlussklappe.

Der Fülltrichter der Schachtgeneratoren wird häufig noch in der Weise angebracht, dass das untere Ende desselben so tief in den Generator hinabreicht, wie die Schütthöhe des Brennstoffes betragen soll. Es ist auch wohl noch gebräuchlich, solche Fülltrichter anzuwenden, welche man höher oder tiefer stellen kann, je nachdem die Schüttung im Generator höher oder niedriger zu bemessen ist, doch ist hierbei zu bemerken, dass diese Vorrichtungen sehr bald durch die im Generator vorhandene Hitze, mehr aber noch dadurch leiden, dass Schwefeldampf der Gase sich mit dem Eisen zu Schwefeleisen verbindet, wodurch dasselbe in kurzer Zeit zerstört wird.

In der Rückwand des Generators, in seltenen Fällen wohl auch in einer der Seitenwände, oder im Gewölbe, liegt der Abzugskanal für die Gase, der in der Nähe des Generators mit einem sehr solide gearbeiteten und dicht schliessenden Absperrventile oder Schieber versehen sein muss, um den Gasstrom reguliren und unter Umständen auch ganz absperren zu können.

Gewöhnliche Blechschieber erfüllen diesen Zweck nur in ganz untergeordneter Weise, da sie niemals ganz dicht schliessen und sehr bald defekt werden, auf welchen Umstand man schon bei der Anlage Rücksicht zu nehmen und die Verschlüsse so einzurichten und anzubringen hat, dass sie bei vorkommender Beschädigung leicht durch neue ersetzt werden können.

Eine der geeignetsten Absperr- und Regulirvorrichtungen für Gaskanäle ist unstreitig die von Ferd. Steinmann empfohlene und in Fig. 19
dargestellte Konstruktion, welche ebensowohl eine dichte Schliessung des
Gaskanals wie auch rasche Auswechselung schadhaft gewordenre Theile er-

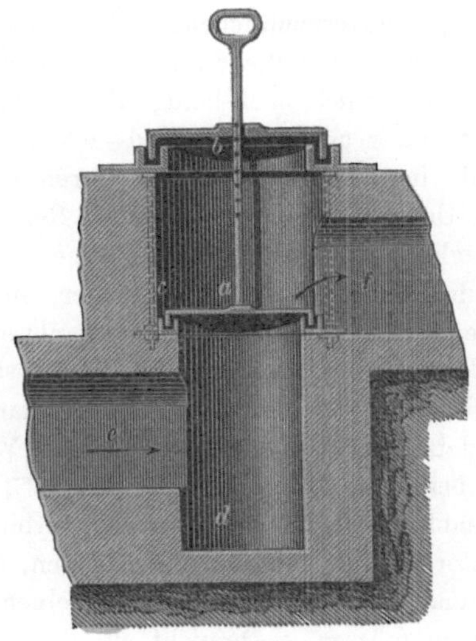

Fig. 19.

möglicht. Der Gaskanal ist hier mit e und f bezeichnet, d ist das runde
Verbindungskniestück desselben, das am Boden eine Vertiefung hat, in
welcher sich Theer und Russ absetzen, die von hier aus leicht durch eine
seitliche Oeffnung entfernt werden können. a ist ein an einer abgedrehten
Eisenstange befestigtes rundes Tellerventil, dessen an seinem Umkreise her-
abgehender Rand in eine mit Sand gefüllte Zarge taucht, welche mit derjenigen des oberen Verschlussdeckels b durch vier Schrauben c verbunden
ist. Der Deckel b enthält eine Führung für die Ventilstange, die auf kurze
Entfernungen mit Löchern versehen ist, welche dazu dienen, durch einen
einzuschiebenden Vorstecker den Teller in jeder gewünschten Höhe festzuhalten.

Soll das Ventil im Gaskanal nicht nur eine Abschluss-, sondern zugleich auch eine wirksame Regulirvorrichtung sein, so genügt die eben beschriebene Konstruktion nicht, weil sie den Durchgang des Gases nur sehr
unvollkommen beeinflussen, resp. reguliren kann. Eine ganz vorzügliche
Regulirvorrichtung ist dagegen die bei Hoffmann'schen Ringöfen durchweg
angewendete, allgemein bekannte Rauchglocke.

Diese und ähnliche innerhalb des Gaskanals anzubringende Verschluss-

und Regulirvorrichtungen erfüllen ihren Zweck aber auch nur so lange, als die Sandfüllung der Zarge nicht vertheert und die Ventile durch die Hitze der Gase in Gemeinschaft mit dem Schwefeldampf dieser nicht beschädigt oder zerstört werden, was um so schneller geschieht, je theerhaltiger, resp. je heisser die Gase sind, oder je näher die Ventile sich dem Generator befinden.

Sind nun auch die unvermeidlichen, früher oder später eintretenden Beschädigungen der Ventile und die daraus entspringenden Undichtheiten des Verschlusses ohne eigentlich nachtheilige Folgen für den Betrieb selbst, so lange nur ein Generator angewendet wird, oder, wenn deren mehrere vorhanden, wenn alle im Betriebe sind, so führen doch fehlerhafte Verschlüsse zu grossen Uebelständen, wenn ein als Reserve dienender Generator nicht in Thätigkeit ist, weil dann aus diesem durch den undichten Verschluss Luft in den Gaskanal eintritt, die hier, meist mit Explosionen verbundene, partielle Verbrennung des Gases veranlasst. Die einzige Möglichkeit, derartige Uebelstände fern zu halten, bietet sich darin, dass man den Generator überhaupt nicht direkt in den Gaskanal ausmünden lässt und innerhalb des letzteren solche unkontrolirbare Verschlüsse anbringt, sondern dass man beide durch ein freiliegendes, ⊓-förmiges Rohr aus Gusseisen oder Eisenblech, derart mit einander verbindet, dass das Gas, um aus dem Generator in den Gaskanal zu gelangen, dieses Rohr passiren muss. Tritt nun einmal die Nothwendigkeit ein, einen Generator aus dem Betriebe ausschalten zu müssen, so braucht nur das Rohr entfernt und die dadurch freiwerdende Oeffnung des Gaskanals mit einem Deckel, wie in Fig. 18 dargestellt, bedeckt zu werden, um jede Verbindung zwischen Generator und Gaskanal aufzuheben. Verf. verwendet bei seinem Gasofen zum Brennen von Thonwaaren in ununterbrochenem Betrieb ausschliesslich derartige Röhren an Stelle der eingeschlossenen Ventile.

Da die Gase in den Leitungen, je nach der Länge dieser, dem Grade der Abkühlung, welchen die Gase erleiden, und der Beschaffenheit des Brennmaterials, mehr oder minder grosse Mengen von Theer absetzen, so müssen in den Gaskanälen an geeigneten Stellen derselben Senkungen angebracht werden, in welchen sich der Theer ansammeln kann. Oberhalb dieser Senkungen sind im Gewölbe des Gaskanals Oeffnungen mit Verschlüssen, wie Fig. 18 zeigt, anzubringen, durch welche der Theer aus den Gruben entfernt werden kann.

Nicht minder unangenehm als der Theer macht sich der Russ geltend, der sich in den Leitungen absetzt und dieselben unter Umständen in kurzer Zeit derart anfüllt, dass Betriebsstörungen auftreten. Man muss auf die Russniederschläge, die nach Mendheim's Schätzungen bei starkrussender Steinkohle etwa 1 Gewichtsprocent betragen können, bei dem Bau von Gasöfen von vornherein Rücksicht nehmen, indem man die Gasleitungen derart ausführt, dass sie an vielen Stellen zugängig und leicht zu reinigen sind. Je grössere Querschnitte man den Gasleitungen geben kann, desto seltener macht sich natürlich Entfernung des Russes erforderlich.

Die Gasleitungskanäle liegen meistens in der Erde; dieselben luftdicht herzustellen ist die nächste Aufgabe, die nicht minder wichtige zweite, sie gegen das Eindringen von Erdfeuchtigkeit zu schützen, da diese, wenn sie in die Kanäle eindringt, nicht nur die Gase bedeutend abkühlt, sondern als Wasserdampf mit den Gasen in den Verbrennungsraum übergeführt wird. Die Folgen hiervon sind ein ganz bedeutendes Sinken der Ofentemperatur und unaufhörliche Betriebsstörungen. Die Gaskanäle müssen deshalb unter allen Umständen unter Dach liegen und stets da isolirt werden, wo man nicht durch hinlängliche Erfahrungen sich überzeugt halten darf, dass das Eindringen von Feuchtigkeit in dieselben nicht zu befürchten ist.

Ein bei Gasfeuerungen früher viel gefürchteter Uebelstand waren die öfter und mit einiger Vehemenz auftretenden Explosionen, nachdem man aber eine bessere Behandlung des Gasfeuerungsapparats und die Gründe jener Erscheinung allgemeiner kennen gelernt hat, haben die Gasexplosionen ihre anfängliche Bedeutung fast ganz verloren. Solche Gasentzündungen mit explosiven Wirkungen kommen auch jetzt noch vor, doch begegnet man denselben von vornherein dadurch, dass man im Gewölbe des Gaskanals einige Oeffnungen anbringt, welche in ähnlicher Weise zu verschliessen sind, wie der Fülltrichter Fig. 18. In allen Fällen muss der Verschluss luftdicht sein, und keinenfalls darf der Deckel belastet werden, da derselbe als Sicherheitsventil bei etwa vorkommenden Explosionen dient und der Expansion des entzündeten Gases weichen muss. Bei einer stattfindenden Explosion ist sofort das Gasventil in der Nähe des Generators zu schliessen, womit dem Umsichgreifen der Entzündung Einhalt gethan und dieselbe auf den Verbrauch des in der Gasleitung noch vorhandenen Gases beschränkt wird.

Diese im Generator oder in den Gaskanälen statthabenden Gasexplosionen lassen sich ausnahmslos auf das Vorhandensein freier atmosphärischer Luft in den Generatorgasen zurück führen, welche mit diesen Knallgas bildet, das sich bei genügend hoher Temperatur entzündet. Die nächste Ursache dieser Erscheinung ist in Undichheiten des Mauerwerks, der Gaskanäle sowohl wie desjenigen des Generators, zu suchen, doch werden Gasexplosionen wohl eben so häufig durch mangelhafte Beaufsichtigung und Bedienung des Generators, durch nachlässige Leitung des Vergasungsprocesses, hervorgerufen.

In letzterer Beziehung ist ganz besonders darauf zu achten, dass keine belangreichere Verschlackung des Generators eintritt, keine Schlacken an den Wänden hängen und auf dem Roste liegen bleiben, denn die schwammartige Schlackenmasse ist im höchsten Grade geeignet, durch die darin enthaltenen zahlreichen Röhrchen die atmosphärische Luft in grösserer Menge unzersetzt in die Gase hinüber zu leiten. Um Schlacken von den Wänden abstossen, Ungleichmässigkeiten und Höhlungen in der Schüttung etc. beseitigen zu können, bedient man sich entsprechend langer Eisenstangen mit harten Spitzen, welche man durch besondere, in der Decke des Generators befindliche Oeffnungen (Fig. 8) in diesen einführt.

Die Reinigung und Aufräumung des Rostes ist eine der wichtigsten Aufgaben des den Generator bedienenden Personals, welches darüber wachen muss, dass sich auf dem Roste keine schwarzen, durch nichtbrennende Kohle verursachte sogenannte „todte" Stellen bilden, da in diesen die Luft unzersetzt im Generator aufsteigt und sich den Gasen beimengt. Bei Treppenrosten kann dieser häufiger auftretende, meist durch verfrühtes, überhaupt unrechtzeitiges Schüren veranlasste Uebelstand leichter und schneller beseitigt werden, als bei dem Planrost; beim Treppen- und Pultrost kann man die „todten" Stellen mit Lehm verstreichen, bis die Entzündung wieder über den ganzen Rost ausgebreitet ist, beim Planrost ist dieses Korrektiv aber nur schwer oder gar nicht ausführbar.

Die Ingangsetzung eines neuen oder eines ausser Betrieb gewesenen Gasgenerators hat mit Sorgfalt und gewissen Vorsichtsmaassregeln zu geschehen, welche sich auf praktische Erfahrungen stützen müssen; ohne Kenntniss der hierbei vorkommenden Arbeiten und auftretenden Erscheinungen gelangt man auf den Weg des Experimentirens und zu Fehlern, welche die regelrechte Entwickelung des Vergasungsprocesses oft sehr lange zurückhalten und sich nur schwer wieder ausgleichen lassen. Dahin gehören ungleichmässige Entzündung, Verschüttung der Brennschicht, voreiliges Schüren etc.

Vor dem Anheizen des Generators wird zunächst die Verbindung desselben mit dem Verbrennungsraume durch das Schliessen des in der Nähe des ersteren befindlichen Gaskanalventils aufgehoben, um aber den bei dem Generatorvorfeuer sich entwickelnden Verbrennungsprodukten einen Ausweg zu geben, wird der Fülltrichter geöffnet; dann wird der Rost mit einer Schicht eines leicht entzündlichen Stoffes, am geeignetsten sind Hobelspähne, gleichmässig bedeckt, auf diese Unterlage bringt man trockenes Spaltholz oder Reisig und auf diese wieder eine Schicht stückreicher Stein- oder Braunkohle, worauf man die Hobelspähne an mehreren Stellen und möglichst gleichzeitig von unten auf entzündet. Dass das Feuer sich gleichmässig über den ganzen Rost ausbreite, ist eine nicht aus dem Auge zu lassende Bedingung, welche am ehesten und ohne wesentliche Nachhülfe der Plan- und Pultrost erfüllt, schwieriger liegt dieser Fall bei Treppenrosten ohne Plan- oder Pultrost, welche nur vom untersten Roststabe aus entzündet werden dürfen, so dass sich das Feuer von unten nach oben ausbreiten muss.

Nachdem aller Brennstoff in lebhaften Brand gerathen, beginnt man mit der Nachschüttung des Vergasungsmaterials, anfangs jedoch nur mit kleineren Mengen, da durch grössere Quantitäten das Feuer entweder erstickt oder doch in seiner Entwickelung zurück gehalten würde.

Ist der Generator ausgetrocknet, was bei neuen Anlagen immerhin einige Zeit in Anspruch nimmt, dann schliesst man den Fülltrichter und öffnet das Ventil zum Gaskanale, infolgedessen das Gas nunmehr nach dem Verbrennungsraume strömt. Da aber auch das Mauerwerk des Gaskanals noch Feuchtigkeit enthält, welche durch die Wärme des Gases verdunstet und von dieser in Dampfform aufgenommen wird, wodurch die Entzündbarkeit des Gases bis auf Null verringert werden kann, so erscheint es gerathen, dieses wasserdampfhaltige Gas eine zeitlang entweder direkt durch den Verbrennungsraum hindurch oder vermittels einer besonderen Leitung in den Schornstein entweichen zu lassen, bis auch der Gaskanal einigermaassen ausgetrocknet ist. Man erleidet hierdurch allerdings einen Verlust, doch hat man gegen diesen den Vortheil zu erwägen, dass die Verbrennung des Gases nach dem Austrocknen des Zuleitungskanals weit sicherer erfolgt. Hierbei ist jedoch zu erwähnen, dass die Gasentzündung im Verbrennungsraume, wenn dieser nicht in nächster Nähe des Generators liegt, nur dann eintritt, wenn derselbe bereits vor der Zuleitung des Gases bis auf die Entzündungstemperatur erhitzt wurde und erwärmte Verbrennungsluft zugeleitet wird.

Für die Beurtheilung der Qualität der Generatorgase dienen rein empyrische Merkzeichen, welche sich auf dem Wege der Erfahrung ausbilden: Geruch und Farbe. Im allgemeinen, sagt Steinmann[1]), zeigt das Holzgas eine mehr bläuliche Farbe bei vorherrschend starkem Kreosotgeruch; Gas aus der norddeutschen Braunkohle eine weissliche Farbe wegen des ziemlich hohen Wassergehaltes mit meist einem Geruch, der verbranntem Bernstein ähnelt; speciell Bitterfelder und Hallenser Kohlen entwickeln ein Gas von hellgelber Farbe mit scharfem Theergeruch, desgleichen die böhmische Braunkohle, nur ist deren Gas gewöhnlich tiefgelb; das Steinkohlengas zeigt eine mehr olivengrüne Färbung, verbunden mit intensivem Theergeruch. Die nächste Umgebung eines Steinkohlengenerators überzieht sich auch bald mit einem schwachen klebrigen Theerniederschlage. Die Torfsorten endlich liefern bei ihrer grossen Mannigfaltigkeit ein Gas, dessen Eigenschaften sich denen aus Holz oder Braunkohle erzeugten mehr oder minder nähern. Erhöhter Wassergehalt schwächt bei allen Gattungen diese Merkmale in entsprechendem Grade ab, ebenso ein bedeutender Gehalt an Schwefel und Erden.

Was nun endlich das Mauerwerk des Generators anbetrifft, so gilt hier ein für alle Male der Satz, dass das Beste an dieser Stelle nicht zu gut ist. Es muss berücksichtigt werden, dass Gasgeneratoren längere Zeit, ja monatelang unausgesetzt im Betriebe bleiben, und dass deshalb das Mauer-

---

[1]) Kompendium, S. 45.

werk wie alle Theile des Generators mit der grössesten Sorgfalt und aus den besten Materialien hergestellt werden müssen. Ueberall da, wo das Mauerwerk der Einwirkung der Glut und stärkerer Hitze unterliegt, verwendet man die besten feuerfesten Steine, die mit engen Fugen und exaktestem Fugenwechsel vermauert werden müssen. Zum Mauern der inneren Wände des Generators verwende man keinen Mörtel aus Chamotte, sondern einen solchen aus reinem Lehm und Rübenzuckermelasse, der weit zweckentsprechender als jener ist. Gegen die durch Hitze bewirkte Ausdehnung des Mauerwerks und die hierdurch entstehenden Undichtheiten desselben schützt man den Generator am sichersten durch eine solide Verankerung.

Fünfter Abschnitt.
Die Anfänge der keramischen Gasfeuerung.

————

Das Brennen von Erzeugnissen der Thonwaarenindustrie, das Schmelzen des Glases etc. mit mineralischen Brennstoffen ist erst in den beiden letzten Jahrzehnten allgemeiner und für diese Industrieen zugleich von Wichtigkeit geworden. Bis dahin bediente man sich für keramische Brenn- und Schmelzprocesse fast ausschliesslich des Holzes, das infolge des grossen Verbrauches und des daraus entstehenden Mangels stetig im Preise stieg, ohne dass der Handelswerth der Industrieerzeugninse dieser Preissteigerung in einem angemessenen Verhältnisse folgte, so dass die Inbenutznahme der ungleich billigeren mineralischen Brennstoffe für die keramischen Industrieen sich zu einer Existenzfrage gestalten musste.

Aber trotz dieser zwingenden Verhältnisse hat sich die allgemeinere Anwendung der fossilen Brennstoffe nur langsam vollzogen; es haben sich der Einführung derselben ganz bedeutende Schwierigkeiten entgegengestellt, die theils in dem Konservativismus der menschlichen Natur, theils in dem Umstande begründet erscheinen, dass die fossilen Brennstoffe, speciell die Steinkohlen, für einzelne keram-pyrotechnische Processe keine so günstige Eigenschaften aufweisen, wie das Holz sie besitzt. Namentlich beim Brennen des Porcellans treten die chemischen Eigenschaften der Stein- und Braunkohle oft sehr störend hervor, indem diese durch ihre schwefeligen Bestandtheile auf die Glasuren missfärbend einwirken. Dies macht es zum Theil erklärlich, dass das Streben, diese Brennstoffe an Stelle des Holzes zu verwenden, erst nach einer langen Zeit mühevoller Arbeiten und kostspieliger Versuche zu befriedigenden Resultaten führen konnte, welche die Holzfeuerung immer mehr in den Hintergrund gedrängt haben.

Bereits im vorigen Jahrhundert versuchte man in Frankreich Porcellan mit Steinkohle zu brennen, womit man indess keine solchen Resultate erzielte, welche eine dauernde Verwendung der Steinkohle für Porcellanbrände zur Folge hatten. Diese Versuche wurden erst geraume Zeit später wieder aufgenommen, nachdem die Situation der Porcellanindustrie eine so ungünstige geworden war, dass man nicht nur allein die Einführung der fossilen Brennstoffe, sondern auch die Verlegung der Porcellanfabriken in die Nähe der Kohlenreviere als die Lösung der wirthschaftlichen Krisis dieser Industrie in Betrachtung zog.

Wie es so oft der Fall, war es auch hier die Noth, welche den Fortschritt herbeiführte, und als man zu Anfang der vierziger Jahre d. Jh. in Frankreich erneute Versuche mit Anwendung der Steinkohle zum Brennen des Porcellans machte, erzielte man endlich Resultate, welche zur Folge hatten, dass zu Ende der vierziger Jahre die Steinkohlenfeuerung in der Porcellanmanufaktur von Sèvres festen Boden fasste, wenn damit auch die Uebelstände, welche die Steinkohlenfeuerung mit sich führte, noch lange nicht überwunden waren.

Trotz dieses anregenden Vorgehens der Porcellanmanufaktur von Frankreich machte die weitere Anwendung der Steinkohle in anderen Fabriken nur langsame Fortschritte, da man sich nur schwer mit der veränderten Brennmethode befreunden konnte, und nur mit Widerstreben die jener angemessenen konstruktiven Veränderungen an den Brennöfen vorzunehmen sich entschloss.

Nach Berichten Salvetat's kamen im Jahre 1858 in Limoges, einer der bedeutendsten Stätten der französischen Porcellanindustrie, auf 1310 Porcellanbrände mit Holz nur 186 mit Steinkohle; von diesem Zeitpunkte ab findet eine fortdauernde Abnahme der Holzbrände statt, so dass man im Jahre 1862 auf je einen Brand mit Holz einen Brand mit Steinkohle machte, 1873 aber war das Verhältniss für Steinkohle bereits so günstig geworden, dass nur noch 593 Brände mit Holz, aber 2391 Porcellanbrände mit Steinkohle in 16 mit Holz und in 58 mit Steinkohle befeuerten Oefen stattfanden.

Neben diesen Bestrebungen, das Holz durch die Steinkohle zu ersetzen, tritt bereits die Gasfeuerung in den Kreis theoretischer Erwägungen und schüchterner praktischer Versuche, welche die Bedeutung dieses Feuerungssystems erkennen lassen, die aber auch den Beweis liefern, dass man mit demselben noch nicht zu hantiren versteht. Salvetat machte in seinen „Leçons de la céramique" (1857) eingehend auf den hohen Werth der Gasfeuerung für die Poterinindustrie aufmerksam, und im Jahre 1859 wagte die Berliner Porcellanmanufaktur die ersten Versuche mit der Anwendung der Gasfeuerung, welche indess keinen aufmunternden Erfolg gehabt haben. Die grössten Verdienste auf diesem Felde erwarb sich C. Venier, der Direktor der Gräfl. Oswald v. Thun'schen Porcellanfabrik in Klösterle (Böhmen), der hier 1860 den ersten existenzfähigen Gasofen baute, welcher s. Z. das lebhafteste und allseitigste Interesse in Anspruch nahm.

Aber schon vor diesen praktischen Arbeiten waren einzelne Entwürfe von Gasbrennöfen bekannt geworden, welche zum Brennen von Ziegelsteinen und ähnlichen Gegenständen dienen sollten. Arbeiten wie diese, welche nicht unmittelbar dem praktischen Leben entstehen oder aus einer glücklichen Vereinigung von Theorie und Praxis resultiren, verkörperlichen gewöhnlich zwei Extreme, entweder schleppen sie einen Ballast überflüssigen Beiwerks mit sich, oder aber sie tragen eine erstaunliche Primitivität zur Schau; entweder stecken sie noch halb in der Theorie oder sie fürchten das Ueberschreiten der Grenze des als möglich Erprobten, eine Wahrheit, welche durch die ersten Gasöfen im vollen Umfange bestätigt wird.

Diese Gasöfen liegen in der Entwickelungsgeschichte der Gasfeuerung ziemlich weit zurück und es ist nicht zu verwundern, dass diese Anfänge eben Projekte blieben, denn abgesehen von ihrer geringen praktischen Bedeutung fällt ihr Bekanntwerden in eine Zeit, wo eine eigentliche Feuerungstechnik, die in der Praxis ihren Boden finden muss, noch garnicht existirte oder eben anfing, wissenschaftlich begründet zu werden; es ist daher erklärlich, dass zu einer Zeit, wo die Stätten der Thonwaarenindustrie sich weithin durch aufsteigende Rauchwolken bemerkbar machten, die man als zur Sache gehörig betrachtete, eine so revolutionäre Neuerung, wie die Gasfeuerung sie denn doch war, mindestens auf keine grössere Beachtung rechnen durfte. Und deshalb existiren diese Anfänge für die praktische Durchbildung der Gasfeuerung eigentlich garnicht, die technische Ausbildung der Keramik musste erst grosse Fortschritte machen, ehe sie mit einem Apparate hantiren konnte, der doch immerhin eine grössere Intelligenz für sich beanspruchte, als man sie auszuüben im Stande war.

So können die ersten Gasöfen zum Brennen von Thonwaaren in erster Reihe nur als historische Raritäten ein Interesse beanspruchen, dann sind sie aber auch geeignet, die unverkennbaren Fortschritte zu illustriren, welche das System selbst gemacht hat und schon deshalb verdienen sie hier vorgeführt zu werden.

Von denjenigen Gasöfen, auf welche sich das Gesagte vorzugsweise bezieht, ist der älteste wohl der Ziegelbrennofen, welcher von dem Hüttenverwalter Weberling in Mägdesprung konstruirt wurde, und von Bischof in seiner Schrift „Die indirekte aber höchste Nutzung der rohen Brennmaterialien" (1848) bekannt gemacht worden ist.

Die Figuren 20 (Schnitt $a\,b$) und 21 (Schnit $c\,d$) geben ein Bild dieser Konstruktion. Durch den Kanal a und durch das Steingitter b sollen die Gase aus dem Generator in den Raum e strömen, nachdem dieselben sich vorher bei den Schlitzen $c\,c$ mit der Verbrennungsluft gemischt haben, welche durch die Kanäle $d\,d$ eintritt. Die im Kanale e und im Ofenraume k sich entwickelnde Flamme soll zunächst aufwärts steigen und dann am Gewölbe des Ofens zurückprallen. Wahrscheinlicher aber würde die Flamme bereits im unteren Theile des Ofens die Richtung nach den Abzugsöffnungen für die Verbrennungsgase $f\,f$ einschlagen und durch die Kanäle y in die Schornsteine $h\,h$ entweichen, deren sechs für den Ofen angeordnet sind.

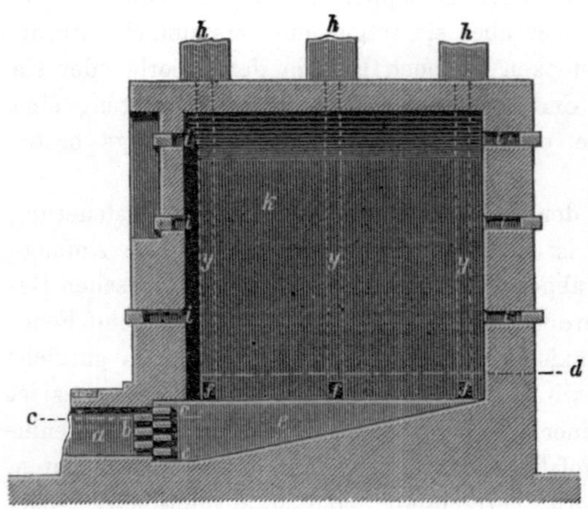

Fig. 20.

Es bedarf wohl kaum der besonderen Erwähnung, dass diese Ofenkonstruktion, bei der sich überall der Mangel an Erfahrung kennzeichnet, kaum die nothwendigsten Bedingungen für das Gelingen der Gasfeuerung erfüllt.

Der zweite Gasofen zum Brennen von Ziegelsteinen ist von C. Schinz, dem unermüdlich gewesenen Aufklärer auf dem Gebiete der Feuerungstechnik, entworfen und von ihm in seiner „Wärmemesskunst" (1858) veröffentlicht.

Zeichnet sich der Weberling'sche Gasofen durch seine Primitivität aus, so springt bei demjenigen von Schinz die grosse Complicirtheit in die Augen, doch weis't dieser bereits einige bemerkenswerthe Fortschritte auf, z. B. die Kontinuität des Betriebes, den Wiedergewinn der Wärme

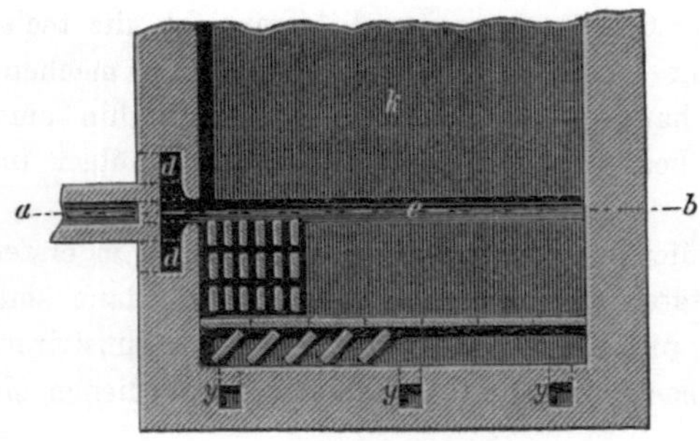

Fig. 21.

aus den gebrannten Steinen durch Uebertragung derselben an die Verbrennungsluft etc.

Der Brennofen von Schinz, Figur 22 (Schnitt $a\,b$) und 23 (Schnitt $c\,d$), besteht aus einer beliebigen Anzahl von Kammern A' bis $A\,x$, deren jede an den sich gegenüber stehenden Enden mit einem Gasgenerator B versehen ist. Bei beginnendem Betriebe wird in dem Generator der Abtheilung A' ein gelindes Vorfeuer (Schmauchfeuer) unterhalten, dessen Verbrennungsgase den mit rohen Ziegelsteinen angefüllten Raum A' durchziehen und durch den Kanal C in den Schornstein D entweichen. Ist das Vorfeuer zu Ende, so wird die Verbindung von A mit D mittels eines Schiebers aufgehoben, der in den Abbildungen nicht sichtbar ist, und der Generator B mit Brennstoff so hoch angefüllt, dass derselbe nur noch brennbare Gase entwickelt; die Schieber e, h, k etc. werden geöffnet, um den Abzug der nun auch A'' durchströmenden Verbrennungsgase in den Schornstein D''' zu ermöglichen. Die zur Verbrennung der aus B kommenden Gase erforderliche atmosphärische Luft sollte aus dem Kanale L durch die kleinen, in die Passage O ausmündenden, nach der Ofenmitte hin offenen Kanäle $n\,n$ hinabsteigen und sich mit den einströmenden Gasen in O mischen. Dies ist aber im Anfange des Betriebes und bei der ersten Kammer A' deshalb nicht möglich, weil der Schornstein D'' und der Schieber E geschlossen sind, wollte man aber D'' offen lassen, so würde sich die Flamme bereits in L entwickeln und durch D'' unbenutzt entweichen, es hätte deshalb bei der Inbetriebsetzung auf eine andere Weise der Luftzuführung Bedacht genommen werden müssen.

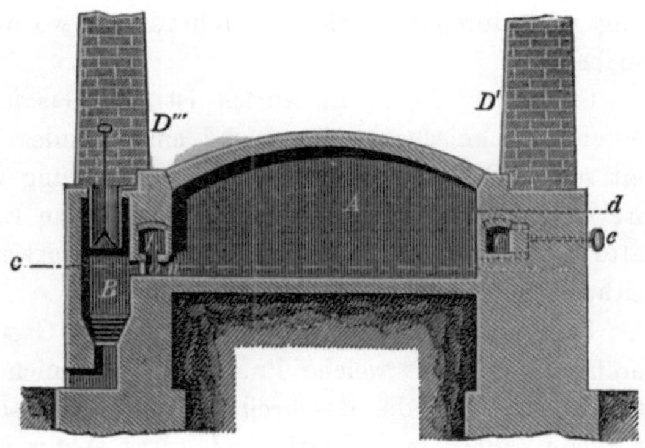

Fig. 22.

Ist der Inhalt von A' fertig gebrannt, so lässt man das Feuer im Generator B ausgehen, bringt dagegen B' in Betrieb, schliesst den Schieber K und D''', öffnet dagegen

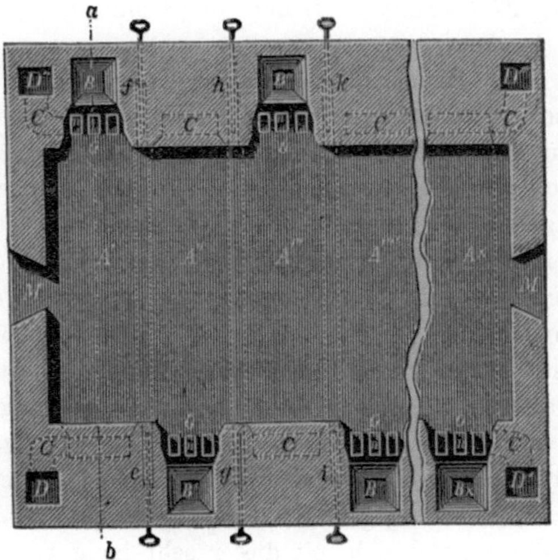

Fig. 23.

den Schieber i und D', was zur Folge hat, dass die Verbrennungsgase A'' durchziehen und durch D' entweichen. Die zur Verbrennung der Gase nöthige Luft passirt zunächst den Generator B, dann den mit abkühlenden Steinen gefüllten Raum A', endlich den Kanal C und gelangt von hier durch die Kanäle $n\,n$ in o vor B', wo die Vereinigung von Gas und Luft stattfindet.

Auf diese Weise werden nach und nach die Abtheilungen A' bis $A\,x$

gebrannt und die fertigen Gegenstände zunächst durch den Eingang M, bei den anderen Kammern aber durch Oeffnungen im Gewölbe ausgetragen, und rohe auf demselben Wege eingesetzt. Ist endlich der Generator Bx in Betrieb gekommen, so werden die aus Ax entweichenden Verbrennungsgase durch C nach A' geführt, von wo ab dieselben durch D entweichen.

Gegenüber diesen Entwürfen ist der Gasofen von C. Venier eine bedeutende technische Leistung und ein ehrendes Zeugniss für die Tüchtigkeit seines Erfinders, welchem die Gasfeuerung für die Porcellanbrennerei ihre Grundlegung verdankt, wenn auch seine Erfindung nicht den Erfolg hatte, welchen man ihr bei ihrem Bekanntwerden mit einem gewissen Enthusiasmus in sichere Aussicht stellte.

Eine ausführliche Arbeit über Venier's Gasofen wurde von A. Hack veröffentlicht[1]), auf welche Publikation ich mich hier beziehen darf. Hier wird es genügen, die Beschreibung des Venier'schen Ofens zu geben, wie er zuerst (1860) in Klösterle und etwas später von A. Hardtmuth in Budweis ausgeführt wurde.

Die Figuren 24 (Höhendurchschnitt), 25 (Schnitt EF), 26 (Schnitt CD), 27 (Schnitt AB) und 28 (Schnitt GH) veranschaulichen den Ofen von Venier.

Der Kanal, durch welchen die Gase aus dem Generator nach dem Gasofen strömen, ist mit a bezeichnet; knapp vor diesem befindet sich oben auf dem Kanal ein gusseiserner Rost α (Figur 26 und 28), bei welchem die Gase sich mit der atmosphärischen Luft vereinigen und zur Entzündung gelangen. Die Gasflamme dringt sodann in den unteren Theil b (Figur 24 und 25) und von hier durch gitterförmig aufgestellte Ziegelsteine in den Raum c, wo sie mit derjenigen erwärmten Luft zusammentrifft, welche durch die beiden Seitenöffnungen β (Figur 25) kalt einströmt und von da abwärts unter den Gaskanal streichend, in dem Luftkanale δ erwärmt wird, der an seiner Ausgangsöffnung in c mit einer auf sechs Füssen ruhenden Platte γ (Figur 24) abgedeckt ist; durch diese Vorrichtung wird die warme Luft gezwungen, in einem plattgedrückten, vertikalen Strome gegen die durch die Kanäle mm in c eintretende Flamme zu stossen und sich mit dieser sehr innig zu mischen, was eine vollständige Verbrennung des Gases zur Folge hat. Die Flamme dringt nun durch die Oeffnung d in den Ofenraum A, wo sie bis an das Gewölbe aufsteigt, hier zurückprallt und dann durch die Oeffnungen ee im Boden von A in die Kanäle ff geleitet wird, aus welchen sie in die zweite Etage B einströmt, aus der die Hitze wiederum durch die Deckenöffnungen gg in die dritte Etage C gelangt, welche mit einem Schornsteine für die Entfernung

---

[1]) **Verhandlungen etc. des niederösterreichischen Gewerbevereins 1864,** S. 196. **Dingler's Journal, Band 175, S. 42.**

der Verbrennungsgase versehen ist. In den Kanälen ff befinden sich mehrere Schieber hh, die zur Regulirung des Ofenzuges bestimmt sind.

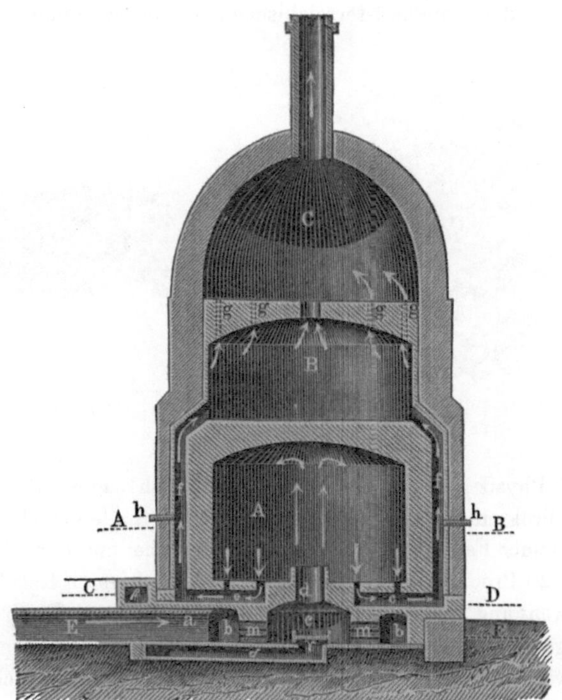

Fig. 24.

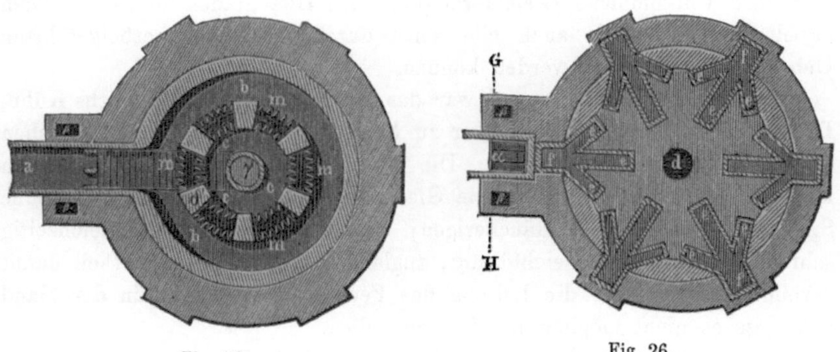

Fig. 25.   Fig. 26.

Die mit dem Venier'schen Gasofen s. Z. erzielten Resultate müssen die Leistungen der gewöhnlichen Porcellanbrennöfen bedeutend überragt und ihre Besitzer im höchsten Grade befriedigt haben, denn man kann nicht annehmen, dass diese ohne wirkliche Gründe so glänzende Zeugnisse für Venier's Erfindung abgaben, wie z. B. das von A. Hardtmuth in Budweis, der in einem dem niederösterreichischen Gewerbevereine, Sektion für

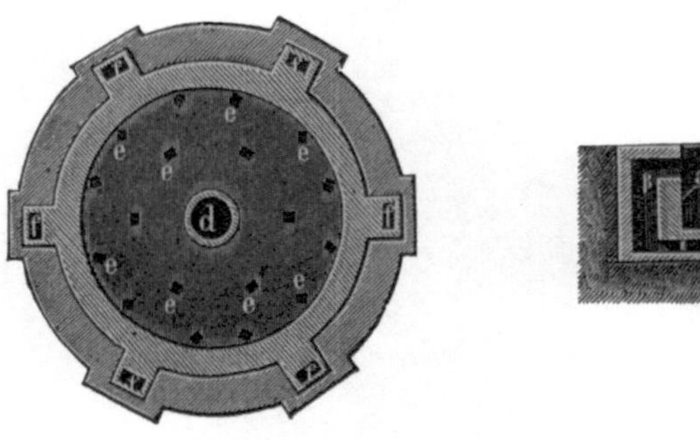

Fig. 27.   Fig. 28.

Chemie und Physik, erstatteten Berichte wörtlich sagte: Bei der Anwendung der indirekten Holzgasfeuerung nach der Methode des Herrn C. Venier werden in meiner Fabrik in Budweis im Vergleiche mit der direkten Holzfeuerung an 20 Proc. Brennstoff erspart. Die günstigsten Resultate erzielte ich bei Anwendung von Torfgas, auf welchen Brennstoff ich in jüngster Zeit übergegangen bin.

Die erwähnte Brennstoffersparung ist aber bei weitem nicht der grösseste Vortheil, der durch die indirekte Heizung erzielt wird, derselbe besteht vielmehr darin, dass durch diese Brennmethode die Regulirung des Feuers ganz in der Hand des Fabrikanten liegt, und dadurch nicht nur eine fast vollkommene Gleichförmigkeit des Hitzegrades im ganzen Ofen erzielt wird, sondern auch alle sonst durch den Rauch herbeigeführten Uebelstände vermieden werden können.

Nicht minder anerkennend war das Urtheil des Geh. Bergraths Kühn, Direktors der Porcellanmanufaktur zu Meissen, der über den Venier'schen Ofen folgendermassen urtheilte: Die Brände gelingen nun tadellos, man kann sehr scharf ausbrennen, die Glasur ist spiegelnd, das Geschirr ohne Spur von Gelben oder Räucherigen; das Verglühen erfolgt gleichzeitig sehr vollkommen und gleichförmig; zugleich ist der grosse Vortheil damit verbunden, dass man die Leitung des Feuers so vollständig in der Hand hat, dass es nicht möglich ist, fehl zu gehen.

Dieses Urtheil Kühn's hat zu der Annahme Veranlassung gegeben, dass auch in Meissen, unter Kühn's Direktion, ein Venier'scher Gasofen im Betriebe gewesen sei, dies ist aber durchaus nicht der Fall, es war vielmehr der von 1863 — 1867 dort im Betriebe gewesene Gasofen von

Kühn selber konstruirt, und hat sich dieser Ofen von dem Venier'schen durch ganz wesentliche Abweichungen unterschieden[1]).

Der Meissener resp. Kühn'sche Gasofen hatte vier quadratische Gasgeneratoren, die von vornherein für die Vergasung von Kohlen (Stein- und Braunkohlen) eingerichtet waren, während Venier, wenigstens bis zum Jahre 1868 in Klösterle nur einen runden Generator anwendete, der mit den billigeren Holzsorten des Gräfl. v. Thunschen Waldes, in welchem Klösterle liegt, beschickt wurde. Aber auch die innere Einrichtung des Meissener Gasofens hatte wesentlich andere Formen, die sich aber nichtsdestoweniger der Venier'schen Konstruktion angelehnt haben mögen, da Kühn und Venier mit einander befreundet waren, was nicht wohl ohne Einfluss auf die gemeinsamen Zielen zugerichteten Arbeiten Beider gewesen sein kann.

Die Kühn'sche Gasfeuerungsanlage bewährte sich in Meissen insofern, als ein schönes reines Porcellan — gleichwie mit der direkten Feuerung — bei sehr gleichmässigem Ofengange und grosser Haltbarkeit der Kapseln erzielt wurde, der Kohlenverbrauch aber stellte sich höher als bei der direkten Feuerung, weshalb, und zwar nur aus diesem ökonomischen Grunde, von der ferneren Benutzung dieser Anlage im Jahre 1867 Abstand genommen wurde. Hierbei ist zu berücksichtigen, dass die Fabrikation in Meissen einen kontinuirlichen Betrieb der Gasgeneratoren nicht gestattete, es mussten dieselben oft 2—3 Tage unbenutzt stehen, was einen nicht unbedeutenden Brennstoff- und Wärmeverlust zur Folge hatte.

Später ist auch Venier zur Anwendung fossiler Brennstoffe übergegangen, und hat die Porcellanfabrik Klösterle jetzt fünf seiner Oefen mit Kohlengas, dagegen nur noch einen mit Holzgas im Betriebe, ebenso wird der Venier'sche Ofen der Porcellanfabrik Pirkenhammer bei Karlsbad mit Braunkohlengas befeuert.

Ob man heute grössere Ansprüche an einen solchen Brennapparat macht als früher, oder ob die Holzgasfeuerung bessere Resultate lieferte als das Braunkohlengas, genug, die Resultate welche man mit Venier's Ofen heute in Klösterle erzielt, scheinen den dortigen Anforderungen noch nicht zu genügen, denn man schrieb mir vor vier Jahren von Klösterle: „Obwohl der Gasfeuerung eine wichtige Rolle in der Porcellanbrennerei für die Zukunft prognosticirt werden kann, und obschon wir sie seither ausschliesslich anwenden, können wir dennoch nicht sagen, dass sie bereits eine so hohe Vervollkommnung erreichte, welche sie für eine allgemeine Benutzung geeignet macht; wir sind genöthigt, an der Beseitigung der vorkommenden Mängel derselben zu arbeiten."

Diese Bestrebungen, die Gasfeuerung der Keramindustrie anzupassen, hatten die Anwendung eines intermittirenden Brennapparats zur Grundlage,

---

[1]) Nach gefl. Privatmittheilung des Herrn Forstrath Kühn in Cölln bei Meissen.

und konnten schon dieserhalb in ökonomischer Beziehung über die direkte Feuerung kaum hinausgreifen, weil die durch den intermittirenden Betrieb bedingten Stillstände der Gaserzeuger sowie der zu Anfang eines jeden Brandes sich fühlbar machende Mangel an heisser Verbrennungsluft auf Brennstoffverbrauch und Verbrennungseffekt nothwendig einen nachtheiligen Einfluss ausüben mussten. In ein günstigeres Stadium konnte die Frage der Einführung der Gasfeuerung in die Thonwaarenindustrie erst dann treten, wenn es gelang, jener ein Ofensystem zu akkommodiren, das ununterbrochenen Betrieb ermöglichte. —

Am 25. Mai 1858 wurde den Herren Hoffmann und Licht für das Königreich Preussen ein Erfindungspatent auf einen kontinuirlich arbeitenden Ofen zum Brennen von Ziegelsteinen etc. ertheilt, der jetzt allgemein unter der Bezeichnung „Ringofen" bekannt ist.

Die Vortheile, welche dieser Ofen der Ziegelindustrie brachte — nicht in qualitativer sondern nur in ökonomischer Hinsicht — waren überraschend gross, und da diese Vortheile in erster Reihe aus der Kontinuität des Betriebes abzuleiten waren, während an der Qualität des Produkts durch die dem Ofen eigenthümliche Befeuerungsweise verloren wurde, so mochte wohl der Gedanke nahe gelegt werden, diese durch die Gasfeuerung zu ersetzen, und so den Ringofen auch für die höheren Zweige der Thonwaarenindustrie tauglich zu machen. Dass dies indess so bald schon geschah, ist nicht wahrscheinlich, wenigstens sind keinerlei Anzeichen vorhanden, dass man schon in den nächsten Jahren nach Bekanntwerden des Ringofens ernstlich daran gedacht hat, denselben der Gasfeuerung anzupassen.

So weit der faktische Nachweis erbracht werden kann, ist es der in München lebende Ingenieur Georg Mendheim, der zuerst den Versuch machte, den entsprechend abgeänderten Ringofen mit Generatorgas zu befeuern[1]).

Ein erstmaliger dahin zielender Versuch fällt anscheinend in das Jahr 1866, doch war derselbe für die Förderung der Sache von keiner eingreifenden Bedeutung. Bei dem für diesen Versuch konstruirten Ofen kleinsten Maassstabs wurde der dem Ringofen eigene endlose Brennkanal durch aufrechtstehende, oben geschlossene feuerfeste Röhren, welche da placirt waren, wo beim Ringofen der Schieber eingesetzt wird, in einzelne Abtheilungen zerlegt. Unter jeder Röhrenreihe befand sich ein Kanal, welcher in geeigneter Weise mit dem Gaskanal verbunden wurde, wenn Gas in den Ofen eintreten sollte. Das Gas stieg in den Röhren auf und verliess dieselben durch zahlreiche, in den Wandungen derselben angebrachte, kleine Oeffnungen, wobei dasselbe mit der von den kühlenden Theilen des Ofens herkommenden heissen Verbrennungsluft zusammentraf

---

[1]) Töpfer- und Ziegler-Zeitung 1877 No. 31—33.

und sich entzündete. Im ferneren Verlaufe dieses Versuchs wurden an Stelle der feuerfesten Röhren feste Zwischenwände eingefügt, die lediglich dicht über der Ofensohle Durchlassöffnungen erhielten, durch welche die Flamme resp. die Verbrennungsluft von einer Kammer zur anderen gelangen konnte. In der Sohle dieser Oeffnungen trat das Gas in die brennende Kammer ein, traf rechtwinklig die heissen Luftströme und brach sich mit diesen gemeinschaftlich an einer kleinen Feuerbrücke, welche vor den Durchlässen angebracht war.

Wahrscheinlich in das Jahr 1870 fällt ein zweiter Versuch Mendheim's, den Ringofen mit Gas zu befeuern, und zwar den Ringofen mit endlosem Brennkanal. Ueber die Konstruktion dieses Ofens berichtet Mendheim, dass die Kammern desselben durch zwei, in der Ofensohle befindliche Gaskanäle in zwei Theile getheilt waren. Ueber jedem Gaskanal wurde inmitten des sonstigen Einsatzes eine möglichst dichte Wand dadurch gebildet, dass 3—4 vertikale Schichten ungebrannter Ziegelsteine, eng aneinander gestossen, mit sorgfältig beobachtetem Fugenwechsel hochkant von der Sohle bis an das Gewölbe geführt wurden. Unter letzterem schloss sich diese Wand an einen Gurtbogen an, oder wurde da, wo ein Schieberschlitz das Gewölbe durchbrach, durch denselben hindurchgeführt, um so mit Sicherheit eine Cirkulation von Flamme resp. Luft zwischen Wand und Gewölbe beim Schwinden des Einsatzes zu vermeiden. Im Fusse der festgepackten Wand waren in gewissen Abständen Luftpassagen angeordnet und ebendort auch Austrittsöffnungen für das Gas angebracht. Von ihnen sollte die Flamme an der festgepackten Wand empor unter das Gewölbe des Ofens aufsteigen, dann abfallend durch die entsprechenden Luftpassagen der nächstfolgenden festgepackten Wand in die folgende Abtheilung ziehen.

Diese Versuche, die, soweit sie Mendheim's Arbeiten auf diesem Gebiete angehen, in der Konstruktion des Mendheim'schen Kammerofens ihren Abschluss fanden, hatten zunächst nur den Erfolg, dass sie den Beweis lieferten, wie auf diesem Wege zu einem rationellen Gasofen-Betriebe nicht zu gelangen sei.

Einige Jahre später machte F. Neumann seine, lediglich Projekt gebliebene Konstruktion eines Ringofens mit Gasfeuerung bekannt, die in den Fig. 29 und 30 dargestellt ist[1]).

Dieser Ofen hat 12 Abtheilungen A^1 bis A^{12}; aus den Generatoren G sollte das Gas mittels Exhaustoren in den Gaskanal w und aus diesem in die einzelnen Abtheilungen gepresst werden, während die Verbrennungsgase durch die Kanäle a, b, c u. s. w. in den Rauchkanal R und weiterhin durch den Fuchs o in den Schornstein S eintreten sollten.

Zu Anfang der 70er Jahre hatte, wie Ferrini[2]) berichtet, der Italiener

---

[1]) Die Ziegelfabrikation von Fr. Neumann. Weimar 1874, S. 278.
[2]) Technologie der Wärme, S. 306.

Ballerio das Projekt eines Hoffmann'schen Ringofens mit Gasfeuerung in
Vorschlag gebracht. Er liess längs der äusseren Umfassungsmauern des
Ofens den unterirdischen Gaskanal herumlaufen, von dem dann vor jeder
Abtheilung eine durch ein Ventil regulirte Abzweigung sich abtrennte.
Diese einzelnen Abzweigungen wurden wieder in mehrere Gassäulen ge-

Fig. 29.

theilt, welche am Boden der Kammern, am Grunde der im Ziegeleinsatz
ausgespaarten Schächte, ausmündeten; die Schaulöcher im Gewölbe wurden
zur Beobachtung des Ganges der Operation beibehalten. Es scheint, dass
der Erfolg eines solchen Ofens, der vor einigen Jahren (das Original des
Ferrini'schen Buches: Technologia del calore: Apparachi di combustione
etc., erschien 1876) in Mailand in der Via Vallone erbaut wurde, den Erwartungen des Erfinders nicht entsprochen hat, denn nach einigen Monaten
wurde der Betrieb mit Gas wieder eingestellt und zu festem Brennmaterial
(Streufeuerung) übergegangen.

Von ungleich grösseren Erfolgen als auf dem Gebiete der Thonwaarenindustrie ist von Anfang an der Entwickelungsgang der Gasfeuerung in der
Glasindustrie begleitet gewesen, doch darf man dabei nicht ausser Acht
lassen, dass die hier in Betracht kommenden Verhältnisse für die Gasfeuerung bedeutend günstiger lagen als dort, insofern nämlich, als durch
Anwendung der Gasfeuerung die Form und Einrichtung der Glasöfen nur
geringe Modifikationen zu erleiden hatten, und dass ferner bei der Glas-
fabrikation alle jene Schwierigkeiten unbekannt sind, welche das Brennen

der oft sehr werthvollen und dem Brennprocess gegenüber meist sehr em-
pfindlichen Thonwaaren begleiten.

Die Versuche mit Anwendung der Gasfeuerung zum Schmelzen des
Glases begannen zu Anfang der fünfziger Jahre d. Jh. Der Erste, welcher

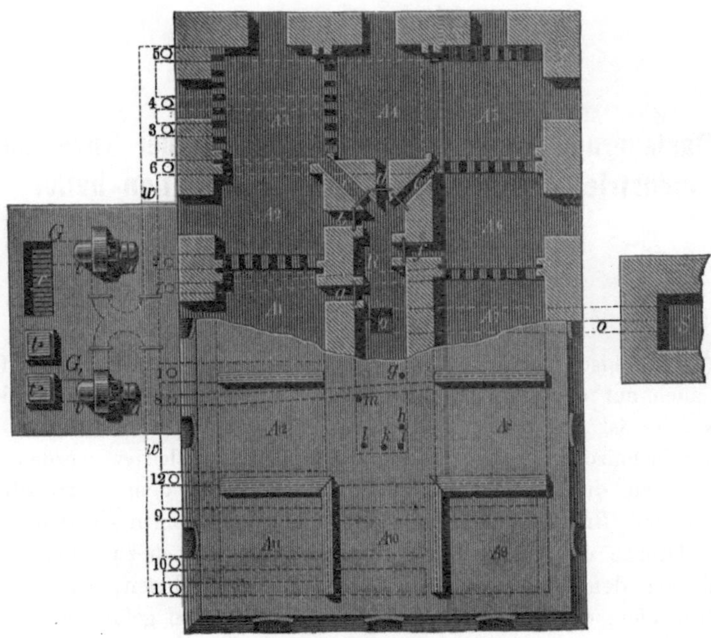

Fig. 30.

die Gasfeuerung zum Schmelzen des Glases benutzte, war wohl Fr. Chr.
Fikentscher in Zwickau, der sich seines eigenen Gasfeuerungssystemes bediente; dann folgten die Oefen von Paduschka (1854), Schinz, doch waren
auch diese und andere Konstruktionen noch weit davon entfernt, den hohen
Werth der Gasfeuerung zur Geltung zu bringen, ohne Ausnahme aber
wurden sie überholt durch die geniale Erfindung der regenerativen Gasfeuerung von Siemens (1856), deren Einführung eine vollständige Um-
wälzung vornehmlich in der Glas- und Hüttenindustrie und den wirthschaftlichen Aufschwung derselben zur Folge hatte.

Sechster Abschnitt.

Die Gasfeuerung in ihren Beziehungen zu der Thonwaarenindustrie, insbesondere zu der Fabrikation heller Verblendziegel.

Die technischen Fortschritte der Neuzeit haben im grossen Maassstabe auch auf die Industrie der Thonwaarenerzeugung umgestaltend eingewirkt: es ist hier in der Vervollkommnung des maschinellen wie auch des pyrotechnischen Apparats Ausserordentliches geleistet worden. Betrachtet man diese Leistungen nach dem, was sie dem Fabrikanten an Arbeits- und Brennstoffökonomie gewähren, so scheinen sie thatsächlich an der Grenze des praktisch Erreichbaren angekommen zu sein; das gilt sowohl von den als brauchbar erprobten Ziegelmaschinen, wie auch von den Brennöfen, die in dem Ringofen ihre Kulmination gefunden zu haben scheinen. In technischer Hinsicht aber dürfte zu zweifeln sein, ob wir das Endglied der Kette erstrebens- und erlangenswerthen Fortschritts schon in der Hand haben.

Denn wenn darüber auch kein Zweifel obwalten darf, dass eine grössere Brennstoffökonomie, als der Ringofen sie herbeigeführt hat, nicht wohl mehr zu erzielen ist, so kann man doch die dem Ringofen eigenthümliche, die Brennstoffökonomie zum grossen Theil bedingende Streufeuerung nicht als geeignet erachten, dem nothwendigen und in der Zeitströmung begründeten Streben nach Veredlung der Fabrikation fördernd an die Seite zu treten: man kann den Ringofen und die ihm ähnlichen Brennapparate nicht dahin stellen, wo es gilt, Besseres zu erzeugen, als das, was im allgemeinen als ein gut verkäuflicher Ziegelstein zu bezeichnen ist. Es darf hierbei nicht unerwähnt bleiben, dass in einzelnen Fällen im Ringofen bei aufmerksamer, verständnissvoller Bedienung desselben mit einiger Sicherheit des Erfolges edlere Produkte gebrannt werden, Fachleute wissen aber auch, dass dies nur Ausnahmen von der Regel des Gegentheils sind, und entsprechend der Betriebs- und Befeuerungsweise des Ringofens auch nur sein können. —

Beim Brennen gewöhnlichen Ziegelmaterials wird der Fabrikant nur von den Forderungen der Billigkeit und der Nützlichkeit geleitet, bei der ungleich schwierigeren und kostspieligeren Fabrikation edlerer Erzeugnisse aber kommen die wählerischen, oft sehr hoch gespannten Forderungen des Luxus und der Aesthetik zur Geltung; was hinter diesen Forderungen zurückbleibt, ist mehr oder weniger empfindlicher Verlust, der mit der Gesammtheit der Erzeugungskosten belastet ist. Fehlerhafte, in der Farbe abfallende Baumaterialien für Luxusbauten etc. sind kaum mehr als werthlos, mit Sicherheit ist aber auf einigermaassen verlustlose Brände im Ringofen nie zu rechnen, eine Eventualität, welche die ökonomischen Vorzüge des Ringofens mehr als aufzuwiegen vermag. Es ist thatsächlich nur diese Eventualität und nicht etwa die Scheu vor der „unsauberen" Befeuerungsweise des Ringofens, welche die Vertreter einer edleren Richtung der Thonwaarenindustrie abhält, sich die Vortheile desselben zu eigen zu machen; es ist die wohlverstandene Rücksichtnahme auf den guten Ruf ihrer Leistungen, welche sie zwingt, den Ringofen mit einer gewissen Vornehmheit links liegen zu lassen, und sich nur solcher Brennapparate zu bedienen, welche zwar viel weniger ökonomisch sind als jener, die in technischer Beziehung aber Vollkommeneres leisten.

Dieses konservative Verharren in einer Zeit, wo stetiges Fortschreiten die Basis geschäftlichen Emporblühens bildet, hat — trotz seiner scheinbaren Berechtigung — seine bedenklichen Schattenseiten, demgegenüber die Steigerung der Arbeitspreise, der Rohstoffe etc. auf unablässige Betriebsvervollkommnungen, auf die Einführung solcher Verbesserungen hinweisen, welche die Fabrikationskosten verringern, ohne den inneren und äusseren Werth der Arbeitserzeugnisse zu beeinträchtigen.

Zu diesen Fortschritten ist die Gasfeuerung und ihre Anwendung in all den Fällen zu zählen, wo die Leistungen des Ringofens qualitativ nicht genügen können, die Produktion aber eine hinlänglich grosse ist, um ein kontinuirliches Brennverfahren an Stelle des intermittirenden, wie es in eigentlichen Thonwaarenfabriken für Erzeugung werthvollerer Produkte meistens noch gefunden wird, einzuführen.

Man könnte dieser Ansicht die gewiss wenig ermuthigende Thatsache entgegenhalten, dass die mit der Gasfeuerung in der Thonwaarenindustrie erzielten Resultate durchweg noch keine so befriedigende sind, als dass dies Feuerungssystem als ein durchaus vollkommenes erscheinen könnte. Das muss in der That zugegeben werden, es fragt sich aber, ob in den verhältnissmässig immer noch seltenen Fällen, wo die Gasfeuerung auf diesem Industriegebiete zur Anwendung gekommen ist, auch diejenigen Mittel angewendet und solche Wege genommen wurden, um durchschlagende Erfolge erzielen zu können. Nach Lage der Sache müssen diese Fragen verneint, es muss vielmehr der Umstand hervorgehoben werden, dass Techniker und Industrielle zu der Gasfeuerung noch immer nicht die durch das Wesen dieser bedingte richtige Stellung eingenommen haben, welches die Universalität ausschliesst, das Specialisiren dagegen zur Pflicht macht, dass die Einen sie als Universalmittel ausbieten, die Andern sie als solches acceptiren, während die Gasfeuerung doch nur für ganz bestimmte Zwecke von wirklicher Bedeutung ist.

So ist es beispielsweise schon nicht zutreffend, wenn man, wie es noch häufig geschieht, die Gasfeuerung bedingungslos als das rationellere Feuerungssystem für die Thonwaarenindustrie hinstellt, denn es steht dem die Thatsache entgegen, dass, wenn unter sonst gleichen Verhältnissen Gasfeuerung und direkte Feuerung bezüglich des Brennstoffverbrauchs mit einander verglichen werden, jene mit dieser nicht nur selten zu konkurriren vermag, sondern dass in der grossen Mehrzahl der Fälle jene von dieser nicht unbeträchtlich überholt wird. Anders dagegen, wenn man einen Brennofen mit intermittirendem Betriebe und direkter Heizung durch einen kontinuirlichen Gasofen ersetzt, denn in diesem Falle wird dieser dem anderen gegenüber eine beträchtliche Brennstoffökonomie bei grösserer Ausgiebigkeit gewähren. Dieser Vergleich ist aber deshalb nicht richtig, weil die Verhältnisse nicht dieselben sind, das ist erst der Fall, wenn man dem kontinuirlichen Gasofen den Ringofen oder einen ähnlichen Ofen mit direkter Feuerung gegenüberstellt, in welchem Falle man zu dem Resultat gelangt, dass dieser für quantitativ gleiche Leistungen weniger Brennstoff erfordert als jener, dass die qualitativen Leistungen des Gasofens aber um so viel höher stehen als die des Ringofens, dass der Minderverbrauch an Brennstoff bei letzterem ganz in den Hintergrund tritt, immer unter der Voraussetzung, dass der Gasofen bezüglich der Qualität des darin erbrannten Produkts den Leistungen des Ofens mit periodischem Betrieb mindestens nahe kommt.

Als Beleg für diese Bemerkung mögen hier die als zuverlässig bezeichneten Brennresultate angeführt werden, welche auf der Ziegelei „Germania" bei Wittenberg in der Zeit vom 1. April bis 1. November 1879 mit einem Hoffmann'schen Ringofen einerseits und einem Mendheim'schen Gasofen andererseits erzielt worden sind[1]). Der Ringofen hat 18 Kammern von je 10000 Steine, der Gasofen mit 6 Generatoren hat 20 Kammern von ungefähr derselben Fassung. Das Brennmaterial für beide Oefen ist gesiebte Braunkohle von ziemlich guter Qualität. Der Ringofen lieferte bei flottem Betrieb 10000 Ziegel, der Gasofen 6000 täglich. Bei letzterem zeigte sich die Qualität des Brennmaterials und der Feuchtigkeitsgrad desselben von sehr grossem Einfluss, und konnten besonders nasse Kohlen den Betrieb sehr hemmen. Der Gasofen wird in fortwährendem Betrieb erhalten, er geht nicht aus.

Das Resultat in der oben angegebenen Brennzeit dieses Jahres war

---

[1]) Der Thonwaarenfabrikant, 1879 No. 24.

in Procenten ausgedrückt und zur Vergleichung die Ziegelpreise loco Berlin vom 7. November 1879 angenommen:

für den Ringofen:

		Proc.		Mk.	Mk.
a)	Verblender I. Qual.	21,7,	217 mill. à 72 =		15624
b)	„ II. „	4,9,	49 „ à 54 =		2646
c)	gute Klinker	47,0,	470 „ à 39 =		18330
d)	Hintermauerungssteine	26,4,	264 „ à 34 =		8076

die Million Ziegel = 45576

für den Gasofen:

		Proc.		Mk.	Mk.
a)	Verblender I. Qual.	67,9,	679 mill. à 72 =		48888
b)	„ II. „	10,4,	104 „ à 54 =		5616
c)	gute Klinker	14,4,	144 „ à 39 =		5616
d)	Hintermauerungssteine	7,3,	73 „ à 34 =		2482

die Million Ziegel = 62602

Nun kostete das Brennen von einer Million Ziegel incl. Einfuhr, Ausfuhr, Kohlen, Löhne etc. für den Ringofen 5500 Mark, für den Gasofen 8800 Mark. Diese Zahlen von den obigen Preisen abgezogen, gibt das Verhältniss des Werthes der gleichen Zahl im Ringofen gebrannter Steine zu den im Gasofen gebrannten wie 40076 : 53802 oder annähernd wie 3 : 4.

Vorausgesetzt, dass der Gasofen sowohl wie der Ringofen zum Brennen von Ziegelsteinen untergeordneter Qualität Verwendung fände, so würde ersterer für den Besitzer einen enormen Verlust herbeiführen, nicht nur in diesem, sondern in jedem anderen Falle auch, denn man kann hier zu Gunsten des Gasofens nicht einmal geltend machen, dass die Differenz zu Ungunsten desselben möglicherweise noch ausgeglichen werden könnte durch Benutzung geringeren Brennstoffs, weil für den Ringofen bereits ein Brennmaterial verbraucht wird, das in der Werthungsskala ziemlich tief steht. Das aber ergiebt sich aus den mitgetheilten Resultaten bis zur Evidenz, dass die volle und weitgehende Bedeutung der Gasfeuerung auf keramischem Gebiete da zur Geltung kommt, wo es sich um die Erzeugung besserer, edlerer Produkte handelt, wie sie nicht im Ringofen, wohl aber in periodischen Oefen mit Rostfeuerung und — bedingungsweise — auch im Gasofen erhalten werden.

Als ein wesentliches, für die Gasfeuerung entscheidendes Moment ist ferner die Thatsache zu betrachten, dass die Gasflamme eine weit intensivere Hitze entwickelt, als sie mit der direkten Feuerung unter gewöhnlichen Verhältnissen erzeugt werden kann. Die Gasfeuerung eignet sich daher besonders für das Brennen solcher keramischer Produkte, welche einer hohen Temperatur für den Garbrand bedürfen.

Der hohe Effekt, welcher von der Gasflamme entwickelt wird, macht sie auch besonders für das Brennen von Kalk geeignet. Schinz hat bereits experimentell nachgewiesen, von welcher Wichtigkeit die Gasfeuerung für das Brennen von Kalk ist, und wenn auch auf diesem Gebiete noch keine grossen Erfolge aufzuweisen sind, so ist doch in allen Fällen konstatirt worden, dass der im Gasofen erzeugte Kalk von ganz bedeutend besserer Beschaffenheit und grösserer Haltbarkeit ist, als der in Oefen mit schichtenweiser Beschickung von Kalk und Kohle, oder der in direkter Berührung mit Kohle überhaupt erbrannte Kalk. In allen solchen Fällen, wo durch hohe Temperaturen pyrotechnische Processe abgekürzt werden können, dürfte die Gasfeuerung auch hinsichtlich des Kohlenverbrauchs vortheilhafter, also ökonomischer sein als die direkte Feuerung. Escherich[1]) bestätigt erfahrungsgemäss, dass beim Brennen gewöhnlicher Ziegelsteine der Brennmaterialverbrauch bei der Gasfeuerung wesentlich höher als bei der direkten Feuerung des Ringofens ist, derart, dass sich der Kohlenverbrauch hier wie 3 : 2 verhält. Bei Erzeugung hoher Temperaturen dagegen, z. B. beim Brennen feuerfester Steine oder Kalk, ist der Brennmaterialverbrauch umgekehrt bei der Gasfeuerung geringer als bei gut betriebenen Ringöfen.

Eine andere, nicht zu unterschätzende und für mancherlei Zwecke wichtige Eigenschaft ist die Reinheit der Gasflamme, doch darf man diese nur im mechanischen Sinne auffassen, nicht aber, wie es noch so oft geschieht, der Ansicht Raum geben, als ob durch die Umwandlung der Kohle in Gas eine Abscheidung einzelner in der Kohle enthaltener Stoffe, wie z. B. die des Schwefels, möglich sei. Alle Bestandtheile der Kohle, welche bei der Erhitzung gasförmig werden, befinden sich in Gase, und wenn einzelne Bestandtheile desselben sich vor der Verbrennung aus der Gesammtheit der Gase ausscheiden, so geschieht das nur zufällig, z. B. durch Kondensation flüchtiger Destillate, durch Absorption von Schwefeldampf vermittels kalkhaltigen Mauerwerks der Gaskanäle. Die chemische Beschaffenheit der Flamme ist also ganz dieselbe bei der direkten wie bei der indirekten Verbrennung gleicher Brennstoffe, dagegen ist der Gasfeuerung der Vorzug eigen, dass mit derselben nichts von den festen Verbrennungsrückständen der Kohle in den Brennraum hineingelangt, und dass dieserhalb der Ofeneinsatz frei von jenen Anfrittungen, Schwärzungen und sonstigen Missfärbungen bleibt, welche entstehen, wenn der Brennstoff direkt in den Brennraum eingeführt wird.

Dieser Vorzug der Gasfeuerung ist indess viel zu hoch angeschlagen worden, insofern, als man daraus einen weiteren Vorzug ableitete, den nämlich, dass die Gasfeuerung dieserhalb ganz besonders geeignet sei, für die Erzeugung reinfarbiger Verblendsteine, Terrakotten etc. zu dienen, eine

---

[1]) Zeitschrift für Thonwaarenindustrie, 1877. S. 109.

Ansicht, die nur nothdürftig so lange als berechtigt gelten konnte, bis die wissenschaftliche Forschung darlegte, dass zur Lösung einer solchen Aufgabe noch Bedingungen ganz anderer Art zu erfüllen nöthig seien, als die Fernhaltung mechanischer Verunreinigungen, Bedingungen, welche es viel schwieriger machen, die aus gewissen Kategorien von Thonen erzeugten Verblendsteine etc. im Gasofen — trotz grösserer Umsicht in der technischen Leitung desselben — mit derjenigen Sicherheit brennen zu können, wie es ohne besondere Schwierigkeiten in den meist sehr primitiv eingerichteten periodischen Oefen mit Rostfeuerung gelingt.

Bestände das Wesentliche des Brennens von Verblendsteinen etc. nur, oder vorzugsweise nur darin, sie der erforderlichen hohen Temperatur auszusetzen und sie dabei soviel als möglich vor mechanischen Verunreinigungen zu schützen, so müsste der Gasofen naturgemäss das Höchste leisten, was auf diesem Gebiete der Thonwaarenindustrie zu beanspruchen ist; wir wissen aber, oder sollten es wissen, dass das Brennen von rein- und gleichfarbigen, unglasirten Verblendsteinen etc. mehr zu bedeuten hat, als nur für möglichst grosse Sauberkeit während des Brennens besorgt zu sein, es ist vielmehr ein während des Brennens sich abwickelnder chemischer Process, oder die Wechselwirkung einer Reihe chemischer Processe, die bestimmend auf die Färbung der Produkte einwirken, und in ihrem Verlaufe jene Färbungen hervorrufen, welche neben den übrigen unerlässlichen Eigenschaften, Festigkeit und Formvollkommenheit, als das Kriterium brauchbarer Fabrikate gelten.

Es wäre sehr überflüssig, diesen Process hier wiederholend abzuhandeln, es genügt, sich hier daran zu erinnern, dass es der Wechsel von reducirenden und oxydirenden, bald auch nur allein von oxydirenden Einflüssen der Feuerluft auf den Thon ist, in deren Gefolge jene charakteristischen Färbungen hervortreten, unter denen die hellfarbigen, gelb nüancirten zur Zeit am höchsten geschätzt sind. Derartige Färbungen im Brennofen annehmende, aus kalkhaltigen und eisenarmen, wie auch aus den kalkfreien Braunkohlenthonen fabricirte Verblendziegel und Terrakotten sind es eben, welche bei abwechselnd reducirender und oxydirender Feuerluft gebrannt werden müssen, und deren Erzeugung im Gasofen mit der nöthigen Sicherheit des Erfolges noch nicht erreicht worden ist, während es entschieden leichter gelingt, aus eisenhaltigen Thonen rothe Verblender etc. reinfarbig zu erzielen[1]).

Die für das Brennen gelbfarbiger Verblender dienenden Oefen sind der überwiegenden Mehrzahl nach von ausserordentlich einfacher, primitiver Konstruktion, insofern nämlich, als dabei auf ökonomischen Effekt wenig Werth gelegt wird; sie charakterisiren sich durch die Periodicität des Be-

---

[1]) Man vergleiche über diesen Gegenstand Dr. Seger's grundlegende Arbeit in der Thonindustrie-Zeitung 1876 No. 3 f.

triebes, wobei auf Ausnutzung der in den Verbrennungsgasen und in der fertig gebrannten Waare nach Beendigung des Brandes reichlich enthaltenen Wärme nie oder doch nur in äusserst seltenen Fällen Rücksicht genommen wird. Diese Oefen haben stets Rostfeuerungen, entweder durchgehende oder nur an der Peripherie des Ofens — bei Rundöfen — angebrachte, sie sind nicht selten ungewölbt und dann ohne Schornstein, oder meistens mit einem solchen versehen, wenn sie gewölbt sind.

Der Feuerrost ist bei diesen Oefen immer eine konstante Grösse, die Menge der denselben passirenden Luft, und diese wird dem Ofen ausschliesslich durch den Rost zugeführt, von zufälligen Undichtheiten im Mauerwerk abgesehen, aber ist eine sehr veränderliche. Sie wird bei gleichbleibender Abführung der Verbrennungsgase dann am grössten sein, wenn der Rost nur niedrig mit Kohle bedeckt, resp. diese stark herabgebrannt, am geringsten dann, wenn der Rost hoch mit Kohle bedeckt ist, also unmittelbar nach dem Aufschütten frischen Brennmaterials, weil alsdann die Luft grössere Widerstände beim Durchgang durch den Rost findet, als im ersten Falle.

Diese Gegensätze im Gange eines solchen Ofens wechseln nun in einem fort mit mehr oder minder auffälliger Schroffheit ab, und es wird naturgemäss die Periode der lebhaftesten, grössten Lufteinströmung in den Ofen, statthabend bei herabgebrannter Beschickung des Rostes und rauchfreier oxydirender Verbrennung, ziemlich unvermittelt mit derjenigen der beschränkten, verminderten Luftzufuhr bei frischer Beschüttung des Rostes und unvollkommener reducirender Verbrennung zusammentreffen, wenn die Beschüttung des Rostes nur in grösseren Intervallen stattfindet. Man hat es aber auch ganz und gar in der Hand, der Verbrennung eine beliebig lang andauernde, annähernd vollkommen oxydirende oder reducirende Wirkung zu geben, je nachdem man durch wissenschaftliche oder empyrische Gründe, oder auch durch blosse Angewöhnung geleitet wird, und in den weitaus meisten Fällen wird letzteres der Fall sein: der Brenner wird erst dann den Rost wieder beschicken, wenn das Niederbrennen der Kohle ihn an seine Pflicht gemahnt.

Es hat sich für den Betrieb solcher Oefen eine Praxis herausgebildet, die nichts mit wissenschaftlicher Erkenntniss des Brennprocesses und der Vorgänge innerhalb des Brennofens zu thun hat, und doch erzielt man mit einer solch rohen Praktik Resultate, die hinsichtlich des qualitativen Erfolges durchaus befriedigen, einzig und allein deshalb, weil die für das Brennen hellfarbiger, d. h. gelber Verblendsteine, geltenden Bedingungen sich in einem solchen Ofen fast wie von selbst erfüllen. Es ist eben der stete, selbstthätige Wechsel von Oxydations- und Reduktionswirkungen der Verbrennung, der sich innerhalb des Ofens vollzieht und in so einschneidender Weise auf die Farbenausprägung der Thone wirkt. —

Wenn nun auch vom Standpunkt der modernen Technik und der

Oekonomie das System der periodischen Brennöfen als durchaus mangelhaft erscheint, so muss doch zugegeben werden, dass dasselbe bezüglich seiner qualitativen Leistungen auf dem hier allein in Betracht kommenden Gebiete der Verblendsteinfabrikation diejenigen des Gasofens im allgemeinen noch immer übertrifft, einzig und allein aus dem Grunde, weil diejenigen chemistischen Funktionen der Verbrennung, welche auf den Thon farbegebend einwirken, in Oefen vorbeschriebener Art wie von selbst sich einstellen, während sie im Gasofen künstlich hervorgerufen werden müssen, ein Umstand, an welchem nicht selten das volle Gelingen der Ofenbrände scheitert, mit Sicherheit aber scheitern muss, wenn der konstruktive Organismus des Gasofens ein solch unvollkommener ist, dass sich mittels desselben der Wechsel in der Feuerwirkung nicht hervorrufen lässt.

Um sich auf diesem Gebiete orientiren und sich Gewissheit darüber verschaffen zu können, welches Gasofensystem den Bedingungen, unter welchen sich gelbe Verblender erzeugen lassen, entspricht, und welches das nicht vermag, muss man sich vor Allem Klarheit darüber verschaffen, in welchem Verhältniss die in einem Gasofen sich vollziehenden Verbrennungsvorgänge zu denen stehen, die sich in vorgenannter einfacher, aber wirkungsvoller Weise innerhalb eines periodischen Ofens mit Rostfeuerung abwickeln. Man muss sich im Weiteren mit den speciellen Einrichtungen des Gasofens bekannt machen, muss wissen, wie die Verbrennungseinrichtungen desselben konstruirt sind, wie Gas und Luft in den Verbrennungsraum eingeführt werden, ob jede dieser Substanzen für sich oder beide zusammen als bereits entzündetes, oder beim Eintritt in den Ofen erst sich entzündendes Gemenge etc.

Bisher haben sich in der Praxis nachbenannte, wohlunterschiedene Gasofen-Konstruktionen eingeführt:

1) Der nach Hoffmann's Ringofen konstruirte Gasofen mit endlosem Brennkanal. Das Gas tritt durch in der Sohle des Ofens vorhandene Brenner regulirbar in die brennende Abtheilung ein, während die Verbrennungsluft ohne besondere Regulirvorrichtungen, ganz wie beim eigentlichen Ringofen, in die im Betriebe befindlichen Abtheilungen hineingelangt. Die Luft vertheilt sich über den ganzen freien Querschnitt des Ofens und durchströmt denselben nur in horizontaler Richtung; die Mischung des Gases mit der Luft geschieht erst innerhalb des Verbrennungsraumes selbst; der Abzug der Feuergase aus den brennenden nach den vorwärmenden Abtheilungen erfolgt im ganzen freien Ofenquerschnitt (älterer Gas-Ringofen der Thonwaarenfabrik Schwandorf; Bührer's verkürzter Gasofen).

2) Der Gas-Kammerofen. Gas und Luft treten regulirbar aus gemeinsamen oder sehr nahe bei einander liegenden Brennern in den Verbrennungsraum ein, so dass die Entzündung des brennbaren Gemisches

unmittelbar an der Sohle des Ofens erfolgt oder doch eingeleitet wird. Die Wirkung der Flamme geht mehr von der Sohle nach dem Gewölbe, der Abzug der Feuergase aus der brennenden in die vorwärmende Abtheilung erfolgt mehr in der Vertikalen, weniger in der Horizontalen durch im Fusse der festen Zwischenwände enthaltene Oeffnungen (Gasofen von Mendheim; Gasofen der Chamottefabrik Göppersdorf; Gasofen von Stegmann).

Gegen das unter 1. genannte Ofensystem lässt sich geltend machen, dass dasselbe eine innige Mischung von Gas und Verbrennungsluft — eine unerlässlich zu erfüllende Bedingung der Gasfeuerung — schon deshalb ausserordentlich erschwert, weil die heissere und daher specifisch leichtere Luft sich der grösseren Menge nach in der Nähe des Gewölbes durch den Ofen bewegen wird, während das kältere, daher schwerere Gas nahe über der Sohle durch den Ofen zieht, so dass sich zwei getrennte Strömungen in demselben bemerkbar machen müssen. Diese Annahme, die durch Mendheim[1]) und Dr. Seger[2]) bestätigt wurde, wird dadurch wenig moderirt, dass die für Erhitzung der Verbrennungsluft dienende, in der kühlenden Abtheilung angesammelte Wärme bald vermindert, die Verbrennungsluft also gegen das Ende des Brandes hin mit einer geringeren Temperatur in die brennende Abtheilung eintritt, weil die Differenz zwischen der äusseren Temperatur und der, wenn auch schon sehr abgekühlten, fertig gebrannten Abtheilung noch immer gross genug ist, die durchströmende Luft über die Aussentemperatur zu erwärmen und sie dadurch aufwärts unter das Gewölbe zu treiben, unter welchem hin sie sich jetzt um so mehr bewegen wird, als in der brennenden Abtheilung durch das bereits eingetretene Schwinden des Einsatzes unterhalb des Gewölbes eine freie Passage entstanden ist, die der gradlinigen, horizontalen Bewegung der Luft nur Vorschub leistet. Da — beiläufig bemerkt — ein Zwang für die Vereinigung beider zum Theil getrennt durch den Ofen gehenden Ströme von Gas und Luft am Ende der brennenden Abtheilung, beim Uebertritt der Feuergase in die vorwärmende Abtheilung, garnicht vorhanden, so ist das innerhalb der brennenden Abtheilung nicht zur Entzündung gelangende Gas für den Ofenbetrieb als verloren zu betrachten, was nicht der Fall sein würde, wenn man die Feuergase, wie es beim Kammerofen geschieht, durch enge Kanäle in die vorwärmende Abtheilung austreten lassen könnte, wobei, das Vorhandensein der nöthigen Luft vorausgesetzt, die Entzündung und Verbrennung des in den Uebergangskanälen zusammengepressten Gases mit Sicherheit noch in diesen erfolgt.

Es kann keinem Zweifel unterliegen, dass bei einem Ofen dieses Systems grosse Schwankungen und Ungleichmässigkeiten im Gange der Ver-

---

[1]) Töpfer- und Ziegler-Zeitung 1877 No. 31.
[2]) Thonindustrie-Zeitung 1878 No. 24.

brennung vorkommen müssen. In den der Ofensohle näher gelegenen Partieen der brennenden Abtheilung wird, wenn Luft nicht in bedeutendem Ueberschusse durch den Ofen gehen soll, augenscheinlich Verbrennung mit Luftmangel, in den mittleren Zonen aber jedenfalls Verbrennung mit Luftüberschuss stattfinden, während nahe dem Ofengewölbe nur atmosphärische Luft und Feuergase cirkuliren werden.

Wenn man aber auch zugeben könnte, dass die Luft sich gleichmässig über den ganzen Querschnitt des Ofens vertheilt, so müssten sich doch nichts destoweniger sehr bedeutende Ungleichmässigkeiten in der Beschaffenheit der Flamme und ihrer Wirkungen auf den Ofeneinsatz in den hintereinander liegenden Theilen der brennenden Abtheilung geltend machen. Wenn beispielsweise das den letzten Brennern entströmende Gas noch zur vollkommenen Verbrennung gelangen soll, so müssen nothwendig die ersten Brenner ein Luftquantum zugeführt erhalten, das um diejenige Menge zu gross, welche die hinteren Brenner für sich beanspruchen. Es muss demnach auch im günstigsten Falle bei den vorderen Brennern eine Verbrennung mit sehr bedeutendem Luftüberschuss stattfinden, sobald die hinteren noch vollkommene Verbrennung unterhalten sollen, wenn aber umgekehrt in einem solchen Ofen reducirend gebrannt werden soll, und das hätte doch nur Sinn, wenn es in allen Theilen der brennenden Abtheilung geschieht — vom ersten bis zum letzten Brenner — so ist schwer abzusehen, welche Art der Verbrennung unter diesen Umständen bei den hinteren Brennern stattfinden wird, wenn die vorderen Reduktionsflamme entwickeln. Dass zu alledem noch die Verbrennungsluft von Brenner zu Brenner mit den Verbrennungsgasen der vorderen beladen, wodurch ihre chemische Kraft immer schwächer wird, und dass endlich das grosse Uebermaass an Luft, welches den ersten Brennern nothwendig zugeführt werden muss, die Temperatur hier ausserordentlich zurückhält, mag an dieser Stelle nur beiläufig erwähnt werden.

Von einem wirksamen Wechsel zwischen reducirender und oxydirender Verbrennung, wie er für die Erzeugung gelber Verblender nothwendig ist, kann bei diesem Ofensystem keinenfalls die Rede sein, es sei denn, dass es praktisch ausführbar wäre, den Zutritt der atmosphärischen Luft derart im Ofen zu vertheilen, dass jedem Brenner das erforderliche Quantum regulirbar zugeführt werden könnte. Ob eine solche Vervollkommnung des Systems möglich ist, ohne dasselbe überhaupt aufgeben zu müssen, erscheint mindestens sehr zweifelhaft.

Für Erzeugung heller Verblender ist das System hiernach als gänzlich unbrauchbar zu bezeichnen, dagegen dürfte es weniger schwierig sein, dasselbe mit Erfolg für das Brennen rothfarbiger Fabrikate nutzbar zu machen, weil für diese die in Oefen dieser Art vorherrschende oxydirende Verbrennung nur günstig ist.

Der neue Gas-Ringofen der Thonwaarenfabrik Schwandorf unterscheidet sich von dem älteren dadurch, dass das Gas nicht an der Sohle austritt, sondern zunächst in Röhren aufsteigt, aus denen es durch zahlreiche kleine Oeffnungen in den Verbrennungsraum eintritt; dadurch wird eine viel gleichmässigere Vertheilung des Gases in allen Höhenlagen des Ofenquerschnitts erreicht. Ein weiterer und grosser Vorzug des Ofens ist es auch, dass der Gaszufluss einer jeden Röhre besonders regulirbar ist, dagegen hat er mit den unter 1. genannten Oefen den endlosen Brennkanal, und damit auch alle jene Uebelstände, vielleicht in etwas abgeschwächteren Graden, gemein, welche aus dieser Eigenthümlichkeit entspringen.

Das Kammerofen-System entspricht den oben entwickelten Bedingungen augenscheinlich viel besser, so viel besser, dass die Ansicht berechtigt scheint, es müsse hierbei die Verbrennung sich sehr genau reguliren lassen, weil man es in der Hand habe, durch Verminderung der Luftzuströmung oder Vermehrung des Gaszuflusses bald eine oxydirende, bald eine reducirende Verbrennung zu entwickeln.

Dieser Annahme kann man nur bedingungsweise zustimmen, unter dem Vorbehalt nämlich, dass unter allen Umständen reichliche Mengen Gas von normaler Beschaffenheit zur Verfügung stehen und dass für die Bemessung der in den Ofen eintretenden Verbrennungsluft ebenso genau und sicher funktionirende Vorrichtungen vorhanden sind, wie man solche für das Gas als nothwendig erachtet.

Aber selbst dann noch, wenn auch die Verbrennungsluft in genau regulirter Menge in den Ofen eingeführt werden kann, so bietet es doch unter gewöhnlichen Verhältnissen noch immer nicht geringe Schwierigkeiten, eine in allen Theilen der brennenden Abtheilung gleiche Ofenatmosphäre, reducirend oder oxydirend, zu erzeugen und angemessen lange zu erhalten.

Man muss hierbei beachten, dass jede Düse eine besondere Feuerung ist, die einem Rostfeuer gegenüber den grossen Nachtheil hat, dass sie als Einzelfeuer sich der wirksamen Kontrole gänzlich entzieht, sie ist in der Intensität und Beschaffenheit der entwickelten Flamme vielmehr einzig und allein abhängig von der Quantität und auch der Qualität der durch die Ventile in die innerhalb der Ofensohle belegenen Gas- und Luftvertheilungskanäle einströmenden Brennsubstanz. Bei konstantem Schornsteinzug und bei gleichbleibendem freien Querschnitt der Einlässe für die Verbrennungsluft wird die in den Ofen eintretende Menge derselben zwar ein annährend sich gleichbleibendes Volumen repräsentiren, nicht so auch beim Gase. Denn die Produktivität der Generatoren unterliegt, was Quantität sowohl wie Qualität des Gases anbetrifft, nicht unbeträchtlichen Schwankungen, und so wird das Verhältniss zwischen Gas und Luft sich häufig ändern, ohne dass man in der Lage ist, die Ventile demgemäss einstellen zu können, zumal nicht jedem Brenner separat Gas und Luft zugeführt werden kann, sondern immer eine Anzahl solcher von je einem

Ventil für Gas und Luft abhängig ist, und damit entzieht sich denn auch schon der Gang des Feuers unserer bestimmenden Leitung.

Liegt schon hierin ein grosser Uebelstand, so gesellt sich dazu bei ungenügender Gasproduktion noch ein anderer, der darin besteht, dass die geringere als für die Füllung aller Gasdüsen erforderliche Gasmenge sich nicht etwa auf alle Düsen gleichmässig vertheilt, sondern dass das Gas nur aus wenigen Brennern, und zwar nur aus solchen ausströmt, welche ihm die wenigsten Widerstände bieten. Es kann und wird also der Fall eintreten, dass aus allen Luftdüsen eine reichliche Quantität Verbrennungsluft in den Ofen einströmt, während nur wenige Gasdüsen funktioniren, und andere überhaupt kein Gas oder doch zu wenig liefern, so dass immerhin in einem Theile des Ofens Reduktionsfeuer, in einem anderen Oxydationsfeuer vorhanden sein kann, während wieder an einzelnen Stellen überhaupt kein Feuer zur Geltung kommt, weil hier nur atmosphärische Luft eindringt. Von einer gleichmässig und zu gleicher Zeit über den ganzen Ofeninhalt wirksamen reducirenden Verbrennung kann auch hier nicht unbedingt die Rede sein.

Es ist nun wohl versucht worden, und auch nicht ganz ohne Erfolg, die ungleichmässige Vertheilung des Gases dadurch zu beseitigen, dass auf Grund der aus einer Reihe von Betriebsresultaten geschöpften Erfahrung die Düsen da verkleinert wurden, wo Gas und Luft zunächst austraten, dort vergrössert wurden, wo der Austritt am trägsten erfolgte, das Mittel ist aber in Hinsicht auf die beim Brennen heller Verblender zu erfüllenden Bedingungen von keiner grösseren Bedeutung; der einfachste, und gleichzeitig sicher zum Ziele führende Weg ist wohl einzig und allein der, das Gas mit Druck und die Verbrennungsluft mit ebenso exakter Regulirung in den Ofen eintreten zu lassen, wie das Gas. Sind die Querschnitte der Düsen für Gas und Luft hierbei richtig bemessen, so bietet es keine unüberwindlichen Schwierigkeiten mehr, wenigstens ein wirksames Reduktionsfeuer zu erzielen, weil dann nicht nur ausgiebige, sondern selbst überschüssige Gasquantitäten zur Verfügung stehen, die oxydirende Verbrennung stellt sich dann später bei vermindertem Gasdruck oder vermehrter Luftzuführung schon von selber ein.

Die Schwierigkeiten, welche sich dem Brennen heller Verblendsteine etc. aus kalkhaltigen Thonen noch entgegenstellen, resultiren, das kann als sicher gelten, nicht etwa aus der Wesenheit der Gasfeuerung selbst, sondern allein aus den Zufälligkeiten verschiedenster Art, welche auf den Gang der Verbrennung im Gasofen störend einwirken. Diese lassen sich der Mehrzahl nach auf den unregelmässigen Gang der Generatoren zurückführen, auf deren meist ungenügende Gasproduktion zur Zeit des Bedarfs grösserer Gasmengen für Unterhaltung kräftigen Reduktionsfeuers, aber auch auf fehlerhafte Konstruktion der Oefen selbst, bezüglich der Luftzuführung. Immer aber wird man dahin streben müssen, den Gang der Generatoren vom Schornstein unabhängig zu machen und den Vergasungsprocess durch mechanische Hülfsmittel zu unterstützen, um so zu jeder Zeit genügende Gasmengen verfügbar zu haben. Nach dieser Richtung hin leistet Körting's Dampfstrahl-Unterwindgebläse alles, was man verlangen kann, jedenfalls mehr als Windgebläse, indem es mittels des mit der Luft in den Generator eingeblasenen Wasserdampfes den Vergasungsprocess auch nach der chemischen Seite hin rationell unterstützt.

Mit der bei Anwendung des Körting-Gebläses zu erreichenden, übrigens in jedem Falle werthvollen Lenksamkeit des Gasofens wird man auch die Schwierigkeiten beseitigen, welche sich der vollen Nutzbarmachung desselben für die Verblenderfabrikation noch entgegenstellen. Es ist das nicht etwa nur eine spekulative Ansicht, sondern ein Erfahrungssatz aus der Praxis, die das Gesagte nachdrücklichst bestätigt.

Auf anderen, weniger prekären Gebieten der Thonwaarenindustrie hat sich die Einführung der Gasfeuerung ohne besondere Anstände vollzogen, dahin gehören z. B. die Fabrikation glasirter Thonröhren und feuerfester Materialien, während die vornehmeren Stufen, die Porcellan- und Steingutfabrikation sich der Gasfeuerung gegenüber noch immer sehr kühl verhalten. Die Königliche Porcellanmanufaktur in Charlottenburg sowie die Norddeutsche Steingutfabrik in Grohn bei Vegesack dürften zur Zeit die einzigen Unternehmen von Bedeutung sein, welche ihre Fabrikate im Gasofen (Mendheim's Kammerofen) brennen.

Siebenter Abschnitt.
Gasöfen zum Brennen von Thonwaaren.

Wenn man von einzelnen Ofenkonstrukticnen zweifelhafter Natur und Bedeutung absieht, so sind es unter den kontinuirlichen Oefen eigentlich nur zwei Systeme, welche auf dem Gebiete der keramischen Gasfeuerung wettwerben: der Gas-Ringofen und der Kammerofen

Von diesen beiden imponirt der erstere ganz besonders durch die Einfachheit seiner Konstruktion, und hierin mag gewissermaassen die Erklärung dafür gefunden werden, dass trotz der vielen, an dieses System sich knüpfenden Misserfolge die Aufgabe immer wieder zu lösen versucht wird, den Ringofen für die Befeuerung mit Gas tauglich zu machen.

Unter den nach dieser Richtung hin gemachten Versuchen mag seiner weiteren Entwickelung wegen nur der der Thonwaarenfabrik Schwandorf bei Regensburg erwähnt werden, die für Zwecke der eigenen Fabrikation einen Ringofen mit Gasfeuerung einrichtete, welchen Verf. im Herbst des Jahres 1877 zu sehen Gelegenheit hatte. Die Brennresultate waren augenscheinlich nicht die besten; die Verbrennung in den unteren Theilen des Ofens eine sehr ungleichmässige, wie stellenweise vollständige Schwärzung des Ofeneinsatzes bekundete, und wenn auch die Fabrik selbst nach aussen hin ihre Zufriedenheit mit dem System zu erkennen gab, so muss doch wohl ein sehr triftiger Grund vorhanden gewesen sein, auf eine durchgreifende Verbesserung desselben hinzuarbeiten, um durch solche die übelen Einwirkungen der ungenügenden Mischung von Gas und Luft zu beseitigen, welche in den Brennresultaten deutlich erkennbar waren.

Die offenbaren Mängel dieses Ofens führten die Schwandorfer Fabrik, resp. den Mitbesitzer derselben, Herrn H. Escherich, zu konstruktiven Veränderungen des Systems, welche in erster Reihe darin bestanden, das Gas nicht mehr stumpf am Boden austreten, sondern es zunächst in Thonröhren — welche ihren Platz inmitten des Einsatzes finden — aufsteigen zu lassen, aus welchen es durch zahlreiche kleine Oeffnungen in allen Höhenlagen des Ofens austritt.

Diese Anordnung ist eine ebenso einfache wie ingeniöse, wie sie denn auch an sich als ein sehr bemerkenswerther Fortschritt bezeichnet werden muss, in Hinscht auf den Gas-Ringofen aber ist sie viel weniger hoch anzuschlagen, weil sie die eigentlichen Mängel desselben um nichts verkleinert, vielleicht noch vergrössent, dadurch, dass sie dem Ofen das so wirksame Sohlenfeuer gänzlich entzieht. Nicht dadurch, dass man das Gas über den ganzen Ofenquerschnitt zu vertheilen und zu verbrennen sucht, kann man dem Uebel der einseitigen Verbrennung steuern, sondern einzig und allein nur dadurch, dass man die Verbrennungsluft zwingt, unter allen Umständen sich mit dem Gase in einem angemessenen Verhältnisse mischen zu müssen, indem man derselben die Möglichkeit nimmt, auf einem anderen Wege als mit dem Gase zugleich in den Ofenraum eintreten zu können.

Man kann der Anwendung dieses Mittels, durch welches das Gas in allen Theilen des Ofens von der Sohle bis nahe an das Gewölbe zur Vertheilung und Verbrennung gebracht werden soll, nicht einmal den Werth gleichförmiger Ausbreitung der Hitze ungeschmälert lassen, denn Verf. hat Fälle — nicht einen — beobachtet, dass die Wirkung einer solchen Flammenvertheilung auf den Einsatz eine gradezu zerstörende war, unter Umständen, welche die Annahme berechtigt erscheinen lassen, dass, wenn die vielen hundert Gasflammen in einige wenige, am Boden austretende, zusammen gezogen würden, der Brand viel gleichmässigere Resultate ergeben haben würdé.

Der Verbrennung in der vorbezeichneten Weise Zwang anzulegen, ist aber erst eine der Bedingungen, welche der Techniker zu lösen hätte, wenn er darauf besteht, das Ringofensystem ursprünglichster Form für die Gasfeuerung passend zu machen, eine andere bestände darin, ein Mittel aufzufinden, durch welches das Feuer gegen den rapiden Vordrang der Abkühlung zu schützen ist, die bis in den Verbrennungsprocess störend hineingreift, und auf die gebrannte Waare in der Mehrzahl der Fälle schädliche Wirkungen ausübt.

Dies ist auch nur eine Folge des Umstandes, dass der Ringofen ein nur so wenig feiner Organismus ist, dass dem einen Stadium des Brennprocesses das billig sein muss, was dem anderen recht ist, und umgekehrt. Was für das Feuer an Luft erforderlich ist, und das ist unter normalen Verhältnissen wenig gegenüber dem, was in Wirklichkeit den Ofen passirt, das muss auch durch die fertig gebrannte Abtheilung hindurch, ohne dass dem im Zustande höchster Erhitzung sich befindenden Einsatz Zeit gelassen ist, sich in Berührung mit wenig Luft langsam bis auf einen Grad abzukühlen, der unbeschadet der Qualität des Produkts jetzt eine sehr energische Kühlung durch grosse Mengen lebhaft zu- und abgeführter Luft zulässt, welche zum Trocknen und Vorwärmen in anderen Theilen des Ofens wirksamste Verwendung zu finden hat. Für Waaren von untergeordneter Bedeutung mag ein solcher Gang des Brennprocesses genügen; mit den Eigenthümlichkeiten der Gasfeuerung, und diese hat doch nur für die höheren Stufen der Thonwaarenfabrikation ihre volle Berechtigung, steht er in einem unvereinbaren Widerspruch.

So lange nicht durchgreifendere Umgestaltungen des Systems, insbesondere nach den bezeichneten Richtungen hin, bewirkt werden, wenn sich solche überhaupt auf Basis desselben bewirken lassen, so lange muss man mit den unvermeidlichen Uebelständen des Gasringofens rechnen und auf Brennfehler und unliebsame Erscheinungen gefasst sein, wie sie eine süddeutsche Thonwaarenfabrik in Bestätigung der oben gemachten Ausstellungen in einem Exposé über den Ofen und die damit erzielten Betriebsresultate mittheilt.

In dem Gasringofen von Escherich, heisst es in dem Bericht u. A., sind Falzziegel recht gut gebrannt worden, am Boden ebenso gut wie am Gewölbe; sie standen nach dem Brennen ganz grade im Ofen; die Farbe war ausgezeichnet schön roth. Dagegen war es nicht möglich, Trottoirplatten in dem Ofen zu brennen, weil die Stösse vom Feuer derartig angegriffen wurden, dass sie zusammengefallen sind.

Das Brennen der Trottoirsteine wurde sofort aufgegeben, aber auch mit dem Brennen der Falzziegel konnte nicht weiter gegangen werden, es hat der Betrieb vielmehr eingestellt werden müssen.

Bei den Falzziegeln, aber auch bei den Trottoirplatten, sind die untersten zwei Schichten schepperig (taubklingend) geworden. Diese Erscheinung kam her von der zu raschen Abkühlung auf der einen, und von dem zu raschen Anpacken des Feuers auf der anderen Seite, mit anderen Worten von zu wenig Hinterfeuer und zu wenig Vorderfeuer. Wegen des zu raschen Abkühlens wurde fortwährend ein nicht verschmierter Blechschieber in die ausgebrannten Abtheilungen eingesetzt, wodurch es möglich wurde, mehr Hinterfeuer zu halten und die Abkühlung zu verlangsamen· Durch dieses Mittel wurde wenigstens erreicht, dass nicht mehr wie vorher drei bis vier Schichten hoch, sondern nur noch die zwei unteren Schichten Falzziegel schepperig wurden.

Im Durchschnitt sieht das Feuer im Ofen etwa so aus:

Fig. 31.

Die glühenden Partien des Ofeneinsatzes sind in der Abbildung durch Schraffirung, die bereits abgekühlten oder noch nicht sichtbar erwärmten Theile sind durch schwarzen Ton angedeutet.

11*

Aus der Abbildung ergiebt sich, dass das Feuer resp. die Glut unterhalb des Gewölbes sich weiter nach vor- und rückwärts ausbreitet, als an der Sohle des Ofens, es versteht sich daher von selbst, dass die unteren Schichten des Einsatzes schneller abgekühlt und schneller, d. h. unvermittelter vom Feuer angegriffen werden als die oberen Schichten.

Weiterhin heisst es in dem Bericht:

Es wird beabsichtigt, den Ringofen in einen Kammerofen mit überschlagendem Feuer umzubauen, wodurch die vorgenannten Uebelstände hoffentlich beseitigt werden[1]).

Die Falzziegel und Trottoirplatten werden dann, nach Wegfall der Gaspfeifen, wieder schachbrettförmig eingesetzt. Die unteren Schichten können nicht mehr schmelzen und daher die oberen besser tragen; die Abkühlung kann nicht mehr von unten her kommen und nicht mehr so leicht Kühlrisse machen. Die Glut der ausgebrannten Kammern wird besser zurückgehalten, weil sie nicht mehr in grader Linie weiter ziehen kann, und weil auch in den Zwischenmauern und den Bodenkanälen eine Masse Glut angesammelt ist, welche die Abkühlung verlangsamt.

Das Vorschmauchen geht auch besser, weil aus den ausgebrannten Kammern überflüssige Hitze herausgezogen werden kann, und weil nicht blos eine einzige Kammer, sondern eine beliebige Anzahl zugleich kräftig vorgeschmaucht werden kann. Bei dem Ofen in seiner jetzigen Gestalt hatte nur wenig Wärme aus den fertig gebrannten Abtheilungen genommen werden können, weil sie ohnehin schon zu schnell abkühlten, und in den auszuschmauchenden Kammern ist die eingeführte warme Luft wahrscheinlich nur am Gewölbe entlang nach dem Rauchloch gezogen, ohne die Ziegel in den unteren Theilen der Kammer zu berühren.

Vorher schon hatte Jak. Bührer in Constanz mit seinem verkürzten Gasofen, bei welchem der Ofenring in eine Anzahl nebeneinander liegender, nicht unterbrochener Brennkammern zerlegt ist, einen scheinbar immensen Erfolg errungen; es dürfte dieser Erfolg indess mehr auf die Neuheit und Billigkeit des ganzen Arrangements, als auf besonders gute Eigenschaften der Leistungen des Ofens zurückzuführen sein. Thatsache ist es, dass dieser Ofen wohl nur in ganz vereinzelten Fällen und unter sehr günstigen Fabrikationsbedingungen den Anforderungen der Erbauer entsprochen hat und auch nur entsprechen konnte, was von dem Konstrukteur in einer Selbstkritik seines Ofens und der naturgemässen Mängel desselben — wenn auch nur vom beschränkten Standpunkte des Eigeninteresses — mit lobenswerther Offenheit zugestanden ist.

Der Bührer-Ofen hat mit allen Gasöfen dieses Systems das gemein, dass das Gas an der Sohle des Ofens durch eine Anzahl von Oeffnungen

---

[1]) Diese Erwartung scheint durch die Anlage eines Mendheim'schen Ofens in befriedigendster Weise erfüllt worden zu sein.

in diesen eintritt, und dass die Luft in horizontaler Richtung über das eintretende Gas hinwegströmt, eine Anordnung, die, wie des öfteren erwähnt, entschieden misslich ist, die aber viel weniger schädlich wirkt, wenn man, wie Bührer gethan, dem Ofen nur geringe Querschnittsdimensionen giebt. Dass diese Anordnung aber auch bei diesem Ofen keine perfekte Gasverbrennung, am allerwenigsten eine regulirbare, in Bezug auf oxydirende und reducirende Verbrenung, ermöglichte, geht aus der schon erwähnten Mittheilung Bührer's bei Gelegenheit der Avisirung einer Verbesserung seines Ofensystems hervor.

Unsere Oefen mit Gasfeuerung, berichtet Bührer[1]), litten und leiden an denselben Uebelständen, wie die Petroleumlampen (?). Man lieferte viel zu viel Gas und sah dabei weniger auf eine rationelle Verbrennung. Die Wirkung der Gasflamme war mehr eine lokale, die zunächst der Flamme aufgestellten Waaren hatten darunter zu leiden, sie brannten sich zu rasch und ungleichmässig, die ferner stehenden erhielten dagegen nicht die erforderliche Temperatur.

Wir müssen die Gasflammen desshalb kleiner machen und gleichzeitig solche mit der Abnahme an Stärke nach Zahl vermehren; dadurch erreichen wir, dass die einzelne Flamme nicht zu sehr die nächststehenden Waaren angreift, und dass sie auch nicht mehr auf so grosse Abstände Waaren brennen muss, wie solches bis jetzt erforderlich war. Die Fläche des Ofens, welche bis jetzt etwa vier Brenner erhielt, soll nun mit einem Mal acht bis zehn und zwölf erhalten, und alle diese Flammen sollen nur von dem ursprünglichen Gasstrom, der bisher vier Brenner speiste, unterhalten werden.

Die Vertheilung derselben starken Gasflamme nach oben bis gegen das Gewölbe, wie man solches durch einen Rohraufsatz erreichen wollte, der seitlich durch viele kleine Oeffnungen das Gas zur Verbrennung abgab, erreichte desshalb den beabsichtigten Zweck nicht, weil der mächtige Gasstrom auf derselben senkrechten Linie nach oben zur Verbrennung gelangte und daher die nächststehenden Waaren gleich stark zu leiden hatten. In dem Falle, wo die Waaren vorzugsweise nur unten, zunächst über der Ofensohle, gelitten hätten, würden solche Röhrenaufsätze diesen Uebelstand aufgehoben haben; derselbe war aber nicht vorhanden. Wie schon bemerkt: es muss die Anzahl der Brenner vermehrt und gleichzeitig die Flammenstärke reducirt werden. Hierdurch sind die Flammen auf allen Stellen des Ofens gleich stark und das Steigern der Wärme oder Hitze wird auf allen Stellen desselben Querschnitts im Ofen regelmässig erfolgen, die Differenzen werden soweit unbedingt vermieden, dass dergleichen im Waarenbrand nicht merkbar werden können. — —

Wie ich oben gezeigt, kann gar leicht bei guter Kohle und guten

<hr>

[1]) Der Thonwaarenfabrikant 1880 No. 2.

Generatoren ein Ueberschuss von Gasen erzeugt werden; diese Gase strömen alle in den Ofen zur Verbrennung; man hat einen bedeutenden Ueberschuss an Gasen; die Verbrennungsluft, welche den Ofen durchzieht, reicht nicht aus, dieselben alle vollständig zu verbrennen; dass dem so ist, ersieht man klar daraus, wenn man die Schaulöcher derjenigen Feuerlänge des Ofens öffnet, welche näher gegen den Schieber liegt, der Zug des Ofens saugt durch solche Schaulöcher dann von oben atmosphärische Luft in den Ofen, und augenblicklich beginnt auf's Neue das halbverbrannte Gas wieder zu brennen; deckt man wieder zu, so ist diese Verbrennung durch nachströmende, unverbrannte Gase unterdrückt und erstickt. Man kann also leicht nachweisen, dass viele Gase unverbrannt den Ofen durchströmen und durch's Kamin entweichen.

Die Gase werden mit einer Temperatur von etwa 400⁰ C. in den Ofen treten; gehen nun dieselben theils unverbrannt durch den Ofentheil weiter, der schon bis etwa 800⁰ erwärmt ist und glüht, so werden solche ganz dieselbe Wirkung hervorrufen, wie die Wasserdämpfe, die aus dem Schmauchprocess zurückströmen zum Feuer: diese unverbrannten Gase werden die Waaren wieder abkühlen, von ihren 800⁰ bis etwa 5 à 600⁰. Und ganz so in Wirklichkeit zeigt die Wahrnehmung. Man hat die Feuerabtheilung des Ofen schön hell gefeuert, alles ist dazu vorbereitet, dass man nun ein frisches Gasventil in Betrieb setzen kann; die Waaren um die folgenden Brenner herum, die bis jetzt noch nicht brannten, sind schön hellglühend; das jetzt einströmende Gas brennt scheinbar in hellen Flammen auf. Aber sieht man dann etwa nach einer Stunde wieder zu diesen Brennern, zu dieser Ofenpartie, dann zeigt sich ganz auffallend, wie die Temperatur herunter gesunken ist; statt heller Rothglut findet man jetzt eine schwarze Rothglut. Es zeigt sich vollständig klar, dass der Gasüberschuss (sollte doch wohl richtiger heissen: das wegen Mangel an Verbrennungsluft unverbrannt durch den Ofen ziehende Gas; der Verf.) diese helle Rothglut abgekühlt hat. Diese Thatsache ist von grosser Bedeutung und verdient unsere vollste Aufmerksamkeit; dieser Uebelstand ist sehr bedeutungsvoll: ich bin überzeugt, dass dieser es vorzugsweise ist, welcher bewirkt, dass der Verbrauch bei Gasfeuerung an Brennstoff grösser ist, als der Verbrauch an Brennstoff bei direkter Feuerung.

Oft sieht man den vorgerückteren Theil des Feuers gegen den Schieber den ganzen Querschnitt des Ofens anfüllen und durchströmen, als wären die Gase und Kohlentheilchen nur glühend gemacht; gleich einem feurigen Bache durchströmen die Gase diesen Theil des Ofens, so dicht gefüllt, dass man meint, man könnte Würfel aus solchen Gasmassen schneiden. Trotz dieser grossen Feuermenge arbeitet das Feuer träge, die Temperatur steigert sich verhältnissmässig offenbar zu langsam. Es ist dies wieder die Folge desselben Gasüberschusses. Der Theil des Feuers im Ofen, welcher den Waarenbrand zu seiner Temperaturhöhe bringt, hat dann im

Vorfeuer die überflüssigen Gase glühend zu machen, statt dass auch die folgenden Gase gut und vollständig verbrennen und mitarbeiten am Ofenbrande.

Die Gase im Ofen, die im Nach- und Mittelfeuer in denselben treten, werden von der nachrückenden Verbrennungsluft zur vollständisen Verbrennung gebracht. Ein völliges Verbrennen findet jedenfalls regelmässig bis zur Hälfte der Feuerlänge im Ofen statt. Von hier ab aber kommen die Gase schou nicht mehr zur ganzen Verbrennung.

Es zeigt uns also der Ofen, dass wir etwa von der Mitte der Feuerlänge nach dem Ofen resp. den hier frisch einströmenden Gasen auf's Neue Verbrennungsluft beigeben sollten. Natürlich ist es dringend geboten, dass diese Verbrennungsluft ebenfalls eine sehr hohe Temperatur besitze; denn mit dieser Temperatur steigert sich die Heftigkeit der Verbrennung.

Gelingt es uns, die Einrichtung so zu treffen, dass diese nachher eingeführte Verbrennungsluft eine frische Luft ist, d. h. auch nicht zu kleinem Theil bei der Verbrennung mitgewirkt hat, dabei aber schon eine hohe Temperatur besitzt, so werden wir alle Gase, auch die im vorgerückteren Theil des Feuers, zur vollständigen Verbrennung bringen.

Die Zukunft der Gasfeuerung für Thonwaaren muss also wesentlich drei Hauptmomente in's Auge fassen:

1. Das Gas muss in kleinen Strömen in den Ofen geleitet werden; diese Gasströme resp. die Brenner selbst aber müssen nach ihrer Zahl vermehrt werden für eine gewisse Ofenfläche;

2. (man muss unbedingt den Schmauchprocess streng separirt vom Brennprocess besorgen, und)

3. man muss die Möglichkeit schaffen, dass den Brennern der Feuerhälfte, welche gegen den Schieber zunächst liegt, direkt Verbrennungsluft von sehr hoher Temperatur regelmässig präcis regulirbar zugeleitet werden kann.

In diesen drei Momenten werden wir uns in unsern Gasöfen eine Möglichkeit schaffen, die ganz neue Verhältnisse und ausserordentliche Vortheile bieten wird. Der Waarenbrand wird uns die besten Waaren liefern, welche ohne Unterschied gleichmässig der höchsten Temperatur ausgesetzt waren, wie solches verlangt werden kann. Wir werden die einzelnen Umbrände sehr rasch durchführen, wir werden mit grösster Oekonomie mittels Gasfeuer brennen und die Farben der gebrannten Waaren werden ausserordentlich rein und gleichmässig sein. Soweit Herr Bührer.

Ich meine, dass das Ringofen-System mit Gasfeuerung nicht strenger und schlagender verurtheilt werden kann, als es hier von einem Fachmann geschehen, der mit seinem Ofen fast alle Interessenten der Gasfeuerung zeitweilig in Feuer und Flamme gesetzt hat.

Wie schon vorhin erwähnt, hat die vorstehende Beleuchtung der Mängel des Gasringofens im allgemeinenen und des Bührer'schen im besonderen, den Zweck, auf eine Verbesserung des letzteren aufmerksam zu machen, welche Bührer unter Nr. 1713 zur Patentirung angemeldet hat, da diese Patentirung aber noch nicht erfolgte und Bührer selbst eine Beschreibung seiner Verbesserung noch nicht veröffentlicht hat, so entzieht sich die Angelegenheit der weiteren Besprechung. So weit Verf. hat in Erfahrung bringen können, besteht die Abänderung des Ofens darin, dass heisse Luft aus den kühlenden Abtheilungen mittels Kanälen — ohne andere Unterbrechungen des endlosen Brennkanals als etwa durch die bekannten Blechschieber — nach der brennenden Abtheilung hinüber geführt werden und dort mit dem Gase zugleich aus Oeffnungen in der Sohle austreten soll.

Weniger ernst als mit den vorgenannten Konstruktionen hat es die Kritik mit solchen Versuchen zu nehmen, die, nach jeder Richtung hin aussichtslos und schon in der Idee verfehlt, aus dem Ringofen um jeden Preis einen Gasofen gestalten wollen. Dahin gehört gehört z. B. das folgende Verfahren (D. R. Patent No. 4470), Ziegel und Thonwaaren im Ringofen mit Gas zu brennen. Nach der Patentschrift setzt der Erfinder in den Ringofen feuerfeste Thonröhren von etwa 0,15 m Weite, die von der Sohle des Ofens bis an das Gewölbe desselben reichen. Diese Röhren, die mit Kohlen angefüllt werden, sind mit feinen Schlitzen, und an der oberen Oeffnung mit einem hermetischen Deckelverschluss versehen; Schieber, welche man vor- und zurückschieben kann, sind unmittelbar unter dem Brennofenheerd und je einer unter jeder der Röhren angebracht. Unter diesen Schiebern müssen so grosse, nach der Aussenseite des Ofens mündende Gänge angebracht werden, dass man Eisenblechkasten unter jene stellen kann. Sobald der Brennofen mit den Röhren und mit der Waare, welche gebrannt werden soll, besetzt ist, wird die erste Kammer des Ofens mit direktem Feuer in gewöhnlicher Weise in Glut gebracht. Dadurch werden die Röhren, welche in der zweiten Abtheilung und weiterhin aufgestellt sind, ebenfalls glühend, alsbald entwickelt sich in den Röhren Gas, das durch die in denselben befindlichen Schlitze entweicht und verbrennt, wodurch wieder die folgenden Röhren glühend werden, welche wie die ersten mit Kohle angefüllt sind. Die in den Röhren entstehenden Koks werden der Reihe nach durch die Kasten entfernt.

Mit dieser „Erfindung" lässt sich garnicht rechten, wenn aber der Erfinder es sich noch hoch anrechnet, dass er neben dem Gase auch noch Koks gewinnt, so weiss man eben nicht zu sagen, wo der Ernst aufhört und der Scherz beginnt.

Was sich bezüglich der Tauglichkeit für die Fabrikation werthvoller Thonwaaren gegen das System des eigentlichen Gas-Ringofens sagen lässt, muss in noch schärferem Sinne auf eine Abart desselben angewandt werden, die durch den Bock'schen Kanalofen, den Tunnelofen von Siemens-Hesse und den ringförmigen Brennofen mit regenerativer Gasfeuerung von Dr. C. W. Siemens repräsentirt wird. Nur eines spricht im allgemeinen für die Anwendung der Gasfeuerung bei diesen Oefen, deren Eigenthümlichkeit bekanntlich in der mobilen Ofensohle besteht, das nämlich, dass die Bewegung der Wagen bei dem Bock'schen Ofen und dem von Siemens-Hesse, sowie der runden Scheibe bei dem Ofen von Siemens, bei Gasfeuerung viel weniger Kraft erfordert, als bei direkter Feuerung, weil in diesem Falle die Verbrenungsrückstände zu grossen Reibungswiderständen für die bewegten Theile der Ofensohle werden können und werden. Daneben ist aber kein Moment mehr aufzufinden, dass für die Beheizung mit Gas in die Wagschale gelegt werden könnte, weil dieses Ofensystem seiner ganzen Wesenheit nach keinem anderen Zwecke als dem der Massenfabrikation geringer Waare dienstbar gemacht werden kann. Wo sich für eine solche Fabrikation die Gasfeuerung noch als ökonomisch erweist, und dies möchte in nicht grade seltenen Fällen zutreffend sein, da dürfte allerdings keiner der bekannten kontinuirlichen Gasöfen auch nur annährend so günstige Chancen für einen rationellen Gasbetrieb bieten, wie eben das in Rede stehende System, aus dem einfachen Grunde, weil es den nicht hoch genug anzuschlagenden Vortheil für sich hat, dass das Gas in unmittelbarster Nähe des Verbrennungsraumes erzeugt werden kann, so dass dasselbe mit der ganzen Vergasungswärme, ohne irgend welchen Theerabsatz, und in der allereinfachsten Weise in die Verbrennung eintritt.

Von den genannten Oefen dieser Art ist es bis jetzt allein der von Bock, welcher sich als Gasofen bewährt hat, und zwar auf der Thonwaarenfabrik von Fr. Chr. Fikentscher in Zwickau, welche einen Kanalofen seit mehreren Jahren in flottem Betriebe hat. Der ringförmige Ofen mit regenerativer Gasfeuerung von Dr. C. W. Siemens ist als Ziegelofen ein Unding!

Von den Kammeröfen hat zunächst nur Mendheim's Ofen verdientermaassen eine grössere Bedeutung erlangt, derart, dass derselbe auf allen Gebieten der Thonwaarenindustrie mit Erfolg zur Einführung gelangte, während der hierher gehörende Gasofen des Verf. sich noch im Stadium seiner Entwickelung befindet, so dass, wenn auch der Erwartung Raum gegeben werden darf, es werde derselbe selbst sehr hohen Anforderungen Rechnung tragen, z. Zt. doch noch keine Erfahrungen solchen Umfangs vorliegen, welche diese Ansicht unbedingt bestätigen.

Wenn man auch an dem Kammerofensystem tadeln kann, dass es komplicirt und daher theuer in der Ausführung ist, dass bei demselben stets eine nicht geringe Menge Mauerwerk mit erwärmt werden muss — die Scheidewände zwischen je zwei Abtheilungen, und die Sohlenkanäle — indess ohne Verlust an Wärme, weil diese immer wieder in den Betrieb zurückgeführt wird, so ist doch eben diese Komplicirtheit für das Gelingen der Operationen nicht zu umgehen; nicht die Einfachheit der Konstruktion ist hier ausschlaggebend, sondern lediglich die Art des Erfolges. Trotzdem aber, dass die Resultate, welche mit diesem Ofensystem erzielt werden, im Grossen und Ganzen befriedigen, so kann man doch nicht sagen, dass dasselbe bereits ein vollkommenes sei, denn die Vertheilung des Gases und der Luft im Ofen entspricht noch immer nicht ganz dem Wesen der Gasfeuerung und den Eigenthümlichkeiten des Thonwaarenbrandes. Wenn es gelingen möchte, Gas und Luft für jede Flamme separat reguliren zu können, wie es bei dem Escherich-Ofen bezüglich des Gases allein geschieht, so würde die Entwickelung des Kammerofens einen Abschluss finden, über den hinaus man nach Verbesserungen wohl kaum noch zu suchen nöthig hätte.

Von diesem Gesichtspunkte ausgehend, hat neuerdings H. Bolze in Braunschweig einen Gasofen konstruirt, bei welchem Gas und Luft nicht an der Sohle, sondern am Gewölbe in den Ofen eintreten, derart, dass nicht nur jede Gas- sondern auch jede Luftdüse eine besondere Regulirung hat. Die Mittel zur Durchführung dieser Idee erscheinen einfach und zweckentsprechend, so lange dieselbe aber noch nicht realisirt ist, entzieht sich das immerhin beachtenswerthe Projekt einer weiteren Darlegung und Erörterung.

Neben den Gasöfen für kontinuirlichen Betrieb sind diejenigen für periodische Brände von sehr untergeordneter Bedeutung. Der Grund hierfür ist vornehmlich in dem schon früher betonten Umstande zu suchen, dass die Verbrennung des Generatorgases nur dann erfolgt, wenn demselben heisse Luft zugeführt, oder wenn es in einen heissen Raum eingeleitet wird, in welchem es sich nebst der Verbrennungsluft momentan auf die Entzündungstemperatur erhitzen kann. Diese Voraussetzungen werden aber bei einem periodischen Ofen zu Anfang des Betriebes nicht erfüllt, es muss ein solcher Ofen, resp. der Inhalt desselben, immer erst auf die Entzündungstemperatur des Gases gebracht werden, bevor dieses in den Ofen eingelassen werden kann.

Bei den älteren Oefen dieser Art wird die Anwärmung des Inhalts stets durch eine besondere Feuerung bewirkt, welche meistens in der Eintragthür angebracht ist, und nach geschehener Anwärmung des Ofens wieder entfernt wird. Solange das Vorfeuer im Generator währt, leitet man die Verbrennungsprodukte aus diesem entweder durch den Ofen oder durch einen ausserhalb desselben liegenden besonderen Kanal in den Schornstein ab, selbstverständlich in beiden Fällen mit Verlust an Brennmaterial. Kein Wunder also, dass schon dieserhalb die Gasfeuerung für periodisch betriebene Oefen zu keiner Bedeutung gelangen konnte.

Neuerdings hat sich hier aber darin ein Fortschritt geltend gemacht, dass man die Generatoren bei richtiger Anpassung an den Ofen zu Anfang des Brandes als eine Rostfeuerung behandelt, und mit der durch vollkommene Verbrennung erzielten Wärme den Ofen auftempert. Ist der Ofeninhalt bis auf den Gas-Entzündungspunkt erhitzt, dann füllt man den Generator so hoch mit Brennstoff an, dass sich nur noch brennbares Gas entwickelt, für dessen Verbrennung dann auch bereits heisse Verbrennungsluft disponibel ist. Ein derartiger Gasofen ist von C. Nehse[1]) für die Kunststeinfabrik in Preschen erbaut worden.

Besondere Erwähnung möchte das von Alb. Pütsch in Berlin bekannt gemachte Regenerativsystem (D. R. Pat. No. 1034[2]) verdienen, das sich für periodische Gasöfen gewiss mit gutem Erfolg wird anwenden lassen, umsomehr, als sich dasselbe jedem Ofensystem unschwer anpassen lässt. Der Generator befindet sich unmittelbar am Ofen, und werden die Gase diesem durch einen Kanal zugeleitet, in welchen auch die zuvor erhitzte Verbrennungsluft eintritt, so dass eine vollkommen entwickelte Flamme in den Ofen gelangt. Unterhalb des Ofens befinden sich zwei Regeneratoren, von denen einer mit dem Ofen und dem Schornstein, der andere mit dem Ofen und der Aussenluft in Verbindung steht, dergestalt, dass jener für Abkühlung der heissen Verbrennungsgase, dieser für Erhitzung der Verbrennungsluft dient, und zwar wechselweis.

Die nachfolgenden Beschreibungen der zumeist im Vordergrunde des Interesses stehenden Gasöfen rühren im wesentlichen von den betr. Erfindern selbst her.

A. Gasöfen für kontinuirlichen Betrieb.

Verkürzter Brennofen mit Gasfeuerung[3]).

Von Jak. Bührer in Constanz.

Wie aus den beigegeben Abbildungen (Fig. 32 Grundriss und Aufsicht, Fig. 33 Querschnitt nach $A\,B\,C\,D$) ersichtlich, besteht der Bührer'sche Ofen aus einer Anzahl von Brennkanälen $O\,O$, welche durch die Verbindungsstellen CC hindurch mit einander kommuniciren, so dass der Brennraum wie beim Ringofen einen in sich zurückkehrenden Kanal darstellt.

Die Feuerung geschieht bei direktem Betriebe in bekannter Weise durch Aufgabe des Brennmaterials durch die im Ofengewölbe angebrachten Schürlöcher ss, welche bei Gasfeuerung als Schaulöcher dienen. Die Beschickung und Entleerung des Ofens geschieht durch die Thüren pp. Die Gase werden in zwei Generatoren GG erzeugt, hinter denen sich die Gassammelräume SS befinden, aus welchen mittels der Ventile x die Gase zunächst durch die Hauptgasröhren gg nach den kleinen Gassammlern t und aus diesen durch die Brenner bb nach den einzelnen Stellen des Ofens

---

[1]) Zeitschrift für Thonwaarenindustrie 1879 No. 4.
[2]) Thonindustrie-Zeitung 1878 No. 14.
[3]) Zeitschrift für Thonwaarenindustrie 1878 No. 9.

abgegeben werden. Beide Gasräume SS stehen unter sich in Verbindung durch den Kanal T, resp. durch die in diesen mündenden beiden Ventile uu.

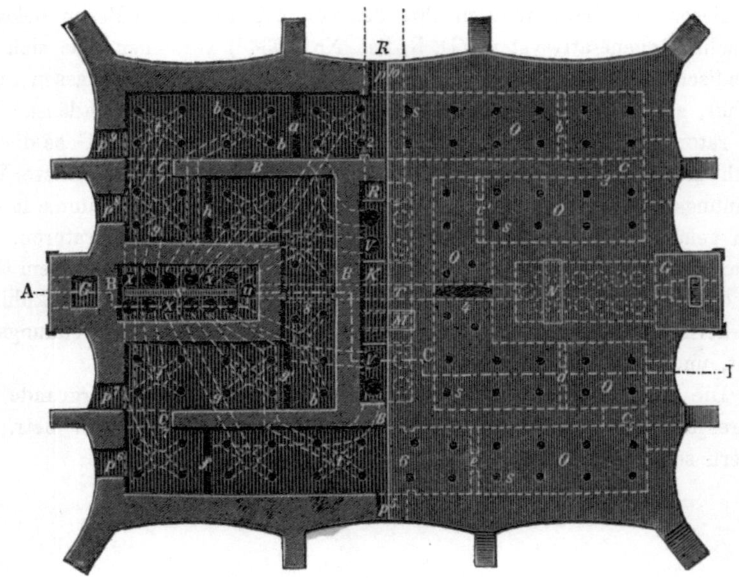

Fig. 32.

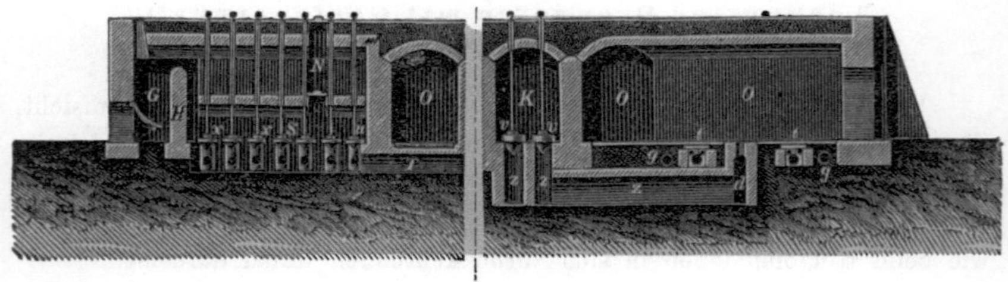

Fig. 33.

Die Verbrennungsprodukte gelangen durch die in der Sohle des Ofens befindlichen Abzugsschlitze a, b', c', d, .. h, in die vermittels der Ventile v abschliessbaren Rauchkanäle z, dann in den Rauchsammelkanal K und aus diesem durch den Hauptrauchkanal R nach dem Kamin.

Die Räume SS und der Rauchsammelkanal K sind durch die Einsteigeschächte N und M zugänglich gemacht.

Der Betrieb des Ofens ist bei direkter Feuerung analog demjenigen anderer kontinuirlicher Oefen.

Ein neuer Ofen wird behufs der Trocknung des Mauerwerks zunächst

mehrere Tage lang gut ausgedämpft und zwar in der Weise, dass bei
offenem Ofen (Thüren und Schürlöcher geöffnet) an verschiedenen Stellen
auf der Sohle des Brennkanals schwache Feuer unterhalten werden. Hiernach werden alle Einsatzthüren und Schürlöcher, sowie die beiden Ueber-
gangsstellen 1 und 5 zugemacht und einzig in p^9 und p^4 Oeffnungen zum
Einwerfen von Brennmatrial gelassen.

Hier sowohl wie auch in den beiden Generatoren wird nun immer
stärker und stärker geheizt, und werden dabei nacheinander die mit den
Abzugsschlitzen a, b', c', d, resp. e, f, g, h, korrespondirenden Rauchventile v
geöffnet, sowie endlich diejenigen Gasventile x gezogen, welche in der Nähe
der offenen Rauchzüge ausmünden. Hierdurch wird einerseits das über der
Ofensohle befindliche Mauerwerk, andererseits das der Generatoren, die Gas-
sammelkanäle, das ganze Netz der Gasröhren und Rauchzüge und damit
zu gleicher Zeit auch der Boden des Ofens ausgetrocknet.

Nachdem dies geschehen, werden die Thüren aufgemacht, die Brenner
in den ersten beiden Abtheilungen zugedeckt, dann wird nahe der Ein-
gangsthür von Abtheilung p^9 ein gewöhnlicher Rost angebracht, über demselben zum Abschluss des Ofenkanals eine provisorische Mauer aufgeführt
und hinter dieser mit dem Einsetzen begonnen.

Letzteres geschieht in gleicher Weise, wie bei anderen kontinuirlichen
Oefen, indem nur um die Brenner unter den Schürlöchern ein kleiner freier
Raum gelassen wird, bei direkter Feuerung zur Aufnahme des Brennmaterials, bei Gasfeuerung zur ungehinderten Ausbreitung der Gasflamme.
Sind zwei Abtheilungen vollgesetzt, so werden dieselben, durch einen Blechschieber bei 3 von dem übrigen Ofenraume abgeschlossen, vom Rost aus
gefeuert; jetzt wird das mit dem Rauchabzug a in Verbindung stehende
Ventil v gezogen, und zwar so weit als nöthig, um einen gehörigen Zug
für das Feuer zu erhalten.

Nach und nach wird stärker geheizt, und, wenn durch die ersten
Schürlöcher der Boden hell erscheint, auch durch diese Brennmaterial aufgegeben, der Zug a geschlossen und b' geöffnet.

Unterdessen wird weiter eingesetzt, und sobald dann durch ca. 6—8
Löcher geschürt werden kann, wird der Schieber von 3 nach 4 versetzt,
Rauchzug b' geschlossen und c' aufgemacht.

Jetzt werden auch die Generatoren in Thätigkeit gesetzt, doch werden
die entstehenden Dämpfe und wilden Gase erst eine Zeit lang durch den
direkt hinter dem Schieber liegenden Rauchabzug nach dem Kamin geleitet.

Sind dann die vor den vordersten Flammen stehenden Steine soweit
erhitzt, dass diese durch zwei weitere Schaulochreihen bis auf die Ofensohle hellglühend erscheinen, so können auch die entsprechenden vier Gas-
brenner b in Thätigkeit gesetzt werden. Hat man auf diese Weise schliesslich
in 16—20 Löchern Feuer, dann ist damit der Brand in das Normalver-
hältniss übergetreten, es können dann jedesmal hinten soviel Brenner ausser

Betrieb gesetzt werden, als vorn neu hinzukommen. Mit dem Vorrücken des Feuers muss natürlich auch das Einsetzen und Ausziehen gleichen Schritt halten.

Der Schieber soll bei Normalbetrieb immer 10—20 m vom Feuer entfernt sein, so dass durchschnittlich diese Anzahl Meter im Vorwärmen begriffen ist, 16—20 Brenner oder ca. 10—12 m sollen im Vollfeuer und ca. 18 m im Abkühlen sein.

Aus diesen kurzen Erläuterungen über Konstruktion und Betrieb lässt sich nun auch leicht ersehen, in wie weit dieses Ofensystem den an dasselbe zu stellenden Bedingungen zu entsprechen im Stande ist. Was zunächst die Reduktion des Anlagekapitals, resp. die dadurch bedingte vereinfachte Konstruktion anbelangt, so besteht dieselbe im Wesentlichen in der mehrfachen Nebeneinanderlage des Ofenkanals, wodurch je eine Zwischenmauer zu gleicher Zeit als Einfassungsraum zweier Kanäle dient

Allerdings entstehen dadurch die früher so gescheuten Ecken, allein diese haben, wie der Betrieb bereits zur Genüge bewiesen hat, keinen nachtheiligen Einfluss, indem die Temperaturen in allen Wendungen immer gleich denen im graden Brennkanal sich zeigten. Dagegen ist damit der Vortheil gewonnen, dass an Mauerwerk bedeutend gespart wird; denn erstens können diese Zwischenmauern, in den Figuren mit B bezeichnet, dünn gehalten werden, da sie blos einen Theil der Gewölbe und die Ueberschüttungen zu tragen, im weiteren aber nur wenig Druck auszuhalten haben, indem der Gewölbeschub nur von den beiden Umfassungsmauern an den Längsseiten aufgenommen wird, zweitens können diese Umfassungsmauern mit einem Minimum an Material konstruirt werden.

Während man gewöhnlich die Umfassungsmauern entweder senkrecht und mit starken eisernen Schlaudern versehen aufführt, oder aber mit Anzug, wodurch sie unten sehr dick ausfallen, erhalten dieselben bei vorliegender Konstruktion die nöthige Widerstandsfähigkeit dadurch, dass sie gewölbartig und mit kräftigen Strebepfeilern angelegt sind.

Ferner ermöglicht diese Konstruktion eine Verminderung der Länge des Rauchsammelkanals auf das geringste Maass, und gewinnt der Ofen in Folge dieser Verkürzung und daheriger Reduktion der Länge der Rauch- und auch der Gaskanäle, welche überdies grosse Querschnitte besitzen, eine ausgezeichnete Zugkraft.

Je koncentrirter und je kürzer die Kanäle sind, um so dichter schliessen dieselben, und bleibt daher auch der Zug im Alter des Ofens noch wirksam.

Einen weiteren Vortheil des Systems bietet der Umstand, dass in den Widerlagern nur je eine Einsatzthür angebracht ist, dieselben also sehr wenig geschwächt werden; dagegen befinden sich in den Stirnmauern 8 Thüren, welche bequem und hoch genug gemacht werden können, ohne die Solidität zu beeinträchtigen, und zudem ein Vollsetzen der Oefen bis zur Thür mit Leichtigkeit gestatten. Endlich ist noch erwähnenswerth, dass, weil bekanntlich ein dichtes und regelmässiges Einsetzen nur rechtwinklig geschehen kann, gerade hier im ganzen Brennkanal dieser Bedingung entsprochen ist.

Was dann speciell den Betrieb mit Gas anbelangt, so ist hier namentlich die Art und Weise der Anlage des Gasröhrennetzes von Wichtigkeit. Der Umstand nämlich, dass alle Gaskanäle direkt unter der Ofensohle liegen, bewirkt, dass die Gase vom Generator aus nicht nur nicht abkühlen können, sondern im Gegentheil auf ihrem Wege durch die Röhren, über welchen der Boden bereits erwärmt ist, eine immer höhere Temperatur erlangen, auf diese Weise der grösstmögliche Nutzeffekt erzielt und zudem jede Kondensation, Theerablagerung etc. vermieden wird.

Ueberhaupt gewährt die ganze Anlage eine bedeutende Reduktion der Abkühlung nach Aussen, während zu gleicher Zeit die den Ofenkanal durchströmende Verbrennungsluft, indem sie die Zwischenmauern beiderseitig bestreicht, diesen ihre Wärme rasch zu entziehen im Stande ist.

Gasringofen der Thonwaarenfabrik Schwandorf[1]).

Der Ringofen gilt allgemein als ein höchst ökonomischer Brennapparat, da einerseits die Abhitze der Verbrennungsprodukte aufs Aeusserste ausgenützt, anderseits fast sämmtliche Wärme, welche die gebrannten Waaren und die Ofenwände aufgenommen haben, für Brenn- und Trockenzwecke wiedergewonnen wird, und ausserdem die Wärme nach Länge, Breite und Höhe des Ofens nahezu gleichmässig vertheilt werden kann; trotzdem hat derselbe bisher nur zur Erzeugung von Ziegelsteinen und Kalk ausgedehnte Verbreitung gefunden, da die bisher übliche Einstreumethode, bei welcher eine Verunreinigung der Waaren durch Flugasche und Schlacke fast unvermeidlich ist, denselben zur Erzeugung feinerer Thonwaaren unverwendbar erscheinen lässt. Um diese dem Ringofen eigenthümlichen Nachtheile beim Brennen besserer Thonwaaren zu beseitigen, hat man in neuester Zeit mit nicht geringem Raffinement mancherlei Veränderungen an diesem Ofen angebracht, z. B. die permanenten Heizschächte, durch welche die Berührung der Kohle mit der Waare verhütet werden soll und auch verhütet wird, viel leichter und mit entschieden besserem Erfolg kann dieser Zweck aber durch die Anwendung der Gasfeuerung erreicht werden, sobald es nur gelingt, diese dem Ringofen vollständig anzupassen.

Zu diesem Behufe hat H. Escherich bei seinem Gasringofen, Fig. 34 und 35 (Schnitt nach $ABCD$), an Stelle der bisher bei Ringöfen mit

---

direkter Feuerung üblichen Heizschächte feuerfeste Röhren oder Gaspfeifen
angeordnet, welche von der Ofensohle bis nahe zum Gewölbe reichen, der
Höhe nach mit zahlreichen kleinen Oeffnungen versehen und oben mit
einem Deckel geschlossen sind. Diese Pfeifen d stehen durch die Ver-

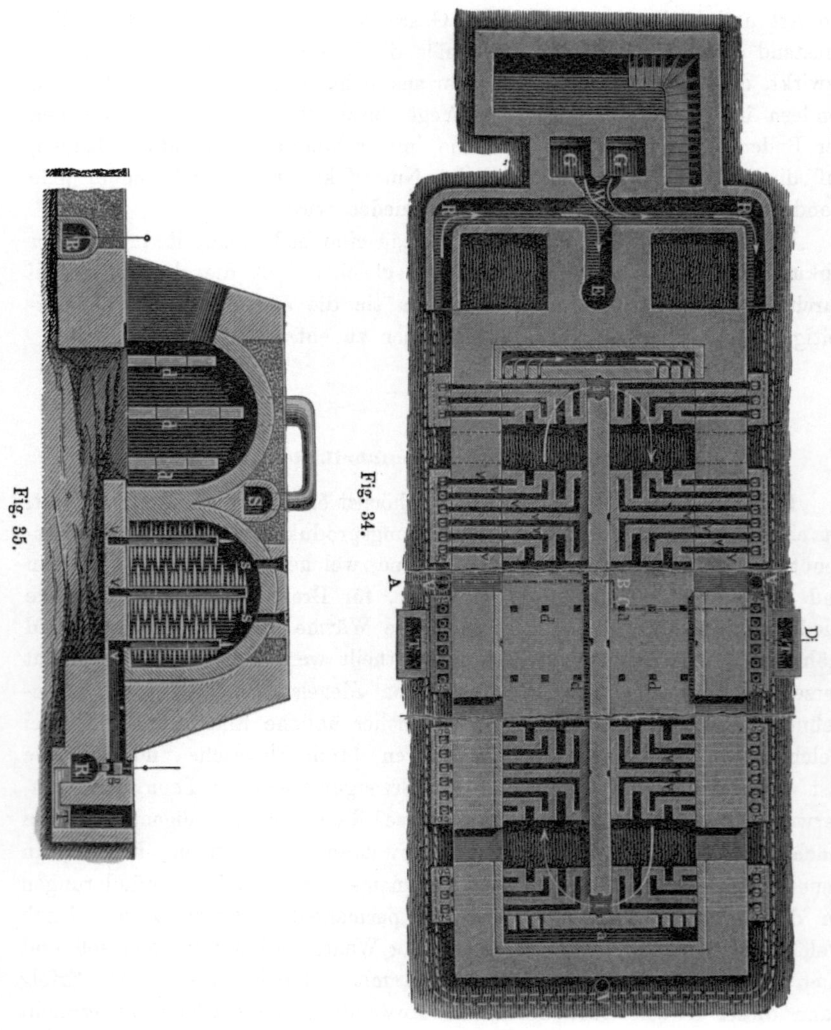

theilungskanäle v mit dem Ringkanal R in Verbindung, welcher den ganzen
Ofen umschliesst und einerseits mit den an beliebigen Orten aufgestellten
Gasgeneratoren G, andererseits mit dem Kamine E in Verbindung steht.
Zwischen den Generatoren und dem Kamin ist eine Siemens'sche Wechsel-
klappe W angebracht, welche gestattet, das Gas nach Bedarf bald nach

der einen, bald nach der anderen Seite des Ringkanals zu leiten, während stets auf der entgegengesetzten Seite der Rauch resp. die Verbrennungsprodukte dem Kamine zuströmen; es dient somit der Ringkanal sowohl zur Zuführung des Gases wie auch zur Abführung des Rauches. Um jedoch zu verhindern, dass das Gas direkt durch den Ringkanal dem Kamine zuströmt, ist derselbe durch die Ventile V in vier Abtheilungen getrennt, welche in beliebige Verbindungen zu einander gebracht werden können, jedoch stets so gestellt werden müssen, dass die Gasabtheilungen von den Rauchabtheilungen getrennt sind. Der sich in dem Ringkanal absetzende Theer sammelt sich in den Theergruben T, von wo aus er leicht entfernt werden kann.

Ebenso wie der Ringkanal dienen auch die Vertheilungskanäle v und die Pfeifen d sowohl zur Gaszuführung wie auch zum Rauchabzug; jeder Vertheilungskanal ist mit einer Regulirvorrichtung g versehen, so dass man an jeder Pfeife sowohl den Gaszufluss wie den Rauchabfluss nach Belieben vermehren, vermindern oder unterbrechen, und hiermit das Feuer an jeder Stelle des Ofens sicher beherrschen kann. Zwischen je zwei Pfeifen sind im Ofengewölbe Schaulöcher s ausgespaart, durch welche man nicht nur die Gasflamme, sondern auch die im Brande befindlichen Waaren vom Gewölbe bis zur Ofensohle beschauen, und hiernach das Feuer reguliren kann. Für die Ueberleitung heisser Luft aus den kühlenden in die zu schmauchenden Abtheilungen dient der Schmauchkanal S.

Da die Luft im Ringofen sich horizontal vorwärts bewegt und der Luftstrom den ganzen Ofenquerschnitt erfüllt, so ist eine gleiche Mischung von Luft und Gas nur möglich, wenn das letztere in allen Höhen und allen Breiten des Ofens gleichmässig und fein vertheilt eintritt, und wird dieses durch die Gaspfeifen möglichst vollständig erreicht.

In dem ersten nach diesem Systeme gebauten Ofen der Herren Steinbeis & Genossen in Kolbermoor (Baiern), welcher seit Juli 1878 in ununterbrochenem Betriebe steht, wurde auf diese Weise eine nahezu ganz gleiche Vertheilung der Wärme, sowohl nach der Länge als auch nach der Breite und Höhe des Ofenraumes erzielt. Die einzelnen Pfeifenreihen stehen 1,9 m von einander entfernt, und lässt man das Gas daselbst in der Regel gleichzeitig aus 6 Pfeifenreihen ausströmen. In jeder Pfeifenreihe sind 150 Oeffnungen (Brenner), so dass in Summa 900 Flammen gleichzeitig brennen; da das Gas senkrecht auf die Luftströmung in den Ofenraum eintritt, und die Luft hocherhitzt zum Gase gelangt, erfolgt die Verbrennung äusserst rasch und mit vollständig weisser Flamme. Die Länge der einzelnen Flammen variirt je nach der Stellung der Regulirungsglocke und der Grösse der Brenner-Oeffnung zwischen 3 und 20 cm Länge. Diese rasche, fast momentane Verbrennung des Gases bietet den grossen Vortheil, dass die eingesetzten Waaren nie mit reducirenden Gasen, sondern nur mit Kohlensäure, Stickstoff, Sauerstoff und Wasserdampf in Berührung kommen, womit alle Missfärbungen, welche durch reducirende Gase hervorgerufen werden, gänzlich beseitigt sind; da ferner eine Verunreinigung durch Flugasche bei Gasfeuerung unmöglich ist, so ist durch dieses System der Ringofen nunmehr auch für alle feineren Thonwaaren, insbesondere Verblender, Falzziegel, Terracotta etc. mit grossem Vortheil verwendbar.

Will man reducirend brennen, so lässt man in die im Garbrande befindliche Abtheilung Gas im Ueberschuss eintreten, so dass die durch die fertig gebrannten Waaren ziehende Luft das Gas nicht vollständig zu verbrennen vermag, führt dagegen im Vorfeuer durch die Vertheilungskanäle und die Pfeifen Luft zu, welche das aus dem Garbrand kommende unverbrannte Gas nun im Vorfeuer vollständig verbrennt.

Um das Feuer von dem einen Brennkanal in den anderen Parallelkanal gleichmässig überführen zu können, sind zwei Verbindungskanäle i und a angebracht, von welchen der innere i die Verbrennungsprodukte der inneren Hälfte, der äussere a jene der äusseren Hälfte überführt; beide Kanäle sind durch Chamotteschieber regulirbar, so dass man die Flamme nach Belieben mehr nach innen oder nach aussen ziehen kann.

Kanalofen mit Gasfeuerung.
Von Otto Bock in Braunschweig.

Dieser Ofen unterscheidet sich von anderen kontinuirlichen Brennöfen ganz wesentlich dadurch, dass bei demselben nicht, wie sonst gebräuchlich, das Feuer gegen die zu brennenden Gegenstände geführt wird, sondern dass umgekehrt das Feuer auf einen bestimmten Punkt lokalisirt ist, während die Ziegelsteine etc. durch den Ofen bewegt werden. Diesem Zwecke dienen besonders konstruirte eiserne Wagen, welche, wenn eine grössere Anzahl derselben im Ofen dicht aneinander geschoben ist, mit ihren Platten die Sohle desselben bilden. Diese Wagen sind an ihren Endflächen mit nuth- resp. federähnlichen Verschlüssen versehen und besitzen ausserdem an den Seitenflächen herabgehende Ränder, welche sich in U-förmige mit Sand gefüllte gusseiserne Rinnen eindrücken, so dass sowohl die einzelnen Wagen unter sich wie auch die ganze Wagenreihe nach beiden Seiten hin einen vollständig dichten Verschluss bilden, durch welchen der Ofen in zwei Theile getrennt wird. Der Raum oberhalb der Wagenplatten, welche übrigens mit einer Schicht Ziegelsteine bemauert sind, ist der eigentliche Ofen, der Brennkanal, während in dem unteren Raume sich das Wagengestell befindet; die Wagen sind in dem unteren Kanale vollständig gegen die zerstörenden Einwirkungen der Hitze geschützt, vorausgesetzt, dass dieselben ihrem Zwecke angemessen konstruirt sind, was die gusseisernen Wagen der ersten von Bock gebauten Oefen nicht waren, die deshalb auch durch Wagen von Schmiedeeisen nach einer anderen Konstruktion ersetzt werden mussten.

Die Figur 36 (Schnitt nach *a b*) zeigt die Trennung des Kanalofens in die Theile *A* (Brennkanal) und *g* (Wagenkanal) durch die Wagen, welche

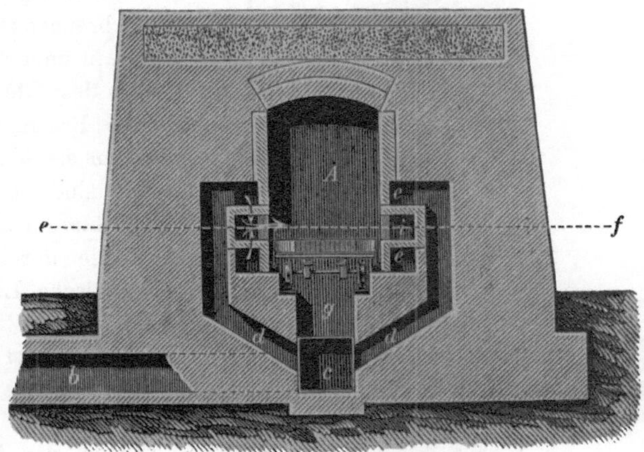

Fig. 36.

Fig. 37.

auf einem Schienengleise durch den Ofen geschoben werden. Die Bewegung derselben erfolgt durch einen geeigneten Motor in der Richtung des Pfeiles, (Fig. 38), so dass die unterhalb des Schornsteins in den Ofen eingebrachten, mit Ziegelsteinen etc. beladenen Wagen durch die Wärme der bei *k k* durch die Kanäle *l l*[1]) (Fig. 37) nach dem Schornstein abziehenden Verbrennungsgase

---

[1]) Diese Kanäle sind von dem eigentlichen Ofen durch Blechwände getrennt (Fig. 37), so dass die Wärme der Feuergase nur indirekt auf den Ofeneinsatz einwirkt. Mit dieser Anordnung

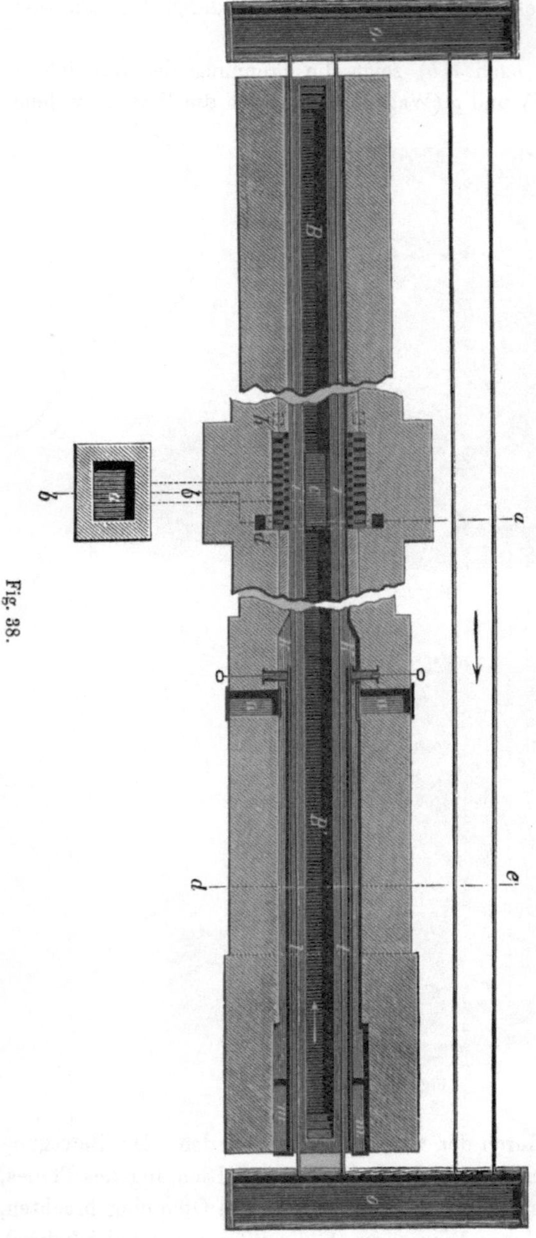

im Theile B' des Ofens langsam erwärmt werden; bei der in kurzen Intervallen erfolgenden Vorwärtsbewegung gelangen die zu brennenden Gegenstände in immer wärmere Theile des Ofens, dann in den Brennraum und, nachdem sie hier gar gebrannt sind, endlich in den Kühlraum B, in welchem sie durch die atmosphärische Luft abgekühlt werden, die sich dabei sehr stark erhitzt und dem Feuer als Verbrennungsluft dient.

Die in der Nähe der Ofenausfahrt entladenen Wagen werden vermittels der Schiebebühne o_1 auf das äussere Schienengleis gebracht und von diesem wieder auf die Schiebebühne o, wo sie wieder beladen werden.

Das dem Kanalofen angepasste Gasfeuerungssystem ist in den Figuren 36 und 38 dargestellt. In nächster Nähe des Ofens ist der in die Erde gebaute Gasgenerator situirt, aus welchem die Gase durch den Kanal b in den Gassammler c gelangen; von hier ab steigen dieselben unter gleichmässigem

soll bezwekt werden, die sich in dem Vorwärmer B des Ofens entwickelnden Schmauchdämpfe rückwärts in heissere Theile des Ofens zu ziehen, so dass jene sich in diesem selbst nicht wieder kondensiren können. Bei der geringen Strahlfläche der Blechwände dürfte aber auf eine belangreichere Ausnutzung der Wärme der Feuergase für obigen Zweck kaum zu rechnen sein.

Drucke durch die
Kanäle *d d* auf-
wärts in die bei-
den seitlichen
Langkanäle *e*, aus
welchen die Gase
durch Oeffnungen in der Sohle in einen
zweiten Kanal *i* strömen, wo dieselben mit
der aus *e'* eindringenden erhitzten Verbrennungsluft zusammentreffen, so dass die Entzündung des Gases theilweise schon im
Kanale *i* erfolgt, aus welchem die Flamme
durch ein Gitter von feuerfesten Steinen in
den Brennkanal schlägt.

Die Verbrennungsluft erwärmt sich zunächst im Mauerwerk des Ofens und wird
dann durch den vertikalen Kanal *h* in den
Kanal *e'* geleitet.

Die Erzeugung einer vollständig neu-
tralen Flamme, wie es hier gedacht ist, hat
indess nur für ganz besondere Zwecke
Werth, es setzt ein solcher Betrieb auch
voraus, dass die in den gebrannten Gegenständen angehäufte immense Wärmequantität
behufs der Abkühlung jener durch einen
Saugapparat entfernt werden, welcher die
Wärme in Trocknenräume leitet. Weit einfacher aber gestaltet sich die Konstruktion
dann, wenn man das Gas mit derjenigen
Luft verbrennt, welche am Kühlende in den
Ofen tritt; die scheinbar begründete Annahme,
dass die Verbrennung in diesem Falle eine
mangelhafte sein würde, ist durch die Praxis
längst widerlegt (Kanalofen der Thonwaarenfabrik Fr. Chr. Fikentscher in Zwickau).

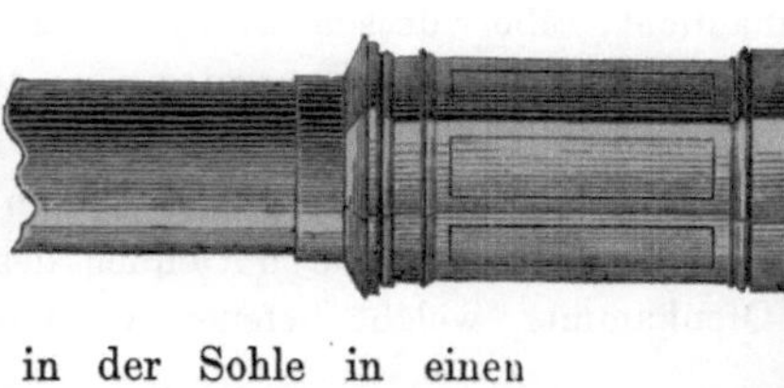
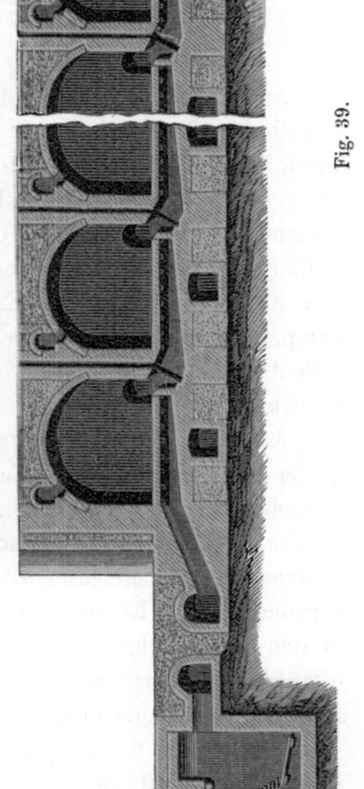

Fig. 39.

Kammerofen mit Gasfeuerung.

Von Georg Mendheim in München.

Die Konstruktion dieses Ofens ergiebt
sich aus den Zeichnungen Figuren 39, 40
und 41, von denen die erste einen Längen-

durchschnitt, die zweite einen Querschnitt und die dritte den Grundriss des Ofens veranschaulicht, über dessen Betriebsweise der Erfinder sich folgendermaassen ausspricht: Aus den Generatoren aa tritt das Gas in den gemauerten Kanal b, und wird aus diesem je nach Bedarf mittels der Ventile c^1 resp. c^2 entweder in den Kanal d^1 oder in den Kanal d^2 geleitet, aus diesen Hauptkanälen aber durch Oeffnen des betreffenden Ventils e in diejenige Ofenkammer, welche befeuert werden soll.

Fig. 40.

Angenommen, es sei dies Kammer VIII, Figur 41. In der Sohle derselben befinden sich eine Anzahl Oeffnungen (in Kammer I dargestellt), durch welche Gas und Luft gemeinschaftlich in den Brennraum eintreten (Figur 40). Der Luftstrom hat die bereits fertig gebrannten, kühlenden Kammern XVII, XVIII, I, II u. s. f. bis VII, sowie deren mittels kleiner Oeffnungen ff durchbrochene Zwischenwände, zwischen Kammer XVIII und Kammer I aber den Kanal g^1 passirt, und hierbei eine sehr hohe Temperatur angenommen, welche sofortige Entzündung des Gases und sehr bedeutende Vermehrung der Wärmeentwicklung beim Verbrennungsprocess bewirkt.

Aus Kammer VIII gelangt die abgehende Flamme durch die Oeffnungen ff der Scheidewand nach Kammer IX, von da durch den Kanal g^2 nach Kammer X der anderen Kammerreihe, und so successive bis Kammer XIV, welche durch kleine Blechschieber von Kammer XV getrennt und durch Oeffnen des Rauchventils h mit dem Rauchkanal i und dem Schornstein k verbunden ist. Es wird demnach ebenso wie beim Ringofenbetriebe die in den fertig gebrannten Kammern zurückbleibende Wärmemenge zur Erhitzung der Verbrennungsluft und die aus der im Brande befindlichen Kammer abgehende Flamme und deren erhitzte Verbrennungsprodukte zum Vorwärmen der demnächst zum Brande gelangenden Ofenkammer benutzt. Ist Kammer VIII gar gebrannt, so wird das zu derselben gehörende Gasventil geschlossen und das der Kammer IX geöffnet u. s. w. Ebenso schreitet auch das Ausnehmen und Besetzen der Ofenkammer sowie das successive

Einfügen derselben in den Betrieb ganz ähnlich wie beim Ringofenbetriebe vorwärts.

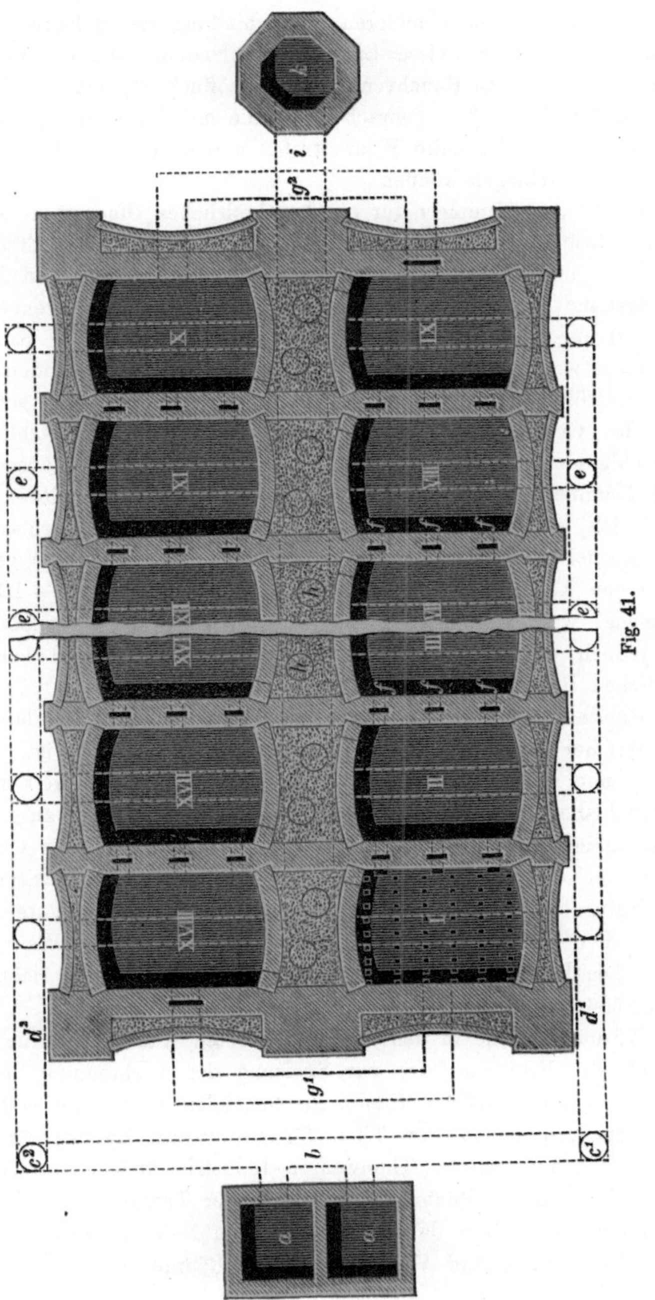

Fig. 41.

Falls das verwendete Brennmaterial oder auch die zu brennenden Waaren viel Wasserdampf entwickeln, ist die Anlage des Kanal *l*, Fig. 40, nothwendig, welcher mittels verschliessbarer Zweigkanäle jede Kammer des Systems mit einer beliebigen anderen in Verbindung setzen kann. Durch diese Kanäle wird dann heisse Luft aus kühlenden Kammern in frisch besetzte eingeleitet, deren Rauchventil etwas geöffnet ist, und ihre Temperatur so auf 70 bis 100° C. gebracht, ehe die mit Wasserdampf imprägnirten Rauchgase an die kalte Waare treten und dort ihren Wassergehalt in Tropfen niederschlagen können.

Die Anzahl der Kammern für ein kontinuirliches Ofensystem wird je nach dem beabsichtigten Gebrauch verschieden bestimmt. Für Erzeugung von Ziegeln, Chamottewaaren, Terrakotten, Trottoirplatten und Röhren genügen Systeme von 16 bis 18 Kammern; für Oefen zum Brennen von Steingut sind nur 14 bis 16 Kammern erforderlich; mehr als 18 Kammern für ein System werden nur dann angelegt, wenn die zu brennenden Fabrikate aussergewöhnlich empfindlich bei Anwärmung und Kühlung sind.

Von der Grösse der einzelnen Kammern hängt hauptsächlich die Leistungsfähigkeit des Ofensystems ab. Der kleinste bisher ausgeführte Ofen hat Kammern von 6 cbm, der grösste von 46,6 cbm Rauminhalt, und würde ich bei den meisten Fabrikaten durchaus kein Hinderniss sehen den Ofenkammern noch einen erheblich grösseren Rauminhalt zu geben.

Für einen kleineren Fabrikbetrieb kann ein Ofen von 6 — 12 Kammern angelegt werden, welcher dann natürlich nur intermittirend zu betreiben, jedoch durch spätere Vermehrung der Kammerzahl leicht für kontinuirlichen Betrieb einzurichten ist.

Die Handhabung des Ofens ist eine höchst einfache, so dass jeder Arbeiter, welcher damit beschäftigt ist, sehr bald darin geübt ist, und die Sicherheit, mit welcher der Brand geleitet wird, ist eine weit grössere als bei den bisher angewendeten Oefen. Fehler, welche durch zu schnelles Anwärmen anderer Oefen oft gemacht werden, sind bei diesem Ofen fast unmöglich, da die abgehende Flamme eine sehr allmähliche Steigerung der Temperatur bewirkt. Asche aus dem Brennmaterial kann unter keinen Umständen in den Brennraum gelangen und die eingesetzten Waaren verunstalten. Die Reparaturen sind sehr gering, wenn der Ofen richtig und aus gutem Material gebaut ist.

Die Wärme, welche in den fertig gebrannten Kammern zurückbleibt, wird durch die Erhitzung der zur Speisung der Verbrennung und zur Vorwärmung frisch besetzter Kammern dienenden Luft nicht vollständig absorbirt, sondern bleibt zum Theil für anderweite Zwecke disponibel. Für alle diejenigen Zweige der Thonwaaren-Industrie, welche zum Trocknen von Materialien und Halbfabrikaten bedeutender Trockenräume bedürfen, gewährt mein Ofensystem daher als besonderen Nebenvortheil, die völlig kostenlose Erwärmung und Ventilation dieser Räume, welche aus diesem

Grunde bei den meisten von mir in Deutschland und Schweden angelegten Gasöfen über den letzteren, bei einigen auch neben denselben angebracht sind. Diese Anordnung ermöglicht einen bequemen und gleichmässigen Winterbetrieb ohne Vermehrung der Betriebskosten für Arbeitslohn und Brennmaterial.

Kammerofen mit Gasfeuerung[1].

Von H. Stegmann in Braunschweig.

Die nachstehend beschriebene und abgebildete Ofenkonstruktion ist von dem Gesichtspunkte ausgegangen, dass es im Interesse eines rationellen Betriebes durchaus nothwendig ist, den Gaserzeugungsapparat so viel als immer möglich in die Nähe des Verbrennungsraumes zu placiren, und die durch ein solches Arrangement wesentlich verkürzten Gasleitungen in den Ofen selbst einzubauen, wodurch nachtheilig wirkende Abkühlung des Gases und die damit verbundene Vertheerung werthvoller Bestandtheile desselben verhütet werden. Es erschien ferner als wichtig genug, solche Mechanismen aus der Konstruktion fern zu halten, welche zwar bei anderen Gasöfen zur Verwendung gelangen, den Ofenbetrieb aber unsicher und von Zufälligkeiten abhängig machen: die stabilen Gasventile.

Im Weiteren wurde dahin gestrebt, das Verhältniss des nutzbaren Brennraums zu dem der Umfassungswände günstiger zu gestalten, als es beim Ringofen und anderen Gaskammeröfen der Fall ist, was durch Adoption einer zwar nicht neuen, aber für den Gasbetrieb sehr brauchbaren Ofenform in ausgiebigster Weise erreicht wurde. Abgesehen von anderen hierdurch erreichten Vortheilen resultirt daraus eine bessere Zusammenhaltung der Wärme, die Reduktion der Ofenthüren gegenüber anderen kontinuirlichen Oefen auf die Hälfte, die ausserordentliche Verkürzung des Rauchkanals, eine wesentliche Verminderung des Anlagekapitals und der bemerkenswerthe Umstand, dass der Ofen ohne irgend welche Anstände vergrössert werden kann, wenn steigender Betrieb es nöthig macht.

Es konnten endlich alle für den Brennbetrieb dienenden Mechanismen auf einen so kleinen Raum zusammengeschoben werden, wie es bis jetzt bei kontinuirlichen Brennöfen noch nicht erreicht worden ist. Hieraus entspringen für den Betrieb Vortheile, deren Tragweite auch schon bei einer oberflächlichen Betrachtung des Gegenstandes in die Augen fallen muss.

Der fundamentalen Bedingung für einen rationellen Gasofenbetrieb, innige Mischung des Gases mit der Verbrennungsluft beim Eintritt beider

---

[1] Thonindustrie-Zeitung 1880 No. 2.

in den Verbrennungsraum, sowie vielfache Vertheilung des Gasfeuers innerhalb desselben wurde in der erreichbar vollkommensten Weise genügt.

Besonderer Werth wurde auch auf diejenigen konstruktiven Theile
des Ofens gelegt, welche für das Kühlen der gebrannten und das Schmauchen
der rohen Waare in Betracht kommen. Nach letzterer Richtung hin dürfte
sich der Ofen als so vollkommen und dehnbar erweisen, dass derselbe für
jedes Material brauchbar ist, und dass selbst sehr feuchte Steine ohne
Gefahr zum Brennen eingesetzt werden können.

Auf Einfachheit im landläufigen Sinne macht der neue Gasofen keinen
Anspruch; immer wird man in dem Falle, wo man nicht nur das Gas,
sondern auch die Verbrennungsluft durch besondere Düsen in den Verbrennungsraum einführt — und dieses System wird sich immer mehr
als das richtigere erweisen — einen mehr oder minder komplicirten Apparat
von Kanälen und Ventilen nöthig haben, indess ohne Anstände für den
Ofenbetrieb, wenn dieser Apparat so einfach und sicher funktionirt, wie
es hier der Fall ist.

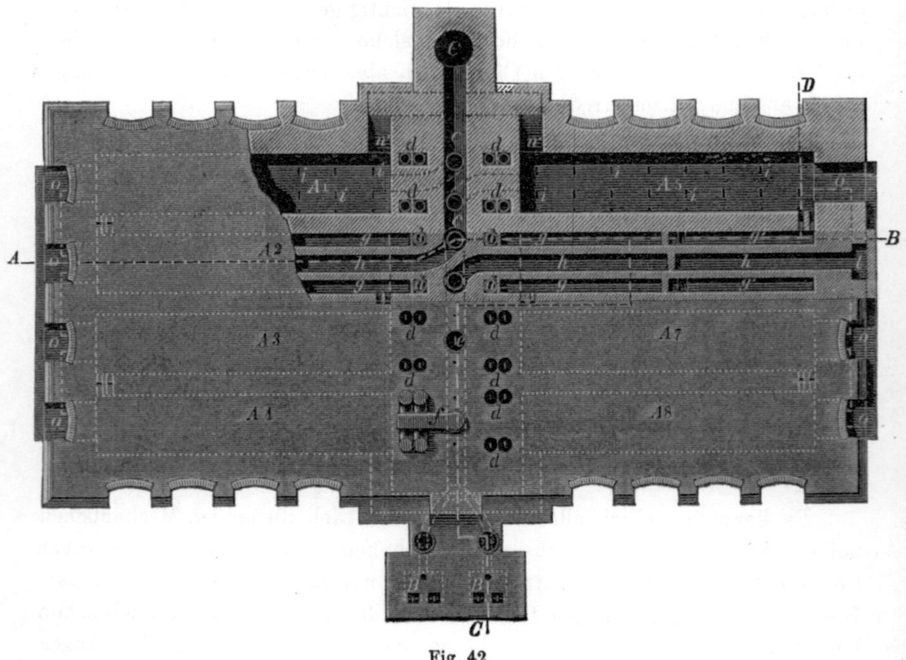

Fig. 42.

Wie aus den Abbildungen Fig. 42 (Grundriss und Aufsicht), Fig. 43
(Schnitt nach AB) und Fig. 44 (Schnitt nach CD) ersichtlich, besteht
dieser Gasofen aus acht Abtheilungen, und ist diese oder eine grössere,
durch vier theilbare Anzahl solcher für den Betrieb deshalb die vortheil-

hafteste, weil das zickzackförmig durch den Ofen sich bewegende Feuer bei der Vierzahl der Abtheilungen naturgemäss an seinen Ausgangspunkt zurückkehrt, ohne von dem normalen Wege abgelenkt zu werden, was bei sechs oder zehn Abtheilungen der Fall sein würde.

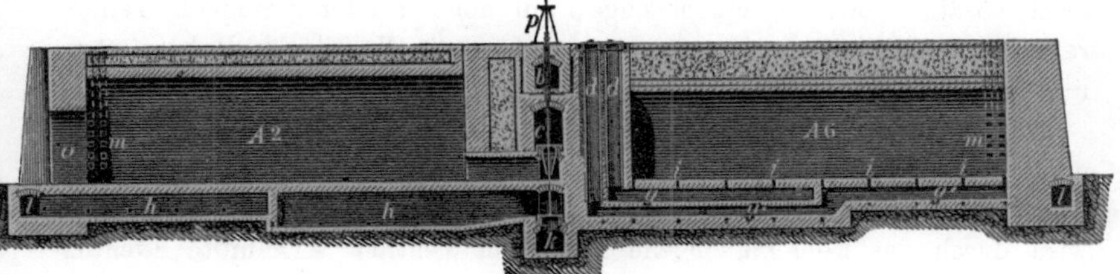

Fig. 43.

Fig. 44.

Jede dieser mit A_1 bis A_8 bezeichneten Abtheilungen repräsentirt ein für sich abschliessbares Ganzes, einen separaten Brennofen, es können aber, wie es für den kontinuirlichen Betrieb ja auch nothwendig ist, sämmtliche Abtheilungen, und zwar in dreifacher Weise, unter sich, jede einzelne mit dem Gaskanal b resp. den Generatoren B, ferner mit dem Rauchkanal c resp. dem Schornstein C verbunden werden, wie denn auch jede einzelne Abtheilung aus dem Zusammenhange ausgeschaltet werden kann.

Um das in den Generatoren B erzeugte, im Gaskanal b sich ansammelnde Gas in die zu brennende Abtheilung einleiten zu können, hat der Gaskanal vier mit Deckeln verschliessbare Oeffnungen e, und sind für jede Abtheilung vier thönerne Gaszuleitungsröhren dd angeordnet, welche mit dem Gaskanal resp. dessen Oeffnungen e durch ein zweckmässig gestaltetes Gasüberleitungsrohr f in Verbindung gesetzt werden.

Die Gaszuleitungsröhren dd münden in die Gaszuleitungskanäle gg und $g'g'$, von denen erstere das Gas der inneren, letztere dasselbe der äusseren Hälfte jeder Abtheilung zuführen.

Das Gasüberleitungsrohr f enthält in den auf die oberen Oeffnungen der Röhren dd treffenden knieförmigen Ansätzen einfache Ventile, deren Sandverschluss jederzeit nachgedichtet werden kann. Mittels dieser Ventile ist es ermöglicht, dass das Gas entweder nur in die Kanäle gg oder $g^1 g^1$ oder auch in beide zugleich eingelassen werden, die Abtheilung also in zwei Absätzen oder in einem Zuge, mit höherer oder geringerer Temperatur, gebrannt werden kann, je nachdem die Ventile im Rohre f regulirt werden.

Durch dieses Ueberleitungsrohr f werden nicht nur die kostspieligen, nicht immer dichtschliessenden und der Kontrole sich entziehenden Gasventile bekannter Konstruktion für diesen Ofen überflüssig, sondern es wird durch das Rohr f auch die mit jenen Ventilen verknüpfte Eventualität beseitigt, dass Gas auch noch in andere als die brennende Abtheilung eintreten kann. Das Gas kann hier immer nur in diejenige Kammer einströmen, welche durch das Ueberleitungsrohr mit dem Gaskanal verbunden ist; in dem Momente, wo das Rohr versetzt wird, ist jede Verbindung der Abtheilungen mit den Gaserzeugern aufgehoben. Das Rohr kann leicht und sicher von einer Abtheilung zur anderen transportirt werden, da es mittels eines Differential-Flaschenzuges an einem auf einer Luftbahn laufenden Transporteur aufgehängt ist.

Durch den den Gasvertheilungskanälen gg und $g^1 g^1$ parallel liegenden Kanal h wird der brennenden Abtheilung von der kühlenden her heisse Verbrennungsluft zugeführt, derart, dass diese unmittelbar neben dem Gase durch die Düsen oder Brenner i einströmt. Dadurch, dass beide Substanzen in dem Momente, wo sie in die Kammer eintreten, sich gezwungenermassen innig mischen müssen, entsteht eine sehr vollkommene, intensive Verbrennung, deren Effekt hier um so grösser ist, als das Gas mit fast derselben Temperatur zur Verbrennung gelangt, die es im Generator angenommen, und weil es, wie schon Eingangs erwähnt, in den Gasleitungen keinen jener hochbrennbaren Bestandtheile (Kohlenwasserstoffe) verliert, die sich bei Oefen mit langen Leitungen in diesen als Theer absetzen.

Der in jeder Abtheilung wiederkehrende, in der Mitte derselben, getheilte Luftkanal h bildet mit dem Kanal k (in der Mittelwand) und den Kanälen ll (in den Frontmauern) ein Kanalsystem, durch welches alle Abtheilungen des Ofens unter sich in Verbindung gesetzt werden können, ohne dass dabei auf eine bestimmte Reihenfolge bezüglich der zu verbindenden Kammern Rücksicht genommen werden braucht. Es kann hier eben jede beliebige Abtheilung mit einer anderen in Kontakt gesetzt und jede aus der Verbindung ausgeschlossen werden. In diesem System erfüllt der Kanal h zweierlei Funktionen, indem er einerseits die heisse Luft aufnimmt (in der kühlenden Abtheilung), und andererseits dieselbe wieder vertheilt (in der brennenden und schmauchenden Abtheilung).

In erster Linie soll dieser Luftüberführungs-Apparat für den eigentlichen Brennbetrieb funktioniren, in zweiter aber auch, wie noch des Näheren zu besprechen ist, für den Schmauch- und Trockenprocess in Wirksamkeit treten.

Der Ueberführung des Feuers resp. der Feuergase aus den brennenden in die vorwärmenden Abtheilungen dienen die in den Scheidewänden derselben enthaltenen Feuerlöcher m, und für die Eckkammern 1 und 5, 4 und 8 die mit Schiebern versehenen Kanäle n und n^1, für welche neuerdings ebenfalls Sandverschlüsse angewendet werden. Erstere werden beim Füllen der Abtheilungen mit Papier verklebt, das später zerrissen wird oder abbrennt, wenn die Feuergase diese Feuerlöcher zu passiren haben, während sie von oben mit Sand geschlossen werden, wenn das Feuer eine Abtheilung verlassen hat, und dieselbe zum Kühlen gelangt.

Die Feuergase und Schmauchdämpfe werden in bekannter Weise in den Rauchkanal c und durch diesen in den Schornstein abgeführt.

Besonderer Erwähnung dürfte es noch verdienen, wie die Ventile des Kanals k und die des Rauchkanals angeordnet sind, und wie der Gaskanal ausgeführt ist, weil vorzugsweise diese und die damit zusammenhängenden Theile des Ofens es sind, welche denselben wesentlich von älteren Gasöfen unterscheiden, und auf deren anstandsloser Durchführbarkeit der praktische Werth dieses neuen Gasofens beruht.

Wie aus den Abbildungen ersichtlich, liegen die Ventile beider Kanäle senkrecht genau übereinander, so dass die Zugstangen derselben den Gaskanal in dessen Mitte vertikal durchschneiden. Die konstruktive Durchführung dieser Disposition bot anfangs nicht geringe Schwierigkeiten, doch wurden diese nach einer Reihe von Versuchen, die sich an die Forderungen der Praxis anlehnten, dadurch vollständig überwunden, dass die Zugstangen aus Gasrohr hergestellt wurden, derart, dass diejenigen der Ventile von k in die weiteren Rohre der Rauchkanalventile eingeschlossen sind. Um nun dadurch, dass diese Zugstangen durch den Gaskanal geführt werden müssen, die Dichtheit desselben nicht in Frage zu stellen, werden die Zugstangen innerhalb des Gaskanals mit gusseisernen Schutzrohren umkleidet, die mit ihren Flanschen auf die dem Gaskanal als Unterlage dienenden Blechplatten durch Schrauben befestigt werden. Diese Schutzrohre, wie auch die Blechplatten werden endlich mit Ziegelsteinen bekleidet, um sie gegen die Hitze des Gases und dessen nachtheilige chemische Einflüsse auf Eisen zu schützen.

Die Seitenwände des Gaskanals werden mit Asche oder Sand hinterstopft, und da derselbe vom übrigen Ofenmauerwerk gänzlich isolirt ist, so haben die in diesem vorkommenden Bewegungen und Schiebungen auf jenen keinen Einfluss. Die ganze Anordnung hat sich in der Praxis als durchaus solide und zweckentsprechend erwiesen, und ist damit der praktische Werth des Ofens gesichert.

Das Heben und Reguliren der genannten Ventile geschieht mittels einer besonderen Vorrichtung p. Dieselbe besteht aus einem Dreifuss, in dessen Mittelpunkt sich eine mit Handrädchen versehene Spindel befindet, an deren unterem Ende eine Klaue lose befestigt ist. Diese greift in zwei einander gegenüber befindliche Löcher, mit welchen die auf die oberen Enden der Zugstangen aufgeschraubten Gasrohrmuffen versehen sind, und klemmt sich darin fest, wenn die Spindel angezogen und das Ventil gehoben wird, wobei dieses selbst sich nicht drehen kann, weil die Klaue auf der Spindel lose aufsitzt und durch eine Verbindung mit dem Dreifuss selbst in einer bestimmten Stellung fixirt wird; andernfalls würde auch das schwere Ventil mit in Drehung versetzt oder die Befestigung der Zugstange am Ventil beschädigt werden können. Die Muffen haben einentheils den Zweck, die Rohre resp. Zugstangen vor Abnutzung zu sichern, anderntheils aber sollen durch Vor- oder Rückwärtsdrehen der Muffen die Löcher für den Angriff der Klaue schnell und bequem jeder Stellung des Dreifusses angepasst werden können, während man mit diesem selbst umständlich manipuliren müsste, wenn die Löcher in die Zugstangen selbst eingearbeitet wären.

Um endlich auch noch einige Worte über den Gang des Ofens selbst zu sagen, sei bemerkt, dass bei einem Achtkammerofen eine Abtheilung immer im Vollfeuer sich befindet, zwei kühlen, zwei resp. drei durch Feuergase und heisse Luft, eine ausschliesslich durch heisse Luft vorgewärmt resp. geschmaucht werden, eine Kammer gefüllt, die letzte aber geleert wird.

Befindet sich beispielsweise 7 im Vollfeuer, so werden 8 und 4 kühlen, die für 7 erforderliche Verbrennungsluft wird von aussen durch die Thüren o, durch die Schaulöcher oder die Gaszuleitungsröhren dd in 8 und 4 eintreten, den heissen Inhalt derselben überall berühren, abkühlen und sich dabei selbst hoch erhitzen. Die in 4 eintretende Luft gelangt durch den Kanal n zunächst nach Abtheilung 8, von welcher aus die Verbrennungsluft durch den Luftvertheilungskanal h unter Einschaltung der Kanäle k und l in den Luftvertheilungskanal h von 7 eintritt, um von diesem aus durch die Brenner i sich in die brennende Abtheilung zu verbreiten und hier die Verbrennung des Gases zu unterhalten. Brennt nur die äussere Hälfte von 7, so werden die Drosselklappen in l zwischen 8 und 7 geöffnet, brennt aber die innere Hälfte allein, so werden nur die Ventile zu k von 8 und 7 gehoben.

Während hierbei die Feuerlöcher m zwischen 8 und 7 mit Sand geschlossen, sind diejenigen zwischen 7 und 6, 6 und 5 offen, in 5 auch das Rauchventil, sodass die Feuergase gezwungen sind, auf dem Wege nach dem Rauchabzuge hin die Abtheilungen 6 und 5 zu passiren, um den Einsatz vorzuwärmen.

Da die Feuergase auf diesem Wege aus der rohen Waare eine grosse

Quantität Feuchtigkeit verdunsten und in sich aufnehmen, dagegen Wärme an den Einsatz abgeben, so liegt die Gefahr nahe, dass die Feuerluft sich bis auf und unter den Thaupunkt abkühlen, und sich demzufolge ein gewisser Theil des aufgenommenen Wasserdunstes als Wasser aus derselben abscheiden und auf den Oberflächen des Ziegeleinsatzes niederschlagen wird, eine Erscheinung, die bei kontinuirlichen Oefen und weitgetriebener Ausnutzung der Wärme der Feuergase sich nur allzuleicht, besonders aber in den unteren Parthieen des Einsatzes bemerkbar macht, was zu Beschädigungen und Missfärbungen des Einsatzes Veranlassung giebt, weshalb man zur Vermeidung dieser Uebelstände die Feuergase meist mit so hoher Temperatur in den Schornstein entweichen lässt, dass Kondensirung der Wasserdämpfe überhaupt nicht stattfinden kann. Bei diesem Gasofen aber soll die Verdichtung des Wasserdampfes trotz der Länge des Weges, welchen die Feuergase machen müssen, dadurch unbedingt ausgeschlossen werden, dass in die letzte der schmauchenden Abtheilungen, im obigen Falle würde es No. 5 sein, heisse Luft eingeführt wird, und zwar mittels des Luftvertheilungs-Kanals h resp. der Düsen i. Steht bereits der Kanal k mit einer kühlenden Abtheilung in Verbindung, so braucht nur noch das Ventil von k für 5 eingestellt zu werden, um heisse Luft nach 5 zu schaffen. Soll auch die äussere Hälfte dieser Abtheilung heisse Luft erhalten, so setzt man auch noch den Kanal l in Wirksamkeit.

Die Abtheilung A_1 ist fertig eingesetzt und sowohl nach A_5 hin durch Schliessen des Schiebers in n_1, wie auch durch Verkleben der Feuerlöcher nach A_2 hin von den übrigen Kammern isolirt. Da nun in der im Auskarren befindlichen Abtheilung 3 noch eine grössere Wärmemenge reservirt, und die in A_4 vorhandene Wärme für den eigentlichen Brennbetrieb nicht gerade nothwendig ist, so kann man A_1 mittels Kanal l mit A_3 und A_4 verbinden, und braucht in A_1 nur das Rauchventil zu öffnen, um hier die Wärme von Abtheilung 4 und 3 für das Vorwärmen des Einsatzes nutzbar zu machen.

Ist endlich das Vollfeuer nach 6 übergegangen, und inzwischen auch A_2 mit heisser Luft ausgeschmaucht, so werden auch Abtheilung 1 und 2 mit in den Betrieb aufgenommen, d. h. es gehen nunmehr die Feuergase durch A_1 und A_2, um von hier in den Rauchkanal zu entweichen.

Man könnte aus dem Umstande, dass jedesmal zwei Abtheilungen in den Betrieb eingeschaltet werden müssen, mit scheinbarer Berechtigung einen Uebelstand herleiten, den nämlich, dass der Weg für die Feuergase — von der brennenden Abtheilung bis zum Rauchabzug — zu lang sei, das könnte aber nur von Nachtheil sein, wenn die Feuergase plötzlich in kalte Abtheilungen eingelassen würden, in welchem Falle dann allerdings die Verdichtung eines grossen Theiles des in den Feuergasen enthaltenen Wasserdampfes innerhalb der kalten Abtheilungen, nicht aber Trocknung des frischen Einsatzes stattfinden würde. Bei dem vorstehend beschriebenen

Gasofen ist diese Gefahr aber deshalb als ausgeschlossen zu betrachten, weil jede Abtheilung bereits vor Eintritt der Feuerluft so hinlänglich mit heisser Luft vorgetrocknet und erwärmt werden kann, dass bedenkliche Abkühlung der Feuergase und Abscheidung von Wasserdampf aus derselben kaum zu erwarten ist, um so weniger auch, als der letzten der schmauchenden Abtheilungen noch bis über den kritischen Moment hinaus heisse Luft zugeführt werden kann.

Um aber auch nach dieser Richtung hin jedes Zwanges enthoben zu sein, ist bei zwei neuerdings ausgeführten Oefen dieses Systems im Gewölbe jeder Kammer noch ein besonderer Kanal angeordnet, der einerseits mit der Kammer, nahe der Einkarrethür derselben, und andererseits mit dem Rauchkanal, durch ein Abschlussventil regulirbar, in Verbindung steht. Dieser Kanal dient sowohl für die Entfernung der Rauchgase wie auch der Schmauchdämpfe, derart, dass diese beiden Substanzen nach Erforderniss bald am Ende der äusseren, bald an dem der inneren Hälfte einer Kammer in den Rauchkanal abgeführt werden können.

<hr>

Kammerofen mit Gasfeuerung[1].

Von Herrm. Siebert in Berlin.

Obwohl dieser Ofen ohne eigentlichen praktischen Werth ist, so möchte doch die Idee, durch Anwendung mobiler Generatoren lange Gasleitungen und die damit verknüpften, genugsam geschilderten Uebelstände zu vermeiden, nach der einen oder anderen Richtung hin einige Beachtung verdienen. Beiläufig sei bemerkt, dass schon Barbier und Colas bei ihrem Ziegelbrennofen fahrbare Feuer anwendeten[2].

Diese Gasgeneratoren sind auf einem vierräderigen Wagengestelle aufgebaut, dessen Vorderräder (unterhalb des Rostes) 0,8 m, dessen Hinterräder 1,5 m Durchmesser haben. Die Generatoren selbst haben eine Höhe von 3 m, eine Breite von 1,9 m und sind 4 m tief. Der Vergasungsraum misst vom Rost bis zum Scheitel des Gaskanals 1 m, die Tiefe desselben ist 1,3 m und die Breite beträgt 1 m; er ist mit Plan- und Pultrost versehen und weicht in seiner Konstruktion von der eines gewöhnlichen Schachtgenerators nicht wesentlich ab.

Wie aus den Figuren 45 (Schnitt *e f*) und 46 ersichtlich, befinden sich neben den Langseiten des aus 12 Abtheilungen bestehenden Ofens die vertieften Schienenbahnen für die Gasgeneratoren *A* und *B*, die beide

<hr>

[1] Deutsche Bauzeitung 1876 No. 69.
[2] Physische und chemische Beschaffenheit der Baumaterialien, von R. Gottgetreu 1. Bd. S. 353. Berlin 1880.

gleichzeitig das Gas für eine im Vollfeuer befindliche Abtheilung liefern, sich deshalb gerade gegenüber stehen. Aus den Generatoren gelangt das Gas durch die Rohre d und d' in die Kanäle e und e', welche von den Oeffnungen k aus gereinigt werden können, und die beide sich im Kanale f vereinigen. Dieser leitet das Gas nach dem Verbrennungsorte g der im Betriebe befindlichen Kammer, in der Zeichnung ist es Nr. VI, wobei zu bemerken, dass der Generator A vorzugsweise dann arbeitet, wenn die auf dessen Seite liegenden Abtheilungen im Betriebe sind, während B in diesem Falle nur zur Aushülfe dient und umgekehrt.

Die zum Verbrennen des Gases erforderliche Luft tritt je nach dem Stadium der Abkühlung der bereits fertig gebrannten Abtheilungen in Nr. X oder IX ein, durchzieht Nr. VIII und VII, kühlt diese Kammern ab, erwärmt sich dabei und gelangt dann durch die Oeffnung h nach dem Verbrennungskanale g, wo sie mit dem von f herkommenden Gase

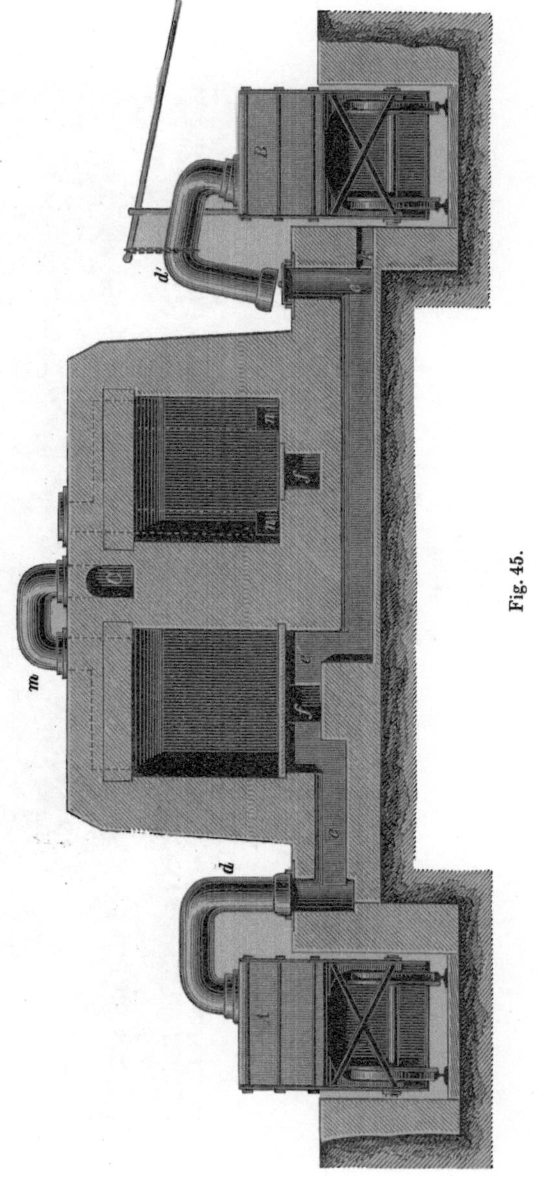

zusammentrifft und die Verbrennung bewirkt. Die Flamme nimmt ihren Weg nach h', gelangt durch g' in die Abtheilung V, von V nach IV u. s. w.

in so viele Kammern wie erforderlich sind, um die Feuerluft entsprechend
abzukühlen. Aus der letzten Abtheilung tritt die Feuerluft in die Ab-

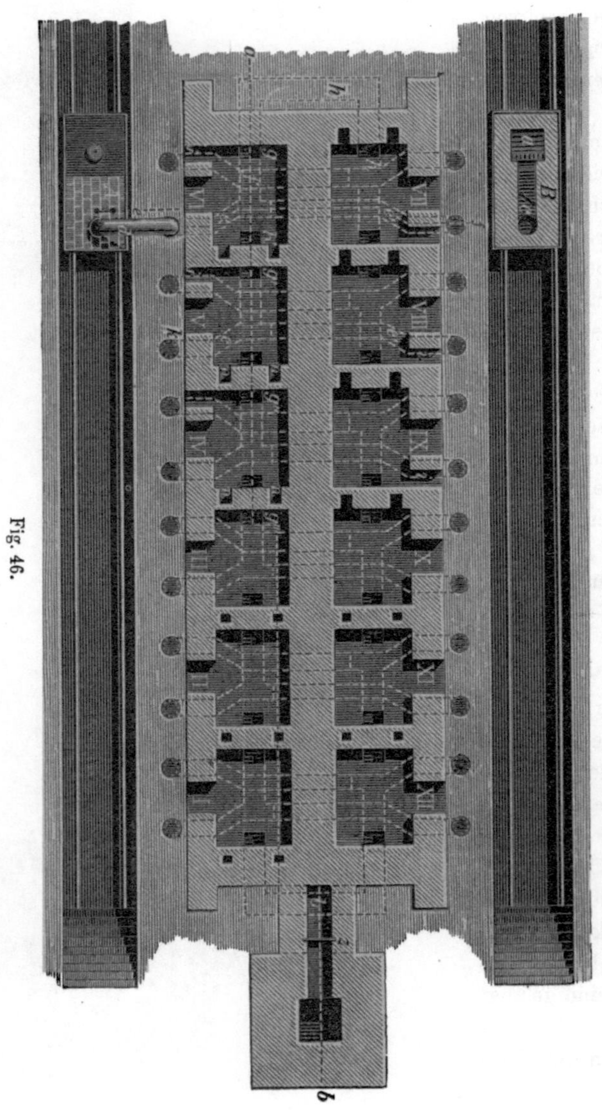

Fig. 46.

zugskanäle $n\,n$ und gelangt weiter durch die transportabelen Röhren $m\,m$
in den Rauchkanal C, und aus diesem in den Schornstein, in dessen

Nähe der Schornsteinkanal *b* mit einem Schieber *z* versehen ist, durch welchen der Ofenzug regulirt wird. Sobald die Abtheilung IV fertig gebrannt ist, rücken die Generatoren nach *k*, dem zweitnächsten Kanale der Kammer V resp. VIII — der nächste dient für die Gaszuleitung in die anderseitige Abtheilung VIII — so dass nunmehr die Kammer V das Vollfeuer bekommt. Die Verbindungsrohre *m m* werden nun entsprechend hinausgerückt und die Verbrennungsluft tritt entweder durch die Abtheilung IX oder VIII in V ein, in welcher Weise der Betrieb kontinuirlich weiter geführt wird.

Das Ausschalten der einzelnen Abtheilungen aus dem Betriebe geschieht durch das Verschliessen der Oeffnungen *g* mittels passender Chamotteschieber, welche durch kleine Oeffnungen *i* im Mauerwerk des Ofens eingeschoben werden. Diese sind während des Betriebes entweder zugemauert oder mit dichten Thüren verschlossen. Die Vorwärmung des Gases vor seiner Verbrennung erfolgt in der Weise, dass die Hitze der im Feuer befindlichen Abtheilung den Gaskanal *e e′ f*, welcher nur mit Thonplatten abgedeckt ist, und damit auch das Gas stark erwärmt, wodurch der Verbrennungsprocess schneller vollzogen und die Verbrennungstemperatur gesteigert wird.

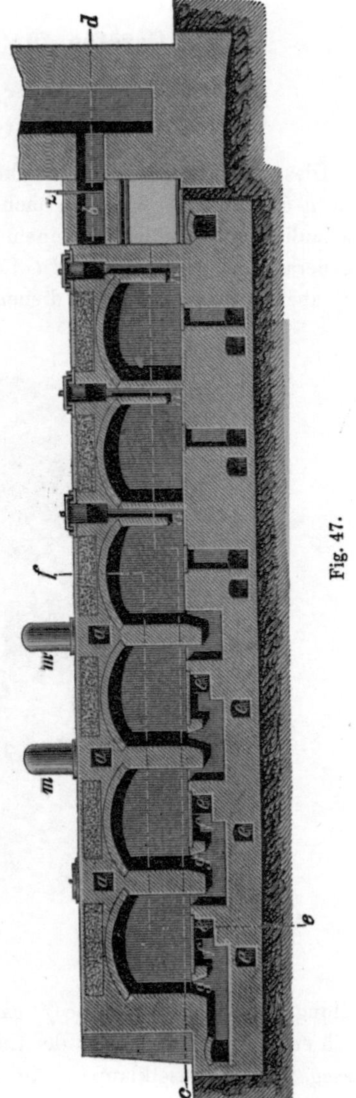

Fig. 47.

B. Gasöfen für periodischen Betrieb.

Ofen mit Siemen'scher Regenerativ-Gasfeuerung[1]).

Von Ferd. Steinmann in Dresden.

Dieser Ofen, dessen Konstruktion die Figuren 48 (Höhendurchschnitt nach *E G I F*), 49 (Schnitt nach *C D*) und 50 (Schnitt nach *A B*) veranschaulichen, enthält in seinem Unterbau vier koncentrisch angelegte Regeneratoren, von denen dd für die Erhitzung der Verbrennungsluft, $d'd'$ aber für die des Gases dienen; die Luft tritt bei g und entsprechender

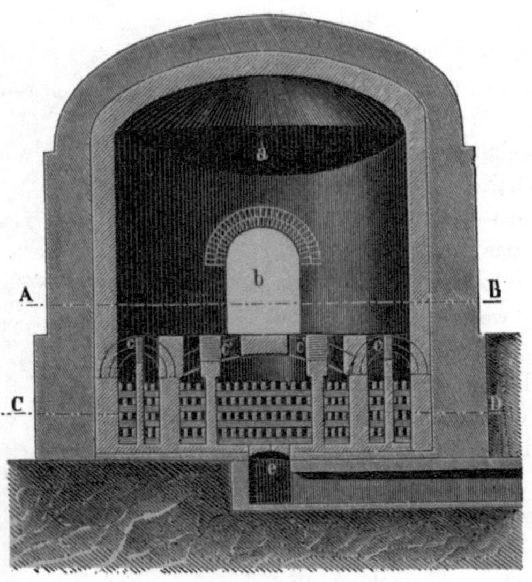

Fig. 48.

Stellung der Wechselklappe f nach Durchströmung der beiden Kanäle durch ee, das Gas vermittels der Zuleitungskanäle $g'g'$ durch die zutreffende Passage der Wechselklappe f' bei $e'e'$ in die Regeneratoren, während die Verbrennungsgase in der bekannten Weise durch die entgegengesetzt liegenden Regeneratoren auf der anderen Seite der Wechselklappen in den Schornstein h entweichen. Gas und Luft treten aus den Regeneratoren durch die in der Ofensohle enthaltenen neun Schlitze c.. und c'.. in den Ofenraum a, doch ist es erforderlich, dass diese Schlitze in entsprechender Weise mit feuerfesten Steinen abgedeckt werden, so dass

---

[1]) Kompendium der Gasfeuerung, S. 98.

eine grössere Anzahl von Oeffnungen entsteht und die Gasflamme infolge dessen mehr vertheilt wird.

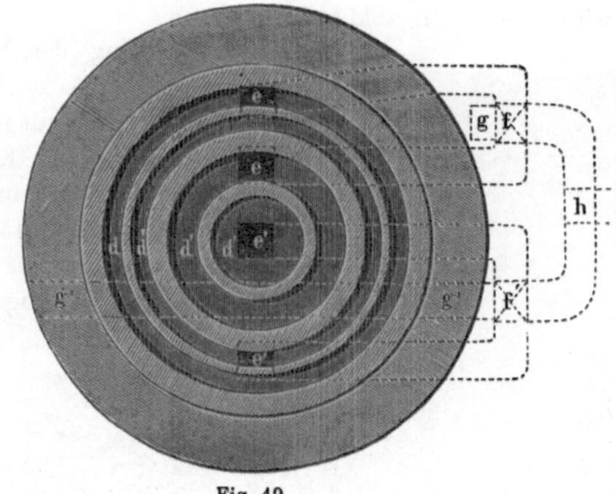

Fig. 49.

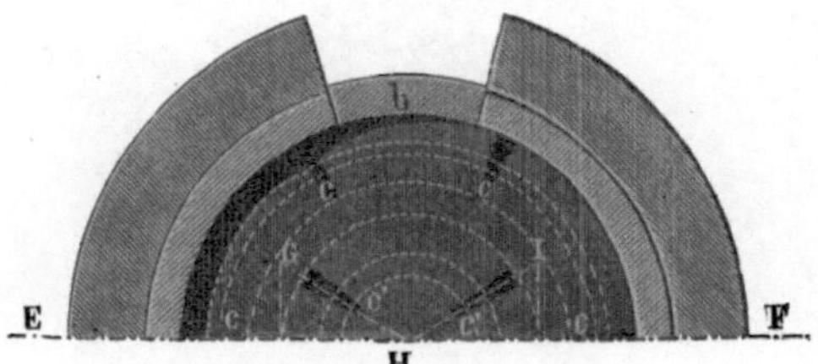

Fig. 50.

Bei jedem Brande muss der Ofen zunächst bis auf die Gasentzündungstemperatur vorgewärmt werden, zu diesem Zwecke legt man bei *b* einen Rost an, der durch eine Oeffnung beschickt wird, welche man in der Eintragthür *b* ausspart und dann vermauert, wenn das Gas zugelassen wird.

Brennofen mit Gasfeuerung.

Von C. Nehse in Blasewitz-Dresden.

Für den Wiedergewinn der Wärme aus den Verbrennungsgasen wendet Nehse bei seinem Ofen ein System von Kanälen an, von denen die einen die Verbrennungsgase aus dem Ofen in den Schornstein leiten, während andere die Verbrennungsluft in den Ofen führen, so zwar, dass ein Luftkanal von zwei Kanälen eingeschlossen ist, durch welche die Verbrennungsgase nach dem Schornstein entweichen. Dadurch erreicht Nehse, dass die kältere atmosphärisahe Luft diejenige Wärme aufnimmt, welche die Verbrennungsgase durch das Mauerwerk der Kanäle ausstrahlen, wodurch jene erwärmt wird, diese sich abkühlen.

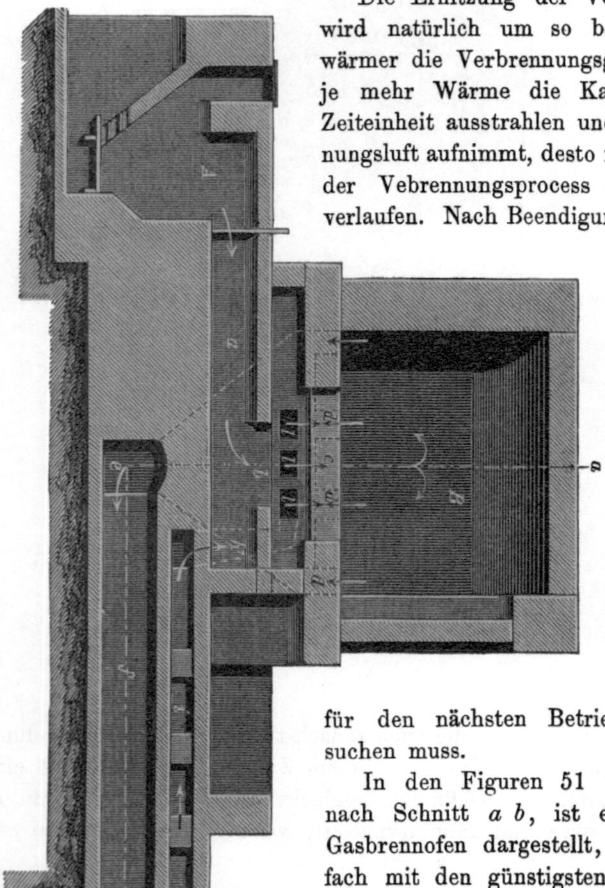

Die Erhitzung der Verbrennungsluft wird natürlich um so bedeutender, je wärmer die Verbrennungsgase sind, und je mehr Wärme die Kanäle in einer Zeiteinheit ausstrahlen und die Verbrennungsluft aufnimmt, desto intensiver muss der Vebrennungsprocess im Brennofen verlaufen. Nach Beendigung des Brandes aber bleibt eine grosse Wärmequantität in dem räumlich weit ausgedehnten Kanalsysteme zurück, die man durch gute Isolirung und dichte Absperrung der Kanäle darin so viel als möglich für den nächsten Betrieb aufzusparen suchen muss.

In den Figuren 51 und 52, diese nach Schnitt $a\,b$, ist ein Nehse'scher Gasbrennofen dargestellt, wie er mehrfach mit den günstigsten Erfolgen ausgeführt worden ist.

Der Generator A ist in nächster Nähe des Gasofens angebracht, wodurch die Abkühlung der Gase und der Destillationsprodukte vermieden wird; aus dem Generator wird das Gas durch den Kanal a und durch die Oeffnung $b\,c$ in den Brennraum B geleitet, nachdem es sich zuvor unterhalb der Oeffnung c mit atmosphärischer Luft gemischt hat. Die Verbrennungsluft tritt aus dem Kanal h in die Kanäle $i\,i$, erhitzt sich

Fig. 51.

auf ihrem Wege nach dem Ofen an den Wandungen der Kanäle *ff*, durch welche die Verbrennungsgase in entgegengesetzter Richtung entweichen, und gelangt endlich durch *kk* und *ll* mit den Gasen zusammen auf den

Fig. 52.

Heerd in der Weise, dass sich bereits in *c* die Flamme entwickelt. Aus dem Brennraume *B* entweichen die Verbrennungsgase durch die Oeffnungen *dd* in den Kanal *e*, von wo ab dieselben durch die einzelnen Kanäle *ff* in den Fuchs *g* und weiterhin in den Schornstein gelangen.

Eine wesentliche Verbesserung und Vereinfachung hat dies Ofensystem neuerdings durch Anwendung eines besonderen Lufterhitzungsapparats erhalten, der bei Beschreibung des Nehse'schen Glasschmelzofens zur Darstellung gelangen wird.

Ofen mit regenerativer Gasfeuerung [1].

Von Alb. Pütsch in Berlin.

Es unterscheidet sich dieser Ofen von anderen Gasöfen für Thonwaaren zunächst dadurch, dass das Feuer sowohl von oben nach unten, wie auch von unten nach oben brennt, wobei die Flammen gleichzeitig an

---

[1] P. A. No. 12359.

verschiedenen Stellen des Ofens in diesen eintreten. Oben tritt die Flamme links und rechts ein, unten dagegen durch zwei im Boden des Ofens befindliche Schlitze.

Die Abbildung Fig. 53 veranschaulicht einen Ofen, bei welchem nur auf Vorwärmung der Verbrennungsluft Bedacht genommen ist. Die linke

Fig. 53.

Hälfte der Zeichnung ist ein Schnitt durch den Ofen mit Regenerator, welcher mit den Schlitzen in der Ofensohle in Verbindung steht, während die rechte Hälfte den Regenerator für den Eintritt der oberen Flamme darstellt.

Für die obere Flamme tritt das Gas durch die Oeffnungen aa in die Schlitze bb, und trifft bei c die heisse Luft, welche aus dem Regenerator A durch den Kanal d dorthin gelangt ist.

Die Flammen durchstreichen den Ofen von oben nach unten, gehen durch die Schlitze ee und weiter durch den Kanal f in den Regenerator B, und aus diesem durch ein Wechselventil nach dem Schornstein.

Bei Umstellung des Wechselventils gelangt das Gas durch den Kanal g und die kleinen Kanäle hh zu den Schlitzen ee, wo es mit der aus dem Regenerator B kommenden Luft zusammentrifft.

Die Flamme steigt von unten nach oben, geht durch die Kanäle dd in den Regenerator A, und erhitzt denselben.

Diese Anordnung bedingt es, dass die Flamme sich im ganzen Ofen vertheilen und das Brenngut überall treffen muss, selbst wenn dasselbe noch so stark schwindet, was für das Brennen basischer Ziegel, Cement etc. von grosser Wichtigkeit ist.

Die Konstruktion eignet sich sowohl für periodischen wie für kontinuirlichen Betrieb. Letzerenfalls muss eine entsprechende Anzahl von Abtheilungen zu einem System kombinirt werden, so zwar, dass jeder Ofen mit einem Wechselventil und einem Regenerator versehen wird, wobei die Anordnungen derartig getroffen werden, dass die in einer fertig gebrannten Abtheilung angehäufte Wärme an die Verbrennungsluft der im Feuer befindlichen Kammer übertragen wird.

Aus diesen Dispositionen ergiebt sich für den beschriebenen Ofen eine Eigenthümlichkeit, durch welche sich derselbe von allen anderen kontinuirlichen Oefen auch noch weiterhin ganz wesentlich unterscheidet.

Alle diese Oefen basiren bekanntermaassen auf Vorwärmung der Verbrennungsluft mittels der Abhitze einer fertig gebrannten Abtheilung, wobei auf die Vorwärmung des Gases überhaupt verzichtet werden muss. Das hat zur Folge, dass mit der vorschreitenden Abkühlung der gebrannten Steine etc. auch die Intensität des Feuers abnehmen muss. Demgegenüber ist es bei diesem neuen Ofen an die Hand gegeben, jede Abtheilung auch bei kontinuirlichem Betriebe unabhängig von den anderen Kammern als Einzelofen zu behandeln, da die Regeneratoren die Gewähr dafür bieten, dass die Verbrennungsluft stets die erforderliche hohe Temperatur hat, gleichviel ob die vorher gebrannte Abtheilung bereits abgekühlt ist oder nicht.

Muffel zum Einschmelzen der Farben und Emailen auf Porcellan, Glas etc.

Von J. Möldner und F. Kreibich in Haida (Böhmen).

Eine verdienstvolle und mit schätzbaren Erfolgen gekrönte Leistung der Gasfeuerungstechnik ist unstreitig der Muffel-Gasofen, dessen grosser Werth für die Porcellan- und Glasmalerei nunmehr genügend anerkannt ist; es bleibt nur zu wünschen, dass diese Erfindung eine grosse Ausbreitung finden möge.

Der Möldner-Kreibich'sche Muffelofen ist bereits seit mehreren Jahren in der Porcellanmalerei Julius Möldner's im Betriebe, und sind die seit dieser Zeit von Möldner für A. Hegenbarth's Erben in Haida gelieferten Glasmalereien ausschliesslich in diesem Ofen eingebrannt. Solche Glasmalereien waren mit einer Kollektion feiner Thonwaaren, in Böhmen fälschlich Mojolika genannt, deren Malerei gleichfalls in der Gasmuffel eingebrannt war, auf der Fachausstellung des Gewerbevereins für Böhmen im Mai 1875 in Prag ausgestellt, wo diese Objekte ihrer Schönheit wegen grossen Beifall fanden, und von den Preisrichtern mit einer Medaille ausgezeichnet wurden, wie man denn auch dem ausgestellten Modell des Möldner'schen Muffelofens die silberne Medaille zuerkannte.

Ein kompetenter Berichterstatter, Paul Weisskopf in Morchenstern, schreibt in einem Ausstellungsberichte über Möldner's Ofen[1]): „Bei den forwährend steigenden Preisen der Brennmaterialien und den stets höher wachsenden Ansprüchen, welche man an die Technik der Porcellan- und Glasmalerei stellt, verbunden mit kontinuirlich fallenden Arbeitslöhnen, musste man bedacht sein ein Mittel zu finden, welches, allen diesen Faktoren Rechnung tragend, möglichst gute Resultate gab. Herrn Möldner ist nicht nur das Verdienst zuzuschreiben, diese Aufgabe in wahrhaft genialer Weise gelöst, ihm gebührt auch das weitere, nicht hoch genug anzuschlagende Verdienst, die erste Anregung zur Verwendung der Gasfeuerung im Kleingewerbebetrieb gegeben zu haben. Es ist leicht begreiflich und bedarf nicht erst der detaillirten Auseinandersetzung, dass der Maler nur dann Vorzügliches leisten kann, wenn seine Waare vor und während des Einbrennens der Farben vor Flugasche, Staub nnd Russ geschützt ist, wenn es ganz in seine Hand gegeben ist, an jeder beliebigen Stelle der Muffel und zu jeder beliebigen Zeit die Hitze zu steigern oder abzuschwächen. Die Möldner'schen Muffelöfen erfüllen alle diese Bedingungen auf das Exakteste, und wir können allen Glas- und Porcellanmalern empfehlen, diesem Gegenstande eingehendste Aufmerksamkeit zu schenken."

Grade die in Anwendung befindlichen Muffelöfen sind es, die hinsichtlich ihrer Feuerungseinrichtungen eine enorme Brennstoffverschwendung bedingen, dagegen sind es aber grade wieder diese Apparate, welche der Handhabung der Gasfeuerung die geringsten Schwierigkeiten entgegenstellen, da Vergasung, Verbrennung und Brennobjekt so nahe beieinander liegen, dass Schwerfälligkeiten und Störungen im Betriebe kaum entstehen können.

Gegenüber der direkten Feuerung sind die ökonomischen Vortheile dieser Gasfeuerungsanlage sehr bedeutend, namentlich dann, wenn der Betrieb ein kontinuirlicher ist. Möldner erreichte mit der Gasfeuerung gegenüber der direkten Holzfeuerung eine Ersparniss von 40 pCt., was jedenfalls bei dem natürlichen und durch die prekären Verhältnisse begründeten Streben der Industrie nach billigerer Produktion wesentlich für eine allgemeinere Einführung dieser Erfindung sprechen möchte, zumal anstatt der Verwendung des theueren, immer sparsamer werdenden Holzes nunmehr durch Anwendung der Gasfeuerung auch geringwerthige fossile Brennstoffe benutzt werden können, was bei der direkten Muffelfeuerung noch nicht in umfassender Weise gelungen ist.

„Langjährige frühere Versuche direkter Feuerung mit Steinkohle, Braunkohle und Torf, berichtet Möldner[2]), haben gezeigt, dass die damit erzielten Resultate allen, mit guttrockenem Holze abgeführten Bränden

---

[1]) Sprechsaal, 1875, No. 27.
[2]) Sprechsaal, 1874, S. 311.

weit nachstehen. Hauptübelstände bei direkter Kohlenfeuerung sind:
1. Die Muffeln werden in kurzer Zeit zerstört, sind daher fortwährender
lästiger Reparaturen bedürftig. 2. Bei Benutzung dieser Materialien entwickelt sich, ehe letztere entflammen, ein starker Rauch, daher leicht unverbrannte Gase durch etwa schadhafte Muffelwände in's Innere eindringen
und oft erhebliche Nachtheile an Gold und Farben verursachen. 3. Am
Ende des Brandes ist die Flamme zu scharf, die Hitze in der Feuerkammer
wie in dem unteren Theile der Muffel zu gross (besonders bei Glas sehr
misslich). 4. Das Entfernen der Brandreste solcher an sich unsauberen
Brennmaterialien verursacht in dem Schmelzlokale oft lästige Unannehmlich-
keiten. Alles das in Betracht gezogen, bin ich trotz wiederholter Versuche mit
Kohlen und Torf immer wieder zur direkten Holzfeuerung zurückgekehrt.
Bei Teplitzer Braunkohle betrug die Ersparniss gegen Holz 25—30 pCt.,
immerhin bedeutend genug, wenn nicht die vorerwähnten Uebelstände dabei
mit in den Kauf zu nehmen wären. Gewöhnlich lieferten bei direkter
Kohlenfeuerung der fünfte bis sechste Brand irgend einen Schaden, welcher
die bezeichnete Ersparniss mehr als illusorisch machte.

„Durch unsere Generatoranlage ist die Verwendung der erwähnten
billigen Brennmaterialien nicht allein zulässig, sondern es stellen sich dabei
sogar neben den ökonomischen auch noch schätzenswerthe technische Vortheile heraus. Zu letzteren gehören unter anderen die absolute Reinlich-
keit und der Raumgewinn im Schmelzlokale, erleichterte und in weit
längeren Pausen stattfindende Zufüllung des Brennmaterials; auch hat der
Schmelzer von ausstrahlender Hitze weit weniger zu leiden, er brauch-
am Ende des Brandes garnicht auf das Feuer zu achten und kann seine
vollste Aufmerksamkeit dem Inhalte der Muffel zuwenden. Ein Druck der
Hand genügt, um das Feuer abzustellen. Die Muffeln werden sehr geschont,
und ist kein für Monate anhaltender Holzvorrath aufzuspeichern, um un-
verdorbene Waare aus den Muffeln zu erhalten.“

Die Figur 54 giebt eine Abbildung des Möldner-Kreibich'schen Muffelofens mit Gasfeuerung, wie er mit Benutzung der gesammelten Erfahrungen
jetzt ausgeführt wird.

Die Konstruktion ergiebt sich ohne weiteres aus der Zeichnung, in
welcher a den Vergasungsraum, b den Fülltrichter, d die schräge Schüttwand, f den Treppenrost und g den Pultrost bezeichnen; $ü$ sind verschliessbare Oeffnungen, welche als Schau- resp. Schürlöcher dienen. Das
Gas dringt aus dem Generator durch die mit einem Ventil verschliessbare
Oeffnung h in den Raum c, wo es sich mit der atmosphörischen Luft vereinigt, welche sich zunächst in dem Sammelkanale e erwärmt, um dann
von hieraus durch den Kanal l in feinen Strahlen in den Verbrennungsraum c zu strömen, aus dem die entwickelte Gasflamme in denjenigen
Theil des Ofens schlägt, welcher die Muffeln enthält, die durch Oeffnungen k
eingesetzt werden.

Die Gasflamme, welche zu jeder Zeit vollständig abgeschlossen oder beliebig regulirt werden kann, bestreicht nun zunächst die erste Muffel, wärmt die zweite stark, die dritte langsam vor und werden dementsprechend die dem Springen am meisten und am ehesten ausgesetzten Glasgegenstände in die oberste Muffel gebracht. Nach etwa zwei Stunden

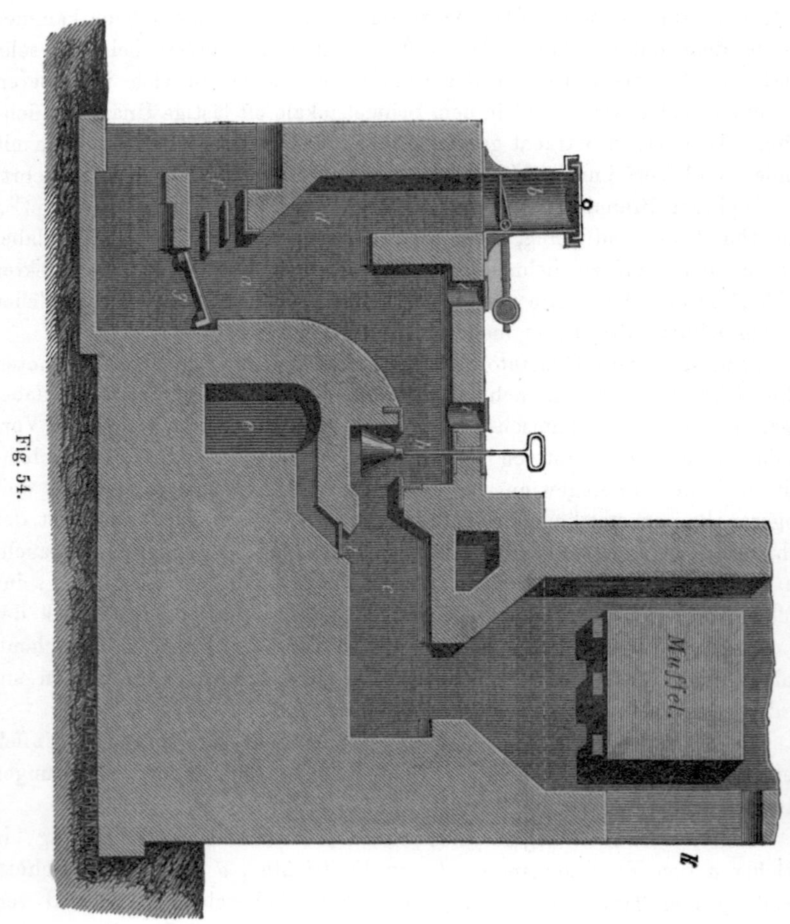

ist die erste Muffel gar und die zweite roth geworden; nun wird das Gas von der untersten Muffel abgesperrt und auf einem anderen Wege zur zweiten Muffel geleitet; inzwischen kühlt die erste ab und überträgt die hocherhitzte Verbrennungsluft an die zweite Muffel, welche dann mit einem verhältnissmässig geringen Gasquantum in etwa einer Stunde vollständige Gare erhält. Hierauf wird dieses Verfahren auch bei der dritten Muffel in Anwendung gebracht.

Die Gaseinströmung wie die Vertheilung desselben im Feuerraume sind auf das mechanisch-genaueste zu bewerkstelligen, es verläuft daher ein Brand wie der andere mit absolutester Sicherheit, wobei der höchste Hitzegrad mit Leichtigkeit zu erreichen ist.

Mit dieser neuen, gegen die ältere Konstruktion wesentlich verbesserten Anlage erreichte Möldner nach einer Betriebszeit von zwei Monaten, in welcher 70 Brände ausgeführt wurden, eine noch grössere Brennmaterialersparniss, welche der direkten Holzfeuerung gegenüber ca. 60—70 pCt., der direkten Kohlenfeuerung gegenüber noch ca. 30 pCt. betrug, wobei ein Arbeitsgewinn von 50 pCt. zu konstatiren war.

„Ich will nun keineswegs behaupten, äusserst sich Möldner[1]), dessen zuverlässige Mittheilungen ich hier fast wörtlich wiederholt habe, dass dieses so überaus günstige Resultat nur und allein in dem Wesen der Gasfeuerung selbst seinen Grund hat, es ist vielmehr mit in der, nur durch die Anwendung der Gasfeuerung ermöglichten Konstruktion und Stellung der Muffeln übereinander, so wie weiter in der zweckmässigen Kombination der verschiedenen Handgriffe, speciell auch in der Kohlenzufuhr u. s. w. zu suchen.“

Der Möldner-Kreibich’sche Doppelgenerator incl. vollständiger Ausrüstung, mit welchem zwölf Muffeln neben- und übereinander täglich bequem fertig gebrannt werden können, kostet 500—600 Mk. Die Muffeln selbst dürften ein Drittel mehr kosten, als solche für gewöhnliche Feuerung.

---

[1]) Sprechsaal, 1876, No. 32.

Achter Abschnitt.
Gasöfen zum Brennen von Kalk.

Die ersten Versuche, die Gasfeuerung für Kalköfen anzuwenden, sind
von Ferd. Steinmann gemacht, und datiren aus dem Jahre 1862, zu welcher
Zeit der Genannte auf dem Dreikönigsschacht bei Tharandt einen Kalkofen
mit Gasfeuerung einrichtete. Sie wurden durch H. Siemens in Dresden
veranlasst, und gingen von dem Grundgedanken aus, dass unter möglichster
Anlehnung an die bekannte Rumford'sche Kalkofenkonstruktion die für die
Verbrennung des Gases erforderliche atmosphärische Luft zunächst den gebrannten, glühenden Kalk passiren und sich dabei stark erhitzen sollte,
bevor sie mit dem Gase in Berührung gelangte.

Aus diesen Versuchen entwickelte sich Steinmann's Schachtofen, bei
welchem an Stelle der Rostfeuerungen des Rumford'schen Ofens die Ein-
trittsöffnungen für das Gas sich befinden. Diese stehen in Verbindung mit
einem Kanal, welcher rings um den kreisrunden Ofenschacht in Höhe der
Gasdüsen angeordnet ist, und der seinerseits wieder mit den Generatoren
kommunicirt, so dass das in diesen erzeugte Gas zunächst in den Ringkanal und aus diesem durch die Düsen in den Ofen gelangt. Die für die
Verbrennung des Gases benöthigte Luft tritt durch die in den Verschlüssen
der Abziehöffnungen angebrachten Ventile in die Ofenrast ein, erhitzt sich
hier an dem gebrannten Kalke und vereinigt sich dann mit dem Gase
zur Flamme.

Auch Frühling[1]) und Hodek[2]) haben Schachtöfen mit Gasfeuerung
konstruirt, denen Steinmann's Ofen als Vorbild gedient hat.

Der von den Gasdüsen bis zur Gicht etwa 7,5 m hohe Schacht des
Frühling'schen Ofens hat keinen kreisförmigen, sondern einen rechteckigen
Querschnitt mit gewölbten Rechteckseiten, es nimmt jedoch der Schacht
nach der Gicht zu kreisförmigen Querschnitt mit einem geringsten Durchmesser von 0,4 m an; ähnlich wie der untere Schacht hat auch die Rast

[1]) Notizblatt des deutschen Vereins für Fabrikation von Ziegeln etc., 1870 S. 276.
[2]) Zeitschrift für Zuckerindustrie, 1874 S. 244.

rechteckigen Querschnitt mit gewölbten Seiten; sie erweitert sich unten zu einer grösseren Kammer, in welcher der Kalk kühlt, indem die Hitze desselben an die aufsteigende Verbrennungsluft übertragen wird. Das Gas wird in einem Generator erzeugt, der so nahe am Ofen angebracht ist, dass das Gas nur einen sehr kurzen Weg zurückzulegen hat, bis es durch vier eigenthümlich angeordnete Düsen in den Ofen gelangt.

Hodek hat, und wohl mit Recht, an Steinmann's Ofen die Ausstellung erhoben, dass die nahe Lage des ringförmigen Gaskanals am Ofenschacht bedenklich sei, weil die Gefahr nahe liege, dass das Mauerwerk des Schachtes und demnächst auch das damit zusammenhängende des Gaskanals durch die Einwirkungen der Hitze leicht rissig werde, wodurch bedenkliche Betriebsstörungen herbeigeführt werden können. Um diesen Uebelstand zu verhüten, hat Hodek den Gaskanal weiter ab vom Ofen und zwar so angelegt, dass jener von diesem durch seitliche Isolirungen getrennt ist, während er nach unten auf einen todten Kanal aufruht. Dadurch ist der Gaskanal fast ganz aus dem Bereich der Bewegungen und Schiebungen des Ofenmauerwerks ausgeschlossen worden. Trotzdem hat der Hodek'sche Ofen nicht die Bedeutung erlangt, wie derjenige von Steinmann.

Wesentlich einfacher als bei dem Steinmann'schen Ofen gestaltet sich der Unterbau bei der Hodek'schen Konstruktion dadurch, dass dieser den Generator ausserhalb des Ofens, etwa 20 m von diesem entfernt, situirt, mit der ausgesprochenen Absicht, dadurch eine vollständigere Abscheidung der kondensirbaren Bestandtheile des Gases im Interesse der Erzeugung eines besseren Aetzkalkes zu bewirken.

Auf dem fiskalischen Kalkwerke zu Rüdersdorf wurde 1875 durch den Berginspektor Gerhard ein Schachtofen mit Gasfeuerung ausgeführt, über dessen Einrichtung sowohl wie über die damit erzielten Betriebsresultate Hausding sehr instruktive Mittheilungen gemacht hat[1]).

Das für den Ofen erforderliche Gas wird in fünf Generatoren erzeugt, welche an Stelle der sonst bei demselben (Rumford's System) vorhandenen Rosten placirt sind. Die zur Vergasung gelangenden Kohlen bestehen aus einer Gattirung von oberschlesischen Förderkohlen, böhmischen Mittelkohlen und erdigen (märkischen) Braunkohlen; sie werden durch einen gemauerten, luftdicht schliessenden Hals (Fülltrichter) auf eine unter 45° geneigte Kohlenrutsche mit anschliessendem Treppenrost geschüttet. Die Generatoren werden mit Schlackenrost betrieben, d. h., es wird als Unterlage der auf dem Treppenrost vergasenden Kohle eine Schlackenschicht erhalten, welche man nur in dem Maasse beseitigt, dass stets eine regelmässige Verbrennung mit Hülfe der vorgewärmten und feinvertheilt in den Generator eindringenden Luft erfolgt. Die Vorwärmung der Vergasungsluft wird dadurch bewirkt, dass der Aschenfall mittels einer Thür verschlossen ist, und von dem

---

[1]) Thonindustrie Zeitung, 1877 No. 16.

Treppenrost eine doppelte Blech-Vorsetzthür mit Oeffnungen für die durchströmende Luft gestellt wird.

Jeder Generator ist von dem Inneren des Ofenschachtes durch eine Feuerbrücke getrennt, welche der zerstörenden Einwirkung der Hitze von drei Seiten ausgesetzt ist, und dieserhalb durch einen kalten Luftstrom gekühlt wird. Zu diesem Zwecke führen durch die beiden Seitenwände der Generatoren fünf und sechs Reihen Hohlziegel bis zu der in der Feuerbrücke liegenden eisernen Rinne, mittels welcher die kalte Luft aus der unteren Etage nach einem auf jedem Generator stehenden Rohre angesaugt wird.

Die Rostfläche des Treppenrostes enthält nahezu 62 pCt. lichte Einströmungsöffnung, welche letztere sich zum grössten Schachthorizontalschnitt wie 0,35 : 1 verhält und pro Quadratmeter und Stunde 91 k Kleinkohle verzehrt.

Die erzeugten Gase strömen aus jedem Generator durch einen Gaskanal, der hier zugleich die Düse bildet, in den Kalkbrennofen. Der Düsenquerschnitt beträgt nahezu $^2/_5$ von der lichten Lufteinströmungsöffnung des Rostes oder 0,139 vom grössten Schachthorizontalschnitt. Es verbrennen deshalb pro Quadratmeter Düse und Stunde etwa 230 k Kohlen. Die Regulirung der Gaseinströmung erfolgt theils durch Schliessen der Aschenfallthüren, theils durch einen feuerfesten, graden Stein, welcher in die Düse hineingeschoben wird, deren Querschnitt sich nach dem Schachte verengt. Soll die Gaseinströmung ganz abgeschlossen werden, so öffnet man die Kalkabzugsöffnungen, wodurch der Ofenzug in den Generatoren aufgehoben wird, die Gase dringen dann durch die Roste zurück.

Die Zuführung der Verbrennungsluft erfolgt mittels eines gusseisernen Luftvertheilungsapparates in der Mitte des Kalkofens, in welchem durch ein, unter der Ofensohle gelegenes Ventilationsrohr aus Eisenblech die Luft von ausserhalb des Gebäudes hineingeleitet wird. Der Luftvertheilungsapparat dient zugleich zur Erhitzung der Luft und besteht in einem aus der Mitte der Ofensohle vertikal aufsteigenden, gusseisernen Rohre, welches mittels eines gusseisernen, kegelförmigen Schirmes so bedeckt wird, dass unter dem Letzteren in einem ringförmigen Querschnitt die Luft nach unten ausströmt. Im Innneren des Rohres ist ein Blechcylinder mit kegelförmigen Enden befestigt, um die Luft an die durch Berührung mit dem gar gebrannten, hellrothglühenden Kalk erhitzten Rohrwände zu drängen. Die Querschnitte der Luftwege sind so konstruirt, dass die Luft von 0 bis 300° C. erhitzt werden kann, ohne von dem kalten Ventilationsrohre bis an die hellrothglühenden Schirmwände Spannungsverluste zu erleiden. Die Regulirung der Verbrennungsluft erfolgt mittels einer Drosselklappe, welche in das Ventilationsrohr eingeschaltet, und über welcher eine Explosionsklappe an dem Luftvertheilungsapparat angebracht ist.

Der Schacht des Ofens ist so konstruirt, dass der aus einer Düse dringende Gasstrom, seinem natürlichen Zuge nach oben entgegen, möglichst nach der Schachtmitte und nach den Seiten getrieben wird, um in einem Horizontalschnitt des Schachtes möglichst gleichmässige Hitze zu erzeugen. Zu diesem Zwecke ist der Schacht in der Höhe der Düsen von 2,80 m auf 2,60 m Durchmesser treppenartig zusammengezogen. Die Düsen sind im Gewölbe herabgezogen und in der Sohle auf 25 cm Tiefe ausgekehlt, so dass eine Nase entsteht, welche die expandirenden Gase nach unten und nach beiden Seiten der Düse in den ausgekehlten, ringförmigen Schachtraum unter den Treppenabsatz drückt.

Der Fassungsraum des Schachtes beträgt über den Düsen 32,18 cbm, unter den Düsen 11,47 cbm. —

Durch die angegebenen Einrichtungen werden Gas- und Luftstrom auf ihrem Wege durch den glühenden Kalk so vorgewärmt, dass sie beim Zusammentreffen in der Schachtmitte mit dem höchsten pyrometrischen Wärmeeffekte verbrennen. Die Temperatur vermindert sich nach den Schachtwänden hin, was durch die Schaulöcher leicht beobachtet werden konnte, und die Verbrennungsprodukte bilden sowohl vor wie nach dem Ziehen des Kalkes weisse Dämpfe.

Der Gasofen gestattete eine um die Hälfte längere Kampagne als die Rumford'schen Oefen, und war derselbe zuletzt ausschliesslich mit einer auf den Heizeffekt der böhmischen Braunkohlen mit 3400 bis 3600 W. E. oder 5,3 bis 5,6 facher Verdampfung wirkliche Nutzleistung berechneten Gattirung von: 40 Maass oberschlesischer Backkohle und 60 Maass märkischer, erdiger Braunkohle im Betriebe, und zwar bei einer Kohlenersparniss gegen die mit böhmischer Braunkohle betriebenen Rumford'schen Oefen von 10 bis 12 Pfg. pro 100 k Stückkalk. Die Produktion des Gasofens von 10600 k pro Tag ist nach dem Verhältniss des kleineren Schachtraumes von 32,18 cbm gleich gross, wie bei den anderen Oefen. Die Gleichmässigkeit des Brandes liess ebenfalls nicht viel zu wünschen übrig.

Der gare Kalk wird nach je 6 bis 8 Stunden in einer nach der Glut in den Schaulöchern erfahrungsmässig zu bemessenden Menge gezogen. Die Sicherheit, den besten, eben = garen Kalk darzustellen, ist auch bei Gasheizung nach einiger Uebung der Arbeiter unschwer zu erreichen. —

Wenn nun auch die in Rüdersdorf mit der Gasfeuerung erzielten Resultate keineswegs als ungünstige bezeichnet werden können, so ist doch s. Z. der Betrieb des Ofens wieder eingestellt, ohne dass damit die weitere Verfolgung der Sache aufgegeben wurde. Der eigentliche Grund für die Sistirung des Gasofenbetriebes ist von Hausding nicht angegeben worden, vielleicht aber wird man denselben aus der folgenden Bemerkung herleiten dürfen: der Umstand, dass man die Gasfeuerung mit dem Rumford'schen Ofen direkt kombinirt hat, ohne dessen Innendimensionen wesentlich abzuändern, ist vielleicht Veranlassung gewesen, dass man nicht noch günstigere Resultate erzielt, und, darf wohl hinzugeführt werden, den Betrieb fortgesetzt hat.

Die „Innendimensionen" sind eben die Klippe, an der die ausgiebige Anwendung der Gasfeuerung für die vermöge ihrer einfachen Konstruktionselemente so ausserordentlich günstigen Schachtöfen scheitert, aus dem Grunde, weil die seitlich in den Ofen eintretende Flamme das Bestreben hat, alsbald nach dem Verlassen der Feuerkanäle in vertikaler Richtung abzubiegen und möglichst nahe den Wänden des Ofens in diesem aufzusteigen. Die Folge dieser Erscheinung ist, dass die Flamme nur bis zu einem gewissen Punkte in die Beschickung des Ofens eindringen kann, über den hinaus dieselbe sich nicht mehr wirksam genug erweist.

Hieraus ergeben sich ganz bestimmte Grenzen für den Durchmesser des Ofenschachtes in der Ebene der Feuerungen, die nicht überschritten werden dürfen, wenn man nicht Gefahr laufen will, eine grössere oder geringere Quantität ungaren Kalk zu produciren, was dann unfehlbar geschähe, wenn in der Vertikalen des Ofenschachtes eine Zone vorhanden wäre, welche von der Flamme nicht wirksam genug angegriffen werden kann.

Bei Schachtöfen mit eingeschichtetem Brennmaterial fällt dieser Uebelstand natürlich fort, am nachdrücklichsten zeigt er sich bei Schachtöfen mit Gasfeuerung, weil hier die Flamme noch viel energischer auftreibt, als bei Ofen mit seitlichen Rostfeuerungen. Während man solchen Oefen in der Ebene der Feuerungen unbedenklich eine Maximalweite von etwa 2,8 m geben kann, hat Steinmann gefunden, dass man bei Gasschachtöfen nicht über 1,57 m Durchmesser gehen darf. Bei diesem sehr geringen Querschnitt kann nun aber auch die Leistungsfähigkeit nur eine angemessen geringe sein; Steinmann beziffert diese auf 5000 k pro 24 Stunden bei 8—9 m Schachthöhe, während sie doch bei nahezu gleichbleibenden Bau- und Betriebskosten eine ganz wesentlich grössere sein würde, wenn man dem Schacht grössere Querschnittsdimensionen geben könnte. Dies ist aber aus den angegebenen Gründen nicht angängig, und da der Rüdersdorfer Gas-Schachtofen in der Flammenzone 2,6 m Durchmesser hatte, so darf hierin vielleicht die unausgesprochen gebliebene Erklärung für die Ausserbetriebsetzung des Ofens gefunden werden.

Hält man an dem Steinmann'schen Erfahrungssatze fest, dass der lichte Durchmesser eines Schachtofens mit Gasfeuerung etwa 1,57 m nicht überschreiten darf[1]), so ist die Steigerung der Leistungsfähigkeit eines Schachtofens nur dadurch möglich, dass man, bei seitlichem Eintritt des Gases in den Ofenschacht diesem die Form eines Oblongums, oder aber noch besser die einer Ellipse, mit einer konstanten kleinen Axe von nicht über 1,57 m giebt, oder dass man das Gas nicht seitlich, sondern central in den Ofen einführt, in welchem Falle man dem Querschnitt eine entsprechend grössere

---

[1]) Dingler's Journal Bd. 220 S. 153.

Axe geben darf. Schachtöfen oblongen Querschnitts hat Steinmann in grösserer Anzahl mit einer Leistungsfähigkeit bis zu 17500 k gebaut, derselbe bemerkt aber in Bezug auf diese Konstruktion, dass, abgesehen von den sich potenzirenden schädlichen Einflüssen des Windes auf die Breitseiten solcher Oefen, mit zunehmender Grösse derselben auch die konstruktiven Schwierigkeiten besonders wegen Anlage der Generator-Batterien sich vermehren, so dass dieser Weg nicht grade als der geeignetste erscheint. Steinmann hat dieserhalb bei einem neuerlich durch ihn konstruirten Ofen von einer Vergrösserung des Ofenquerschnitts in der einen oder anderen Weise überhaupt Abstand genommen, er hat vielmehr eine Anzahl von Schachtöfen runden Querschnitts in der Form eines offenen Ringes aneinander gereiht, und diesem Ofen den Namen „Basteiofen" beigelegt.

Die centrale Einführung des Gases in den Ofenschacht bildet den Gegenstand eines unter No. 110180 an le Bel und Moysau verliehenen französischen Patents vom 4. November 1875. Dieser Ofen hat einen konischen Schacht, dessen grösster Durchmesser in der Ebene der Abzugsöffnungen für den gebrannten Kalk liegt. Das Gas wird in einen Brenner geleitet, der sich im Mittelpunkt des Schachtes befindet. Weiterhin hat C. Nehse einen Schachtofen konstruirt, bei welchem das Gas durch eine sattelartige, die Mitte des Ofens durchschneidende gemauerte Vorrichtung in diesen eintritt.

Mit Bezug auf diesen Ofen bemerkt Steinmann[1]), dass schon bei seinen ersten, eingangserwähnten Versuchen, die Gasfeuerung dem Schachtofen anzupassen, die centrale Einführung des Gases als eine technische Unmöglichkeit erkannt wurde, weil derjenige Theil des Ofens, welcher für die Einführung des Gases in den Schacht dient, alsbald durch den herabgehenden Kalk zerstört werde.

Neuerdings haben Berndt und Baldermann in Fürstenberg a. O. einen Schachtofen mit regenerativer Gasfeuerung System Siemens konstruirt (D. R. Patent No. 3509[2]), bei welchem Gas und Luft auf der einen Seite des Ofens in diesen aus den Regeneratoren eintreten, während auf der entgegengesetzten Seite die Flamme in die anderen Regeneratoren entweicht, wobei in bekannter Weise die Flamme bald auf der einen, bald auf der anderen Seite des Ofens erscheint. Durch die Anwendung der regenerativen Gasfeuerung ist bei gänzlich horizontaler und wechselnder Flammenrichtung die Möglichkeit gegeben, den Schacht mit einem weit grösseren Durchmesser konstruiren zu können als bei Oefen vorgenannter Art — und das ist auch schon deshalb wichtig, weil das Kalkziehen weniger oft zu geschehen hat und der Ofen weniger gestört wird — es bedingt aber die Anwendung der regenerativen Gasfeuerung bei Schachtöfen das Vorhandensein

---

[1]) Thonindustrie-Zeitung, 1878. No. 48.
[2]) Baugewerks-Zeitung, 1879 No. 29.

eines besonderen Schornsteins, während im anderen Falle der Ofenschacht selbst als Schornstein dient.

Auf der Generalversammlung des deutschen Vereins für Fabrikation von Ziegeln etc. im Februar 1880 bildete dieser Kalkofen den Gegenstand einer Besprechung. Herr Ingenieur Schmutzler machte auf die mit dem Ofen in Gogolin erzielten Betriebsresultate aufmerksam und meinte, dass sich aus denselben der Schluss ziehen lasse, die regenerative Gasfeuerung werde sich mit Vortheil auch für das Brennen im Schachtofen verwerthen lassen. Die mit dem Ofen innerhalb einer Betriebszeit von 4 Wochen angestellten Versuche sind zufriedenstellend gewesen, indem man mit 50 k oberschlesischer Kleinkohle 200 k gebrannten Kalk erzielte, ein Resultat, das mit Rücksicht auf den harten Kalkstein von Gogolin wohl zu den besten gerechnet werden kann, die der Schachtofen erzielt. Anfangs haben sich allerdings, wie bei jeder neuen Sache, bedeutende Hindernisse und Betriebsstörungen eingestellt. Demgegenüber theilte Herr Bergrath Foitzick von Rüdersdorf mit, er habe den Ofen im November 1878 bei den Herren Baldermann & Berndt in Finkenheerd gesehen, an dessen Gicht eine kleine Esse aufgesetzt gewesen, weil die Kohlensäure und der Wasserdampf nicht rasch genug Abzug fanden. Dies scheint überhaupt ein Nachtheil am Ofen zu sein, der sich aber möglicherweise werde beseitigen lassen. Immerhin sind die Abzugsprodukte, Kohlensäure und Wasserdampf, bei diesem Ofen genöthigt, wenn die Gicht geschlossen ist, was des Schornsteins wegen geschehen muss, hinauf und wieder hinabzusteigen (?, der Verf.), und durchstreichen dann die ganze Kalksäule. Das sei nicht vortheilhaft, da die Aufnahmefähigkeit des glühenden Kalkes für Kohlensäure und Wasser gegen diejenige bei gewöhnlicher Temperatur eine siebenundzwanzigmal grössere ist. Zu jener Zeit war Herr Baldermann noch nicht in der Lage, einen gut gebrannten Kalk garantiren zu können. Es ist indess nicht unwahrscheinlich, dass das System bei entsprechenden Veränderungen eine Zukunft hat. Herr Schmutzler erwiderte, dass er in letzter Zeit nur gut gebrannten Kalk gefunden habe. Es zeigte zeigte sich übrigens, dass der Kalk, der mit Gas aus trockenem Brennmaterial gebrannt war, ein geringeres specifisches Gewicht hatte, als der, welcher mit Gas aus nassem Brennmaterial erbrannt wurde. Ersterer löschte sich auch leichter als letzterer, während die Ausgiebigkeit beim Löschen bei beiden dieselbe war. Dieser Unterschied in dem Verhalten des mit trockneren und feuchteren Gasen gebrannten Kalkes dürfte vielleicht daher rühren, dass der aus dem nassen Brennmaterial stammende, mit dem Gase in den Ofen gelangende Wasserdampf von dem unter der Brennzone liegenden gar gebrannten Kalke theilweise absorbirt wird.

Weiteres ist dem Verf. über dieses beachtenswerthe Ofensystem nicht bekannt geworden; der Versuch, von den Patentinhabern direkte Mittheilungen zu erhalten, war erfolglos.

Der Schachtofen wird zwar speciell als der Brennapparat für die Kalk-
und Cementfabrikation bezeichnet, doch ist damit keineswegs ausgeschlossen,
dass sich für diese Fabrikationen nicht auch eine Reihe jener Gasöfen als
brauchbar erweisen sollte, welche in erster Linie für Zwecke der Thonwaarenindustrie Anwendung finden. In der That sind mit Oefen dieser Art
beim Brennen von Kalk sehr befriedigende Erfolge erzielt worden.

Dass die Gasfeuerung der Kalkfabrikation ganz erhebliche Vortheile
bietet — bezüglich der Cementfabrikation liegen maassgebende Anhaltspunkte
noch nicht vor — ist unverkennbar und praktisch erwiesen, wenn aber
der Gasfeuerung auf diesem Gebiete häufig ein oft ausserordentlich viel
grösserer Nutzeffekt vindicirt wird, als der direkten Feuerung, bis 50 pCt.
und darüber, so sind diese fast immer beziehungslos gemachten Angaben
zunächst durch Prüfung der einschlägigen Verhältnisse auf ihren wahren
Werth zurück zu führen. Derartige Erfolge resultiren, wenn sie wirklich
erzielt wurden, keineswegs allein aus der Gasfeuerung für sich betrachtet,
sondern auch aus dem mit Einführung der Gasfeuerung nicht selten verbundenen Wechsel der Verhältnisse, rationellerer Einrichtung der Oefen und
Anwendung viel geringwerthigerer billigerer Brennstoffe für den Gasofen,
als solche für die direkte Feuerung verwendbar waren.

Die eigentliche Ursache der thatsächlich vorhandenen grösseren Brennstoffökonomie bei Gas-Kalköfen dürfte mit dem Umstande in naher Beziehung stehen, dass für die Verbrennung des Gases nur etwa halb so viel
atmosphärische Luft in den Ofen einzuführen ist, wie bei direkter Verbrennung einer gleich grossen Quantität Brennstoff in fester Form, weil
das Gas bereits die Hälfte der nöthigen Verbrennungsluft in der Verbindung
mit Kohlenstoff als Kohlenoxyd enthält. Daraus folgt, dass die geringere
Menge Luft mit einer bedeutend höheren Temperatur in die Verbrennung
eintritt, als es im Ofen mit direkter Feuerung der Fall, weil hier für die
doppelte Luftmenge nicht mehr Abhitze vorhanden ist, als dort für die
einfache — vorausgesetzt, dass die direkte Verbrennung überhaupt mit
heisser Luft stattfindet, was bei Schachtöfen mit Rostfeuerung ja nicht
einmal der Fall ist. Durch diese bedeutende Erhitzung der Luft wird nun
aber im Gasofen ein erheblich höherer Temperatureffekt erzielt als im Ofen
mit direkter Feuerung, und diese Thatsache dürfte für den grösseren Nutzeffekt des ersteren entscheidend sein, denn mit der grösseren Energie der
Flammen wird die Brennzeit des Kalkes wesentlich abgekürzt, und damit
der Verlust an Wärme entsprechend vermindert.

Auch in qualitativer Beziehung möchten die Leistungen des Gasofens
höher stehen, als die des Ofens mit direkter Feuerung, jedenfalls ist der
im Gasofen erbrannte Kalk seiner grösseren Haltbarkeit wegen geschätzt,
die angeblich daher rührt, dass das Gas wegen Verlustes von Wasserdampf,
Theer, Ammoniak etc. in den Leitungen weniger nachtheilig auf den Kalk

einwirkt als das direkte Feuer. Thatsache ist es, dass die grosse Mehrzahl der Rübenzuckerfabriken sich für Darstellung der Kohlensäure und des Aetzkalkes, auf dessen Reinheit Werth gelegt wird, der Gasöfen bedient.

Basteiofen mit Gasfeuerung[1].
Von Ferd. Steinmann in Dresden.

Der in den Fig. 55 und 56 dargestellte Ofen ist eine Kombination von 15 Schachtöfen, für welche das Gas in 6 Generatoren erzeugt wird. Der ringförmige Ofenschacht ist mit a, die sich an denselben anschliessende Rast mit b bezeichnet. Das Gas gelangt aus den Generatoren bei f durch ee in die Ringkanäle dd, von welchen es durch cc an der Peripherie des Ofens in denselben eintritt. Die Abzüge i für den gebrannten Kalk sind mit einem Chamottekonus versehen, der mittels eines Hebels dirigirt und mehr oder minder scharf angepresst wird, je nachdem viel oder wenig Luft, welche durch i in den Schacht eintritt, für das Gasfeuer gebraucht wird. Um einer baldigen Abnutzung der Passagen i vorzubeugen, sind dieselben mit starken gusseisernen Trichtern ausgefüttert. Die durch i eintretende Verbrennungsluft erhitzt sich zunächst an dem fertig gebrannten Kalk und verbindet sich weiter oben mit dem Gase zur Flamme.

Unter den sechs Einfahrten h gelangt man nach dem innern Raume m, welcher als Stapelplatz für das Rohprodukt dienen kann, von wo aus letzteres durch geeignete, von dem Podium l aus betriebene Hebevorrichtungen bequem und schnell nach der Gicht befördert werden kann. Die Passagen oder Trichter i sind übrigens durch sattelförmige Schiede von einander getrennt, so dass damit ein konstantes Rollen des Brenngutes nach links und rechts ermöglicht wird.

Der abgebildete Ofen ist leicht auf eine Produktion von 75 000 k Aetzkalk pro 24 Stunden zu bringen. Da, wo es etwa die Oertlichkeit erheischt, ist natürlich die kreisrunde Form des Ofens unbedenklich durch eine elliptische zu ersetzen.

Für die Inbetriebsetzung eines derartigen Kalkofens sei Nachstehendes bemerkt.

Bevor der Schacht mit Kalkstein gefüllt wird, muss man alle Theile des Ofens, also Generatoren, Kanalsystem und Schacht mehrere Tage hindurch mittels gelinder Schmauchfeuer behufs Austrocknung ausheizen. Es ist dies bei Gasfeuerungsanlagen um so nothwendiger, weil andernfalls die Entzündung des Gasstromes nicht allein schwierig, sondern unter Umständen

---

[1] **Dingler's Journal** Bd. 220. S. 152.

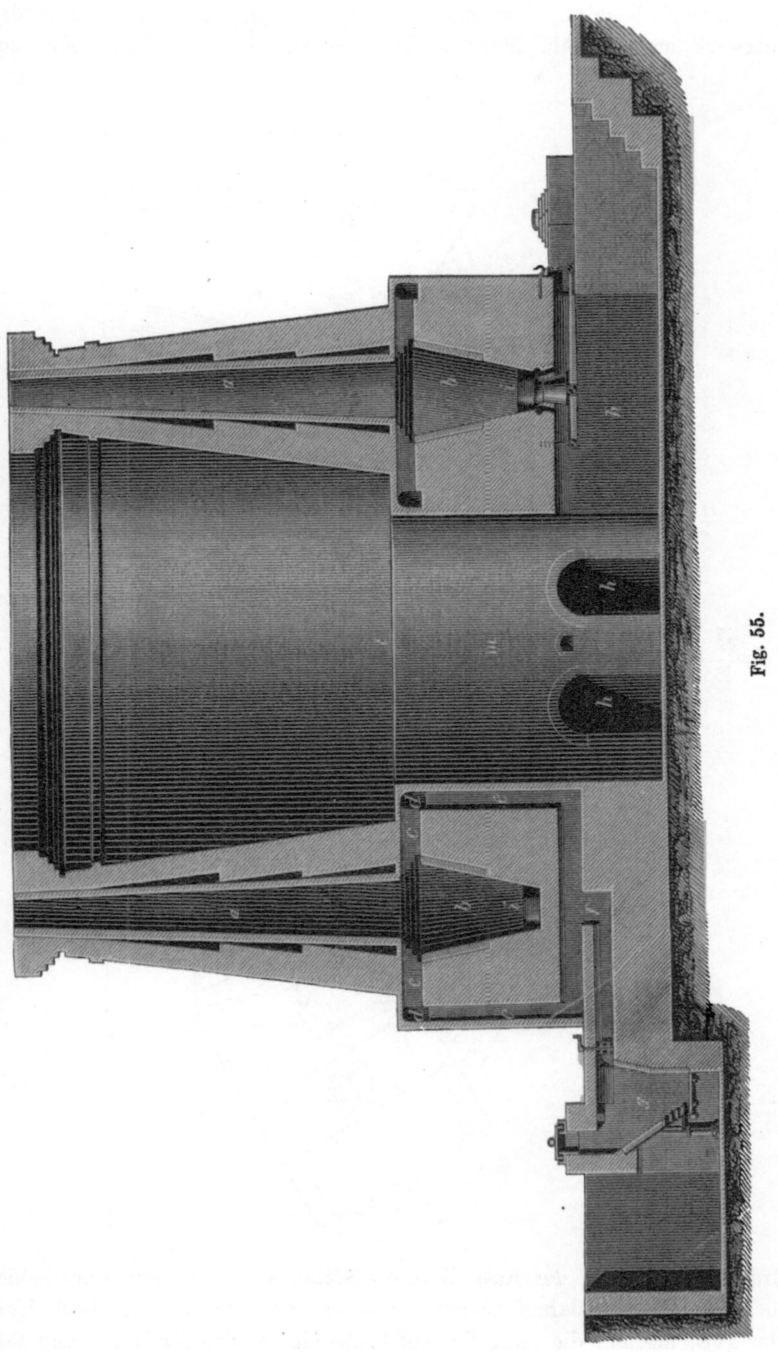

Fig. 55.

sogar unmöglich wird. Hat man die Ueberzeugung gewonnen, dass das Mauerwerk auf ungefähr 300 mm Tiefe trocken ist, so belegt man zu-

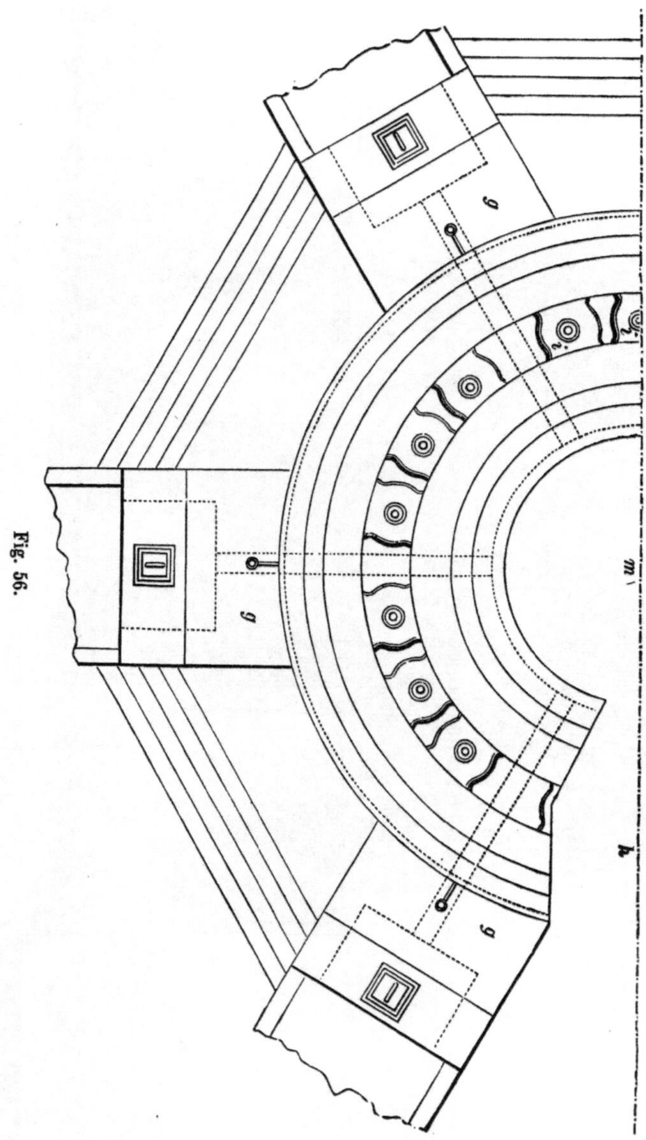

vörderst den Boden der Rast, d. h. die Sättel, kreuzweis mit einer Schicht trockenen Holzes, darauf schüttet man ca. 300 bis 500 mm hoch Kohle oder Torf, alsdann die erste Schicht Kalkstein in gleicher Höhe, und fährt mit dem Wechsel von Kohle und Kalkstein in gleicher Weise fort, bis etwa 600 mm über die Gasdüsen hinaus, von wo ab der Schacht bis zur Gichtmündung ausschliesslich mit Stein gefüllt werden kann. Innerhalb dieser Zeit sind auch die Generatoren zu beschicken. Man breitet zu dem Ende erst eine Schicht Hobelspähne auf den Planrosten aus, legt darauf eine Lage gespaltenen Scheitholzes und beschüttet dieselbe bis zum Rande der Zargen mit dem zu verwendenden Brennmaterial. Bevor man das Feuer in den Generatoren in Gang bringt, muss die Glut in dem Schachte bereits die unteren Schaubüchsen erreicht haben, denn nur dann wird die Entzündung des Gases eine zweifellose und konstante sein. Das erste Kalkziehen hat spätestens 3 Stunden nach Zutritt des Gases zur Gicht zu beginnen und von da an, je nach dem Bedarf an Kalk, in Pausen von nicht unter 1½ und nicht über 3 Stunden möglichst rasch nach einem bestimmten Maasse zu erfolgen; nach einem jeden Abzuge ist bei der Gicht sofort wieder an dem ganzen Umfange des Ofens Kalkstein nachzufüllen.

———

Schachtofen mit Gasfeuerung[1]).

Von Ferd. Steinmann in Dresden.

Während der Basteiofen nur für grosse Kalkwerke sich eignet, wird mit dem Schachtofen die Möglichkeit geboten, die Gasfeuerung auch kleineren Kalkbrennereien zugängig zu machen. Da beide Oefen im Princip sich kaum unterscheiden, so hat das, was über den Betrieb des Basteiofens gesagt worden ist, auch auf den älteren Schachtofen Bezug.

Die Figuren 57 (Schnitt CD) und 58 (Schnitt AB) veranschaulichen einen Steinmann'schen Schachtofen, und bezeichnet auch hier wieder a den runden Ofenschacht, b die Rast, cc die Gasdüsen, durch welche das Gas, aus dem Ringkanal dd kommend, in den Ofen einströmt. In den Ringkanal gelangt das Gas aus den Generatoren ii durch die Verbindungskanäle ee, welche mit den Drosselklappen k versehen sind. Da, wo die Kanäle e in d aufsteigen, befinden sich im Boden der ersteren Oeffnungen l, durch welche Wasser und Theer in den Theersammler abfliessen. Um die Ansammlung dieser Substanzen bei l zu befördern, hat der Ringkanal nach den Einmündungen von e hin ein geringes Gefälle von etwa 78 mm; über dem Theersammler befinden sich Reinigungsöffnungen, welche in derselben Weise verschlossen sind wie die Fülltrichter der Generatoren. Die Thüren, durch welche der gebrannte Kalk abgezogen wird, sind mit ff bezeichnet; sie haben jede vier bis fünf 25 mm weite Oeffnungen, durch welche die

———

[1]) Kompendium der Gasfeuerung S. 99.

Verbrennungsluft in den Ofen dringt, die, indem sie den in der Rast stehenden glühenden Kalk passirt und diesen abkühlt, stark erhitzt wird, wodurch die Verbrennung eine sehr intensive wird. Für die Gewinnung

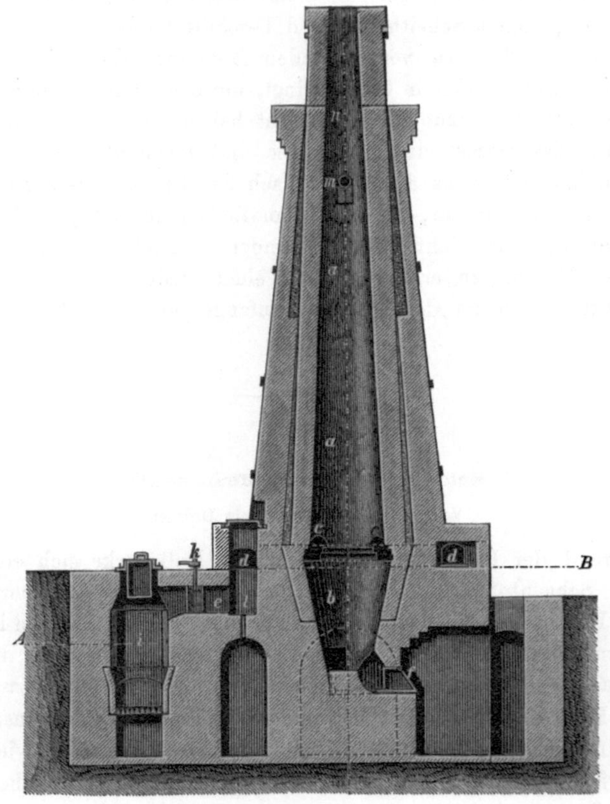

Fig. 57.

der im Schachte aufsteigenden Kohlensäure dient das Rohr m, das unter Einschaltung eines Laveurs oder Wasserwäschers mit einer doppelt wirkenden Pumpe verbunden ist. Der Windfang n enthält die Beschickungsthür, durch welche Kalkstein in den Ofen gebracht wird.

Wie eben erwähnt, erhält der Ofen die erforderliche Verbrennungsluft durch die in den Fallthüren ff befindlichen Löcher, und schliessen die Thüren dicht, so ist mit Hülfe dieser Luftlöcher die Flamme rasch und sicher zu reguliren. Je mehr Gas der Ofen empfängt, desto mehr Luft ist selbstverständlich erforderlich. Die für das Kalkbrennen erforderliche Hellrothglühhitze ist bei sonst normalem Zustande des Ofens jederzeit und unter allen Witterungsverhältnissen rasch zu erzielen und aufrecht zu erhalten.

Etwa alle zwei Monate dürfte sich eine Reinigung der Gaskanäle, Klappen und Düsen als nothwendig herausstellen. Dies ist einfach dadurch

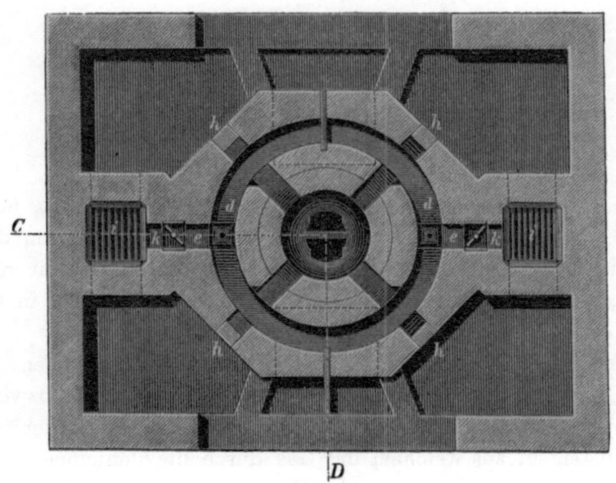

Fig. 58.

zu bewerkstelligen, dass man die Generatoren bis nahe zur Glühschicht herunter brennen lässt, damit sich der Theer entzündet. Hierbei sind die Reinigungsverschlüsse des Ringkanales sowie die Putzlöcher hh zu öffnen, durch welche man mittels einer Krücke den Schmand aus den Düsen herauszieht; hierauf setzt man alles wieder in den vorigen Stand, füllt die Generatoren rasch und nimmt den Betrieb in gewöhnlicher Weise wieder auf.

Die in dem Ringkanale ersichtlichen beiden Schieber sind dann einzusetzen, wenn man etwa auf einer Seite eine Reparatur vorzunehmen hat und die andere funktioniren lassen will, oder aber auch bei sehr heftigem Winde, wodurch man verhindert, dass derjenige Generator, welcher der Wetterseite ausgesetzt ist, in der Gasentwickelung wesentlich gestört wird.

Je nach der Grösse des Ofens kann man den Betrieb auf vier bis sechs Tage vollkommen suspendiren, ohne dass eine frische Anfeuerung nöthig wird, nur muss man zuvor die Generatoren ganz füllen, die Klappen k festschliessen und die Luftlöcher in den Abzügen gut verschmieren sowie den Windfang bedecken. Bei Wiederaufnahme des Betriebes öffnet man alles, reinigt die Roste der Generatoren sorgfältig und füllt gleichzeitig die Generatoren.

Die Herstellungskosten eines Kalkofens mit Gasfeuerung übersteigen jene eines Kalkofens ähnlicher Konstruktion mit direkter Feuerung bei gleicher Leistungsfähigkeit in keiner Weise. Nach Cech[1]) betrugen die Erbauungskosten eines Ofens mit 4000 k täglicher Kalkproduktion 2500 Gulden ö. W. = 5000 Mk., und erzielte man 100 k gut gebrannten Kalk mit 80 k Braunkohle. Bei neueren Oefen fiel der Brennstoffbedarf auf 50 pCt. Braunkohle.

Schachtofen mit Gasfeuerung[2]).

Von C. Nehse in Blasewitz-Dresden.

Der schon oben erwähnte, in den Figuren 59 (Schnitt *a b*), 60 (Schnitt *c d*) und 61 (Schnitt *e f*) dargestellte Ofen unterscheidet sich von den Steinmann'schen Konstruktionen wesentlich dadurch, dass das Gas nicht, wie bei diesen, am inneren Umfange des Ofenschachtes, sondern in der Mitte desselben eintritt.

Die Zuleitung des Gases von den Generatoren zum Ofen geschieht durch den Kanal *a*, von welchem die vertikalen Kanäle *b b* abzweigen, die in einem die Mitte des Ofens einnehmenden und denselben hier theilenden Sattel *c* aufsteigen, aus welchem das Gas durch die Oeffnungen *d d* in den Ofen ausströmt. Zum Reguliren des Gases dienen die in *b b* befindlichen Schieber *e e*, während die Menge der einzulassenden Verbrennungsluft, die ganz ebenso wie bei den Steinmann'schen Kalköfen durch die Abzugsöffnungen *f f* eintritt, hier regulirt wird.

In der Höhe der Oeffnungen *d d* findet durch die Berührung des Gases mit der von unten aufsteigenden Luft, die sich an dem gebrannten Kalk erhitzt, die Verbrennung statt, in der hier begrenzten Verbrennungszone soll sich eine sehr gleichmässige Vertheilung der Flamme vollziehen, so dass auch der Kalk gleichmässig gar gebrannt wird. Das zu starke oder zu schwache Brennen des Kalkes kann leicht dadurch vermieden werden, wenn man die Flamme verringert oder verstärkt, oder das Abziehen des gebrannten Kalkes dem Gange des Ofens genau anpasst.

Die in den Mauern des Schachtes angebrachten Oeffnungen *g g* haben den Zweck, etwa sich festklemmende Kalksteine abstossen zu können; übrigens kann diese Eventualität dadurch am besten verhütet werden, dass man den oberen Schacht stark konisch ausführt.

Der Sattel *c* hat neben der hohen Temperatur auch eine starke Abnutzung durch den an demselben herunter gleitenden Kalkstein zu widerstehen, weshalb derselbe stark konstruirt werden muss, und mit einer be-

---

[1]) Muspratt's technische Chemie, 3. Aufl., Braunschweig 1876, Bd. III, S. 1469.
[2]) Zeitschrift für Thonwaarenindustrie 1878 No. 21.

Fig. 59.

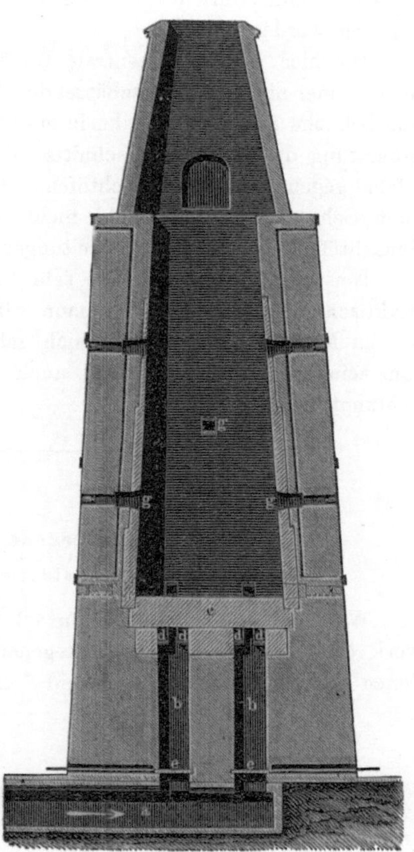

Fig. 60.

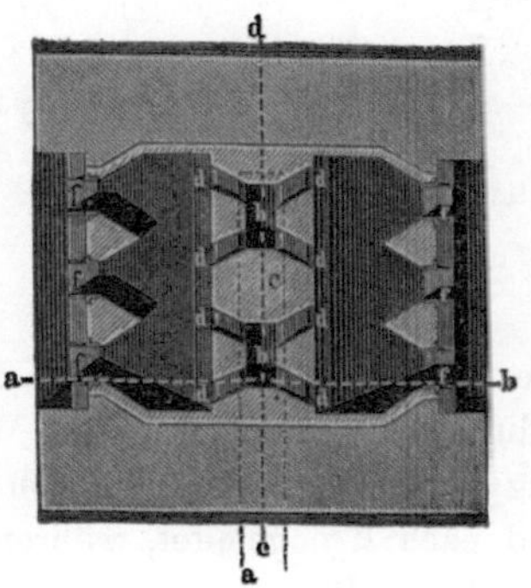

Fig. 61.

sonderen Schutzeinrichtung versehen ist, deren Details indess nicht bekannt gegeben worden sind.

Die hier versuchte centrale Einführung des Gases bietet theoretisch neben einer nicht zu unterschätzenden Vereinfachung des Ofens selbst nicht unerhebliche Betriebsvortheile, in erster Linie — wegen der zulässigen Vergrösserung des Schachtquerschnitts — Erhöhung der Leistungsfähigkeit des Ofens gegenüber den Schachtöfen mit seitlicher Flammenführung, dann auch Schutz gegen die wohl nicht geringen Wärmeverluste, wie sie bei Schachtöfen mit äusseren Gasleitungen eintreten müssen.

Einstweilen aber bleibt es sehr fraglich, ob die centrale Gaszuführung praktisch ausführbar ist, Steinmann verneint das gradezu (S. 211), und ob die im Mittelpunkt des Ofens sich entwickelnde Flamme seitlich so wirksam sein wird, dass der Kalk auch nahe den Schachtmauern noch gar gebrannt wird.

Schachtofen mit regenerativer Gasfeuerung[1]).

Von P. Berndt und J. Baldermann in Fürstenberg a. d. Oder.

Wie aus der Abildung Figur 62 ersichtlich, befinden sich im Mauerwerk des Ofenschachtes zwei Regenerator-Doppelpaare lg und $l'g'$, von denen die Luftregeneratoren l und l' mit der Wechselklappe e, die Gasre-

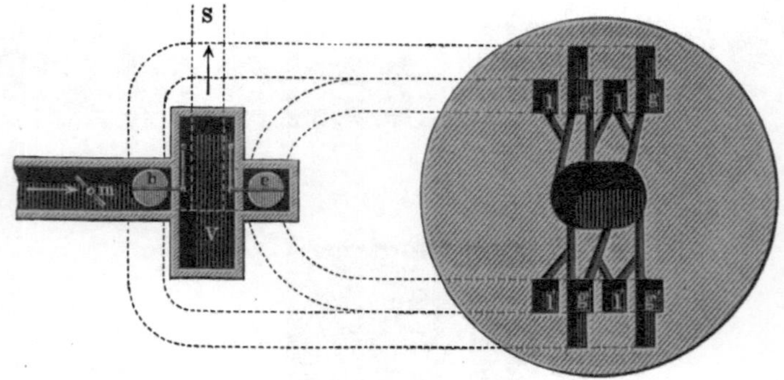

Fig. 62.

generatoren g und g' aber mit der Wechselklappe b und weiterhin mit dem Gaskanal in Verbindung stehen. Durch die Wechselklappe e wird bei entsprechender Stellung derselben die Luft, durch die Wechselklappe b das Gas bald nach lg, bald nach $l'g'$ geleitet, während die Verbrennungsgase mittels der entgegengetzten Regeneratoren und zugehörigen Kanäle

---

[1]) Nach der Patentschrift No. 3509.

durch den anderen Gang der Wechselklappe nach dem Schornstein S entweichen.

Der Gang des Ofens ist folgender.

Nachdem derselbe beschickt und durch direktes Feuer genügend vorgewärmt ist, wird die Drosselklappe des Gaskanals m geöffnet. Das Gas gelangt infolge dessen in den Ventilsitz V, in welchem die um ihre horizontale Axe drehbare Klappe b es ermöglicht, dasselbe abwechselnd nach den Regeneratoren g oder g' zu leiten. Ebenso gestattet die Klappe e der oberhalb eintretenden und durch eine Vorrichtung regulirbaren Luft den Zutritt zu den korrespondirenden Luftregeneratoren l oder l'. Sind beide Klappen b und e so gestellt, dass Gas und atmosphärische Luft nach derselben Richtung in die Regeneratoren l' und g' strömen, so ermöglichen die Klappen zu gleicher Zeit eine Kommunikation der Regeneratoren l und g und der zu denselben führenden Kanäle mit dem nach dem Schornstein führenden Kanal S. Nachdem Gas und Luft die Regeneratoren $l'g'$ in vertikaler Richtung passirt haben, treten sie in die zu dem Ofenschacht führenden Kanäle, die so angeordnet sind, dass die aus beiden Luftregeneratoren l' führenden Kanäle sich mit je einem aus den Gasregeneratoren g' kommenden zu einem gemeinschaftlichen Fuchse vereinigen.

In den auf diese Weise gebildeten drei Füchsen findet eine innige Vermischung von Gas und Luft statt, die Entzündung geht vor sich und die Flamme durchstreicht den Ofenschacht in horizontaler Richtung, angesaugt durch die Zugwirkung des Schornsteins auf die gegenüberliegenden Regeneratoren lg. Um ein Durchstreichen der Flamme nach jeder Richtung in der Brennzone und damit ein vollkommenes Garbrennen des Kalkes zu erzielen, führen aus den Regeneratoren in höher gelegener Horizontalebene noch drei Füchse in den Ofen. Die in die gegenüberliegenden Regeneratoren lg eintretenden glühenden Verbrennungsgase geben an dieselben den grössten Theil ihrer Wärme ab. Ist das Maximum der Wärmeabgabe erreicht, d. h. sind die die Regeneratoren bildenden, gitterförmig und in versetzten Lagen die Regeneratorkammer ausfüllenden Chamottesteine glühend geworden, dann erfolgt die Umstellung der Klappen b und e, so dass nun Gas und Luft aus dem Ventilsitz durch die links gelegenen Kanäle in die Regeneratoren lg gelangen, während die Verbrennungsgase durch die Regeneratoren $l'g'$ so lange entweichen, bis durch erfolgte Abkühlung jener und Erhitzung dieser ein Klappenwechsel nöthig wird.

Der Zutritt der zum Betriebe nöthigen Gasmenge wird mittels der Drosselklappe im Kanal m, der der atmosphärischen Luft, wie schon erwähnt, mittels einer Vorrichtung an der oberen Seite des Ventilsitzes regulirt.

Vorstehende Beschreibung bezieht sich auf den Ofen, wie er auf dem Etablissement der Erfinder zu Finkenheerd erbaut ist.

Neunter Abschnitt.
Gasöfen zum Schmelzen des Glases.

———

Zu welch' hoher Bedeutung die Gasfeuerung auf dem Gebiete der Glasfabrikation bereits gelangt ist, erhellt wohl am treffendsten aus der Thatsache, dass statistischen Ermittelungen nach von den zu Ende des Jahres 1877 in Deutschland existirenden 600 Glasöfen nur noch 264 Oefen mit direkter Feuerung, mit Gasfeuerung aber bereits 336 versehen waren.

Von diesen mit Gasfeuerung betriebenen Oefen waren 208 nach dem System Siemens, 67 nach dem System Boëtius, 22 nach System Nehse, 21 nach System Pütsch, 7 nach dem System Siebert und 1 Ofen nach Kleinwächters System eingerichtet; bei 7 Oefen war das System Schinz, bei 3 waren unbekannte Systeme zur Anwendung gebracht.

Von den hier genannten Ofensystemen basiren die von Siemens, Pütsch und Siebert auf Anwendung der Siemens'schen Regenerativ-Gasfeuerung, also auf Erhitzung von Gas und Verbrennungsluft, während bei den Oefen von Nehse, Kleinwächter und Schinz nur die Verbrennungsluft mittels der Abhitze der Feuergase, bei dem Boëtius-Ofen aber auf Kosten der Hitze des Generators vorgewärmt wird.

Ob nun aber Gas und Luft oder die Luft allein erhitzt werden, und in welcher Art die Regenerirung der Wärme der Feuergase bewirkt wird, kommt in erster Linie nur für den pyrotechnischen und den ökonomischen Effekt in Betracht, für den technischen Werth der verschiedenen Systeme aber entscheidet vorzugsweise die Art der Flammenführung im Schmelzraum, wie die Flamme sich in diesem vertheilt, wie sie auf die Häfen und damit auf den Inhalt derselben wirkt.

Dies ist sehr wichtig, denn das Einschmelzen des Glases erfolgt um so rascher und regelmässiger, je gleichmässiger die Erwärmung der Häfen stattfindet; es müssen also die Häfen von allen Seiten und namentlich an den Stellen, wo eine von Aussen kommende Abkühlung wirken kann, von der Flamme umspült werden; ausserdem ist es, wie Pütsch[1]) bemerkt,

———

[1]) Keramik, 1876 No. 3.

vortheilhaft, wenn bei gleicher horizontaler Flammenvertheilung die Erwärmung des Hafens nach unten hin zunimmt, da bekanntlich die Schmelzung am schnellsten und reinsten vor sich geht, wenn die unteren Massen zuerst in Fluss kommen; die sich dabei entwickelnden Gase halten die oberen noch nicht geschmolzenen Massen in kontinuirlicher Bewegung und namentlich gegen Ende der Schmelzung, wenn die Läuterung eintritt, wird das Glas blank von unten auf.

Unterzieht man von diesen Gesichtspunkten aus die obengenannten Glasofen-Systeme einer Prüfung, so erweist sich grade das älteste und am meisten zur Anwendung gelangte, das von Siemens, als das unvollkommenste von allen.

Die Regeneratoren für Gas und Luft sind bei dem Siemens-Ofen derartig angeordnet, dass die im Unterbau des Schmelzraumes bereits perfekt werdende Flamme durch Schlitze in der Ofensohle auf der einen Seite des Schmelzraumes in diesen eintritt, während sie auf der anderen Seite desselben durch eine gleiche Anzahl von Schlitzen entweicht, die zu jenen symmetrisch in der Mittellinie des Ofens angeordnet sind, so dass der Flammenstrom direkt in vorwiegend horizontaler Richtung von der einen Seite des Schmelzraumes zur anderen, zwischen den beiden Hafenreihen hindurch, hinübergeht, wobei nur die der Mitte zugekehrten Seiten der Häfen von der Flamme selbst getroffen werden, während die nach aussen gerichteten Theile der Häfen nur indirekte und daher weniger Hitze erhalten. Es findet dieserhalb in den Häfen, je nach Stellung derselben im Ofen, nicht nur ein ungleichmässiges Schmelzen statt, sondern es tritt auch eine ganz ungleichmässige Ausdehnung der einzelnen Theile der Häfen und dadurch ein leichteres Zerspringen derselben ein. Bei der Ausarbeitung des Glases macht sich, wie Melting[1]) berichtet, diese ungleichmässige Vertheilung der Flamme ebenso fühlbar, denn es wird auf der einen Seite des Ofens zu viel Flamme sein, während sie auf der anderen Seite mangelt, und daher kommt es auch öfter vor, dass während auf dieser Seite das Glas zum Ausarbeiten zu steif wird, auf jener Seite das Gegentheil stattfindet, oder dass, wie der Glasmacher sagt, das Glas feuerweiss wird. Im ähnlichen Sinne haben Dillinger[2]) und Pütsch[3]) über den Siemens'schen Gasofen geurtheilt, während demgegenüber eine Autorität auf diesem Gebiete, Dr. Benrath[4]) die ungleichmässige Vertheilung der Wärme im Schmelzraum des Siemens-Ofens praktisch für nicht so schlimm hält, wie es insbesondere in der angezogenen Arbeit von Dillinger dargestellt ist.

Um die mit der ungleichmässigen Feuerwirkung beim Siemens'schen

---

[1]) Sprechsaal, 1875 No. 41.
[2]) Dingler's Journal Bd. 224 S. 516.
[3]) Keramik, 1876 No. 3.
[4]) Zeitschrift für das chemische Grossgewerbe, II S. 313.

Ofen verbundenen Uebelstände zu beseitigen, hat Alb. Pütsch neben Beibehaltung des Flammenzuges bald von rechts nach links, bald von links
nach rechts, den Eintritt der Flamme in die beiden Stirnwände des Ofens,
etwas über Sohlenhöhe des Schmelzraumes, verlegt. Die Flamme tritt in
der ganzen Breite des Schmelzraumes in diesen ein, durchströmt denselben
der ganzen Länge nach, und verlässt denselben durch die entgegengesetzte
Stirnwand. Die Formen der Feuerlöcher und die Aufstellung der Häfen sind
derartig angeordnet, dass die Flamme in drei Zügen den Ofen durchzieht,
von denen einer die Mitte desselben, zwischen den beiden Hafenreihen,
und je einer zwischen den Häfen und der Brustmauer passirt, so dass die
Häfen sehr gleichmässig von der Flamme umspielt werden.

Bei dem Ofen von Siebert ist die Anordnung für den Ein- und Austritt der Flamme ganz ähnlich wie beim Siemens'schen Ofen, um aber seinen
Ofen von den übelen Folgen dieser Anordnung freizuhalten, hat Siebert in
den Umfassungswänden, in dem sogen. Ringe desselben, zwischen je zwei
Häfen noch besondere Abzüge für die Feuergase angebracht, welche dann
mit in Funktion treten, wenn sich eine gleichmässigere Ausbreitung der
Hitze im Ofen erforderlich macht, als es bei der Siemens'schen Disposition
zu ermöglichen ist.

Bei dem Ofen von Boëtius[1]) tritt die Flamme konstant im Centrum
des Ofens ein, und vertheilt sich von hier strahlenförmig nach den Umfassungswänden hin, wo sie durch Schlitze abgezogen wird, die im gleichen
Niveau der Ofensohle, je einer zwischen zwei Häfen, angeordnet sind.
Aehnlich ist die Flammenführung bei dem Ofen von Kleinwächter und
dem verbesserten Ofen von Nehse, während bei dem älteren Ofen des
letzteren die Flamme von den Seiten nach der Mitte hin wirkte, so dass
auch bei diesen Konstruktionen darauf .Bedacht genommen ist, die Hitze
über alle Theile des Schmelzraumes möglichst gleichmässig vertheilen zu
können.

Als ganz frei von den insbesondere an dem Siemens-Ofen gerügten
Mängeln bezeichnet Dillinger[2]) den von ihm verbesserten Schinz'schen
Tafelglasofen mit Anwendung gepressten Windes für Gaserzeugung und
Verbrennungsluft. Die Konstruktion dieses Schmelzofens mit zehn grossen
Häfen (à 647 k Gemenge) ist folgende: Derselbe hat vier Generatoren, wovon
beiderseits des Schmelzofens je zwei einen Pfeiler bilden und durch einen
Zwischenraum von etwa 4 m Breite getrennt sind. Die Einfüllungsöffnungen
derselben reichen bis zur Sohle des Hüttenraumes hinauf, und auf dieser
Höhe ist durch ein Verbindungsgewölbe über diesem Zwischenraum eine
Fläche für den Schmelzofen hergestellt. Die Generatoren stehen somit
unter und der Schmelzofen über der Hüttensohle, während der Raum

---

[1]) Ramdohr, Gasfeuerung II. Theil, Tafel II.
[2]) Dingler's Journal, Bd. 224, S. 518.

zwischen den zwei Generatorpfeilern eine Art Keller unter dem Schmelzofen darstellt. Unmittelbar an die vier Ecken des Schmelzofens anschliessend, befindet sich je eine der vier Trommeln, welche auf den Generatoren ruhen und zwar ·so, dass jede Trommel einen Pfeiler auf jeder Ecke des Schmelzofens abgibt, in welchem dann über der Trommel je ein Lufterwärmapparat eingemauert ist. Der Schmelzofen hat keine Tonne und die Bank desselben ist in der Mitte des Ofens etwa 10 cm höher als an der Langseite des Ofens. In zwei geschlossenen Reihen stehen je 5 Häfen im Schmelzofen, und zwischen beiden in der Mitte desselben ist ein Zwischenraum von etwa 15 cm für die mittlern Flammen. Die Häfen sind auf der Seite der Brustmauer nach unten stark verjüngt, wodurch dieselben oben an der Mauer anstehen, während unten auf der Bank zwischen der Hafenwand und der Brustmauer ein Raum für die Flamme hinter den Häfen bleibt. In der Mitte des Ofens auf beiden Seiten hinter den Häfen ist das Ablaufloch für das Heerdglas, welches ganz beliebig in den Keller abgelassen werden kann. Die Abhitze wird auf jeder Ecke des Schmelzofens in die Trommeln geleitet, um dieselben während der Schmelzzeit glühend zu erhalten, und von den Trommeln aus führt ein seitwärtiger Kanal durch das Mauerwerk die Abhitze weiter hinauf zu den darüber eingemauerten Lufterwärmapparaten. Aus einem gemeinschaftlichen Kanal, welcher quer vor jeder der beiden Schmalseiten des Schmelzofens und unter den beiderseitigen Trommeln sich hindurchzieht, wird das Gas, von je zwei Generatoren aufgenommen, dann in die drei Verbrennungsschlitze des Schmelzofens und zu den beiden Trommeln geleitet, wenn diese zur Arbeitszeit geheizt werden müssen. Ueber diesem Gaskanal liegt frei auf der Höhe der Schmelzofenkuppel zwischen den beiden Trommelpfeilern parallel eine Gussröhre, welche die erwärmte Luft durch die Ableitungsröhren zu den Verbrennungsschlitzen des Schmelzofens und zu den Trommeln führt. Hier kann mittels Schieber die Luft und das Gas bis auf ein Minimum regulirt werden, wie es mit natürlichem Luftdruck zu erreichen unmöglich ist. Eine Erkaltung der Lufterwärmapparate kann bei dieser Konstruktion niemals eintreten. Durch die Verwendung des Gases bei den Trommeln bleiben auch bei der Arbeitszeit die Generatoren in gleicher Wärme, welche andernfalls in der Temperatur sehr verlieren würden, da der Gasverbrauch in jener Zeit für den Schmelzofen allein sehr gering ist. Unmittelbar nach der Arbeitszeit kann daher mit dem Einlegen des Gemenges sofort begonnen werden, denn während des Abnehmens der Walzen wird der Schmelzofen schon wieder in die ausgiebigste Hitze gebracht. Aus diesem Umstande ersieht man, wie die Leistungsfähigkeit dieses Ofens auch in dieser Richtung ausgenutzt werden kann, der ohnehin nie durch Witterungsverhältnisse Störungen erleidet und nie Zeit- und Brennmaterialverlust erfordert.

Vorzügliche Wirkung ergeben die Flammen hinter den Häfen während des Schmelzens, wie auch zur Zeit der Arbeit. Das Glas erhält dadurch

15*

eine gleichmässige Konsistenz und kann somit weder rauh noch windisch
werden, weil hier die Wärme durch die geöffneten Arbeitslöcher sich her-
ausdrückt, bei den andern Oefen dagegen die kalte Luft in den Ofenraum hin-
eindringt. Die Flammenvertheilung ist nur bei diesem System in der Weise
ausführbar, dass man die Flammen beliebig an jedem Platze eintreten
lassen kann, wo sie am nützlichsten zu wirken im Stande sind.

Neben diesen älteren und sämmtlich bewährten Hafenöfen ist kaum
eine neuere Konstruktion zu nennen, die durch Originalität oder bemerk-
bare Vorgänge ausgezeichnet wäre.

Was die kontinuirlich arbeitenden Wannenöfen anbetrifft, so dürfte
neben der Siemens'schen Konstruktion die Etagenwanne von F. Platenka
in Göding, die in mancher Beziehung dem Siemens'schen Wannenofen,
insbesondere durch eine rationelle Anordnung des eigentlichen Schmelz-
apparats überlegen sein möchte, alle Beachtung verdienen. Eine eminent
wichtige Erweiterung hat das System der Wannenschmelzerei in dem neuen
Siemens'schen Universal-Schmelzofen gefunden, der als eine der wichtigsten
Erfindungen auf diesem Gebiete betrachtet werden darf.

Glasschmelzofen mit regenerativer Gasfeuerung.

Von Friedr. Siemens in Dresden.

Der in der Fig. 63 (Schnitt $E\,F$ der Fig. 64) zur Darstellung gebrachte
Grundriss des Ofens veranschaulicht das für die Zuleitung von Gas und
Luft einerseits und für die Abführung der Verbrennungsgase andererseits

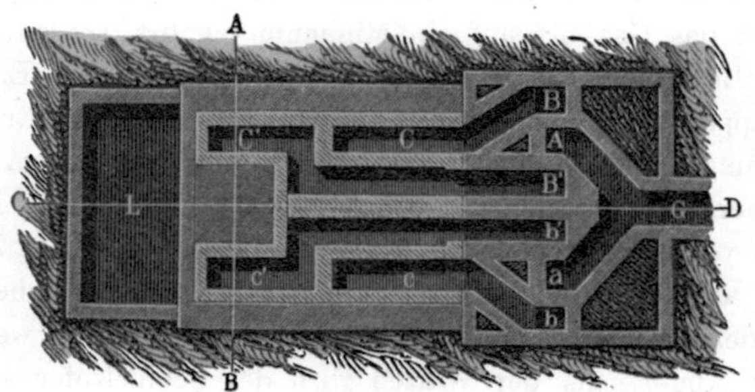

Fig. 63.

erforderliche Kanalsystem, über dessen heller schraffirten Theilen sich der
eigentliche Schmelzofen befindet.

Der mit G bezeichnete, nach A und a hin sich theilende und ausserhalb des Ofens in den Schornstein führende Kanal enthält über A und a

je eine um ihre horizontale Axe drehbare Wechselklappe, durch welche Gas
und Luft in die Regeneratoren resp. in den Ofen, die Verbrennungsgase
aber durch die Regeneratoren in den Schornstein geleitet werden.

Das bei A in den Wechselappart eintretende Gas gelangt je nach Stellung der Klappe entweder nach B oder B', von hier weiter in die Kanäle C
oder C', und aus diesen in die darüber befindlichen Regeneratoren D' oder
D (Fig. 64). Ist die Wechselklappe so gestellt, dass das Gas durch B

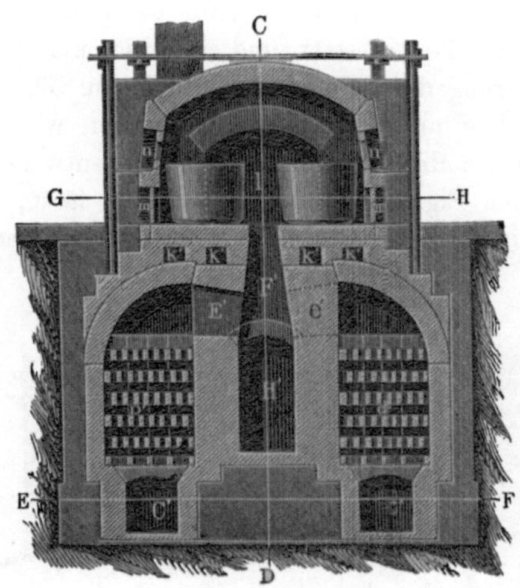

Fig. 64.

und C nach Regenerator D geht, dann wird durch die zweite Passage der
Klappe die Verbindung des Ofens mit dem Schornstein hergestellt sein,
so dass durch den Regenerator D', den Kanal C' und die Passage B' Verbrennungsgase aus dem Ofen mittels Kanal G nach dem Schornstein entweichen.

In ganz gleicher Weise funktionirt der über a aufgestellte Wechsel-
apparat, durch welchen die Verbrennungsluft in b oder in b', weiterhin in
die Kanäle c oder c' ein und aus diesen in die zugehörigen Regeneratoren d
oder d' eingelassen wird. Wäre beispielsweise b für den Eintritt der Luft
geöffnet, so müssten die Verbrennungsgase durch Regenerator d', Kanal c'
und durch b' nach dem Schornstein abziehen. Es funktioniren also je ein
Regenerator für die Erhitzung von Gas und Verbrennungsluft, und zwei
Regeneratoren für die Regenerirung der in den Verbrennungsgasen enthaltenen Wärme.

In der Fig. 64 (Schnitt $A\,B$) sind die Regeneratoren D' und d' mit
den Kanälen C' und c' sichtbar, welche die Verbindung mit den Wechselklappen herstellen. Aus den Regeneratoren strömen Gas und Luft, nach-

dem sie darin erhitzt worden, durch die Hälse E' resp. e', deren jeder Regenerator zwei besitzt, in die Feuerschlitze F'', in welchen die Verbrennung beginnt.

Die sich im Ofen über den Feuerzügen F'' f' entwickelnde Flamme nimmt ihre Richtung nach den entgegengesetzten Zügen F und f, durch welche sie in die Regeneratoren D und d entweicht, um an diese ihre Wärme zu übertragen. Haben sich die Generatoren D' und d', durch welche Gas und Luft in den Ofen treten, entsprechend abgekühlt, was gewöhnlich nach Verlauf einer halben Stunde der Fall ist, dann findet die Umstellung der Wechselklappen statt, und es werden nun die Generatoren D und d durch Umkehrung der Strömungsrichtung von Gas und Luft durchzogen, die jetzt durch F und f auf den Heerd treten, während die Flamme durch F' und f' in die Regeneratoren D' und d' entweicht.

Wie sich aus den Figuren 64 und 65 ersehen lässt, sind die Feuerzüge nach unten hin offen; sie münden hier in die überwölbten Räume

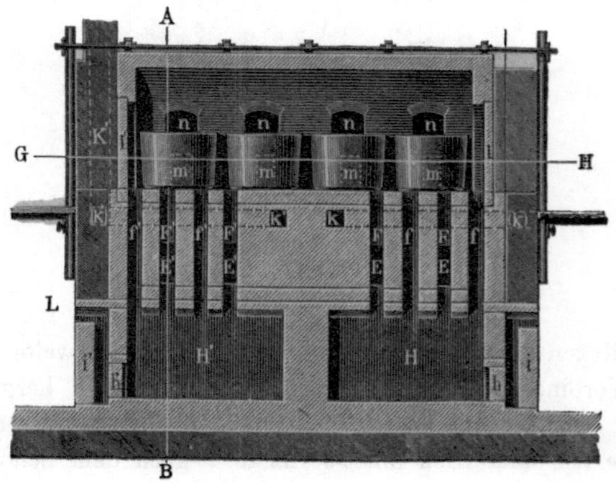

Fig. 65.

(Taschen) H und H', in welche durch die Feuerzüge das im Schmelzraume übertretende Heerdglas abfliesst, das nach der Schmelze aus H und H' entfernt wird. Um das Glas in diesen Räumen im flüssigen Zustande zu erhalten, sind die Zugangsöffnungen durch Steine h' h und i' i, zwischen welchen sich noch eine Sandschüttung befindet, geschlossen.

In der Sohle des Schmelzraumes befinden sich vier horizontale Kanäle k k und k' k', deren eine Endöffnung in das Freie führt, während die andere in die Ventilationskamine K und K' einmündet. In diesen Kanälen cirkulirt die atmosphärische Luft zu dem Zwecke der gleichmässigen Kühlung der geschmolzenen Glasmasse vor ihrer Ausarbeitung, dann hat diese Vorrichtung aber auch noch die Aufgabe, den zerstörenden Einfluss der hohen Temperatur auf das Mauerwerk abzuschwächen, freilich auf Kosten der Oekonomie des Betriebes.

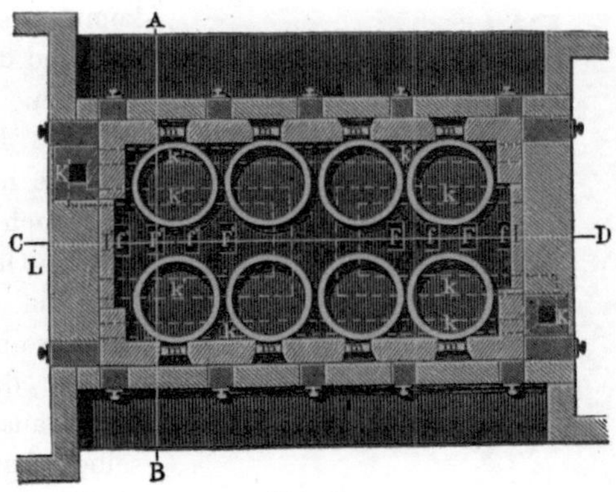

Fig. 66.

In den Zeichnungen bedeuten ferner l und l' die Hafenthore und $n\,n$ die Arbeitsöffnungen eines jeden Hafens mit den Vorsatzkuchen $m\,m$. Die sonstigen Einrichtungen des Ofens weichen von ähnlichen Konstruktionen nicht wesentlich ab und sind aus den Zeichnungen ohne nähere Erläuterungen ersichtlich.

Glasschmelzofen mit Regenerativ-Gasfeuerung[1].

Von Herm. Siebert in Berlin.

Die Figuren 67—69 stellen diesen Ofen in zwei vertikalen Durchschnitten (nach AB und EF) sowie in einem Horizontalschnitt nach CD dar.

In den Fig. 67 und 69 ist a der Gaszuleitungskanal, durch welchen das Gas nach dem Gaswechselventil B' gelangt; durch Stellung der Klappe h kann das Gas sowohl nach b als auch nach b' geleitet werden.

In Fig. 69 ist die Klappe h so gestellt, dass das Gas in den Kanal b gelangt, von diesem in das Regeneratorsystem C', und weiter durch Oeffnung d in den Verbrennungskanal D'.

Die zum Verbrennen des Gases nöthige Luft tritt bei o in das Wechselventil B'', durch welches dieselbe sowohl nach c, als auch nach c' geleitet werden kann.

---

[1] Nach der Patentschrift No. 3647.

In Fig. 69 ist das Wechselventil B'' so gestellt, dass die eintretende Luft in das Kanalsystem $c'c'$ gelangt, aus diesem in den Regenerator C'' und von hier durch Oeffnung d' in den Verbrennungskanal D'; hier trifft die Luft mit dem aus d kommenden Gase zusammen und die Verbrennung tritt ein.

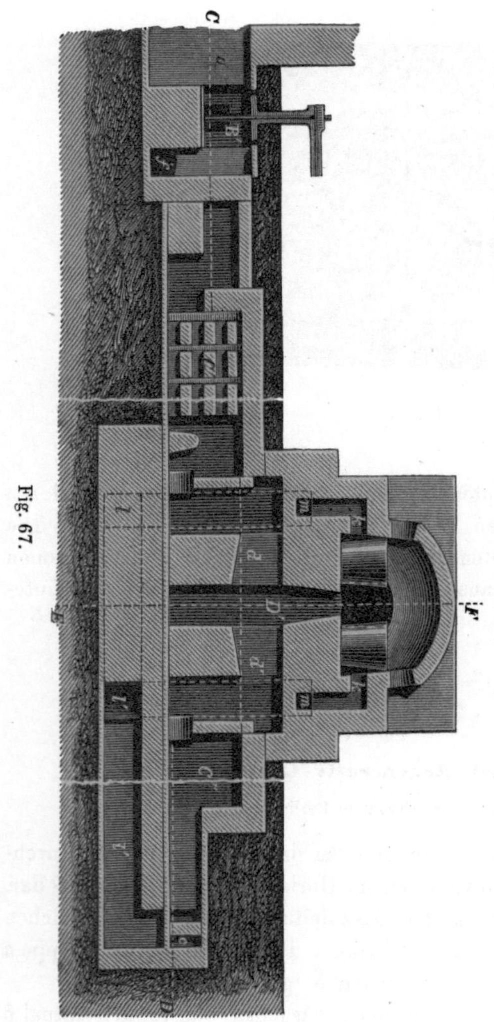

Die hier erzeugte Flamme nimmt die Richtung nach dem zu erwärmenden Oberofen, erzeugt hier die verlangte Temperatur und verlässt denselben durch Verbrennungskanal D''; von demselben kann sowohl das abgehende Feuer nach dem Regenerator F' als auch nach F''' geleitet werden, je nachdem das Gas oder die Luft besonders vorgewärmt werden soll

Wie die Zeichnung darstellt, geht ein Theil der abgehenden Feuerluft nach F', der andere nach F'', durchzieht diese Regeneratoren, setzt ihre Wärme darin ab und gelangt abgekühlt nach den Wechselventilen B' und B'', von hier durch die Kanäle f und f' nach dem Schornstein; durch Drehung der Wechselklappen h wird sowohl der Gas- als auch der Luftstrom in seiner Richtung geändert, das Gas gelangt jetzt durch Kanal b', Regenerator F' und Kanal e in den Verbrennungskanal D''; die Luft durch die Kanäle cc, Regenerator F''' und durch Kanal e' in den Verbrennungskanal D'', die Verbrennung geschieht jetzt im Verbrennungskanal D''; die Flamme durchzieht den Ofen in umgekehrter Richtung und verlässt denselben durch Verbrennungskanal D'.

Die Umdrehung der Wechselventile erfolgt in bestimmten Zeitabschnitten, wobei die Flamme bald rechts, bald links im Oberofen erscheint; durch wiederholten Rückgang des Feuers werden die Regeneratoren immer mehr und mehr erhitzt, wodurch wiederum die Temperatur im Oberofen gesteigert wird, und zwar bis zu den höchsten Hitzegraden.

Fig. 68.

Dieses Ofensystem ist bekannt und in circa 80 Anlagen von mir erprobt und vielseitig verbessert.

Trotz aller Verbesserungen und Bemühungen ist es bis jetzt aber noch nicht möglich gewesen, dieses System durchgreifend und allgemein für diejenigen Zwecke, welche zu ihrer Erzeugung hoher Temperaturen bedürfen, in Anwendung zu bringen.

Der Hauptfehler dieses Systems beruht in der wechselnden Flamme, welche bald rechts, balb links im Oberofen erscheint und hierdurch eine ungleichmässige Wärme im Ofen selbst erzeugt, denn da, wo die Flamme eintritt, ist immer eine höhere Temperatur als da, wo sie den Ofen verlässt; hierdurch erleiden die Theile, welche der eintretenden Flamme zunächst sich befinden, eine Ueberhitzung und eilen in ihrem Process voraus, während die der Flamme entfernteren Theile zurückbleiben.

Diese Temperaturdifferenz ist um so grösser, je grösser der Ofen ist. Dieselbe ist besonders bei den Glasschmelzöfen, wo mit Häfen gearbeitet wird, sehr unbequem.

Um diesen Fehler so weit als möglich auszugleichen und um den von der Flamme entfernteren Theilen des Ofens die nöthige Temperatur zu geben, steigert man dieselbe höher als zum Process nöthig ist; dieses

Hülfsmittel gebraucht aber nicht allein mehr Brennmaterial, sondern, was weitaus gefährlicher ist, die Haltbarkeit des Ofens wird dadurch in Frage gestellt.

Dieses Hülfsmittel, durch gesteigerte Temperatur den Process auszugleichen, gelingt auch nur, sobald der Ofen geschlossen ist, wie dies beim

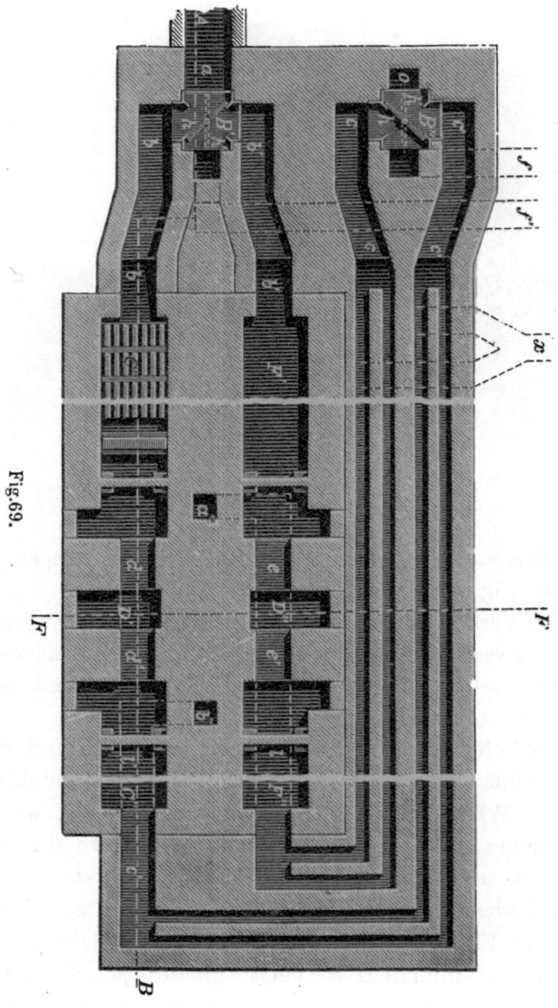

Schmelzprocess des Glases der Fall ist, beim Ausarbeiten des Glases dagegen ist der Ofen geöffnet, die Wärmespannung hat aufgehört, die Flamme zeigt das Bestreben nach dem Abzugskanal zu gelangen nur noch in geringem Grade.

Da, wo die Flamme in den Ofen tritt, ist ein Ueberfluss von Wärme, während am anderen Ende, da, wo die Flamme den Ofen verlässt, wegen Mangel an Wärme nur mangelhaft die Ausarbeitung des Glases erfolgen kann.

Das Hülfsmittel gegen diese Uebelstände ist dasselbe wie beim Schmelzprocess; man steigert die Intensität und Wirkung der eintretenden Flamme, indem man mehr Gas eintreten lässt, und den Zug des Ofens vermehrt, wodurch aber ein bedeutender Brennmaterialverlust hervorgerufen wird.

Diese Fehler zu beseitigen, ist nun Zweck des in Rede stehenden Ofens.

Um dieses zu erreichen, sind im Oberofen, da, wo die Häfen stehen, in den Umfassungswänden, dem sogenannten Ringe, zwischen je zwei Häfen die Oeffnungen kk angebracht (Fig. 67 und 68), welche in die horizontalen Sammelkanäle mm, münden. Diese stehen in Verbindung mit den senkrechten Kanälen $a''b''$ (Fig. 69), welche bis unter die Ofensohle gehen und hier in die Kanäle ll' münden.

Diese Kanäle ll' gehen bis zu den Luftzuführungskanälen cc' (Fig. 67) und laufen unter diesen, durch Thonplatten von diesen getrennt, der ganzen Länge nach hin, bis sich beide Kanäle zu einem Kanal vereinigen, welcher die abgehende Feuerluft nach dem Schornstein führt.

Die Wirkung dieser Einrichtung ist nun folgende.

Während des Glas-Schmelzprocesses, also wenn die höchsten Temperaturen verlangt werden, arbeitet der Ofen mit einer wechselnden Flamme. Sobald es nöthig wird, Theile des Ofens in ihrer Temperatur zu steigern, wird der Schieber des zum Schornstein führenden Kanals x gezogen. Hierdurch wird ein Theil der Flamme genöthigt, den Ausweg durch die Oeffnungen kk zu nehmen, wodurch den Häfen an der der Flammenrichtung abgekehrten Seite Wärme zugeführt wird.

Durch Schliessen und Oeffnen der kleinen Abzugsöffnungen kk, was durch kleine hineingelegte Steine geschehen kann, hat man es in der Gewalt, die Menge der Wärme, welche nach einem bestimmten Theil des Ofens gezogen werden soll, zu bestimmen.

Diese Menge ergiebt sich aus der Praxis.

Die Wärme, welche den Ofen durch die Oeffnungen kk verlässt, ist nicht verloren, da die Abzugskanäle bis zu den Luftzuführungskanälen im Innern des Ofens liegen, und die in diesen Kanälen abgesetzte Wärme der Gesammtofenwärme durch Transmission wieder zu gute kommt.

Den Rest der Wärme giebt die abgehende Feuerluft auf dem Wege zum Schornstein an die Speiseluft ab, indem die Abzugskanäle ll', welche das durch die Oeffnungen kk gezogene Feuer nach dem Schornstein führen, unter den Luftzuführungskanälen cc' der ganzen Länge nach hinlaufen, und von diesen nur durch Thonplatten geschieden sind, welche die Wärme aufnehmen und an die Verbrennungsluft abgeben.

Bei der Ausarbeitung des Glases kommt es darauf an, dass das Glas in den Häfen nicht zu kalt und nicht zu heiss werde, und im Ofen selbst eine gleichmässige Wärme sei.

Diese Bedingung wird bei Anwendung nur einer Flamme, und zwar immer an dem einen Ende des Ofens, durchaus nicht erfüllt.

Die Erfindung bezweckt daher, bei der Ausarbeitung des Glases zwei Flammen in Anwendung zu bringen. Dies wird erreicht, indem man die in den Kanälen f und f', welche nach dem Schornstein führen, befindlichen Schieber schliesst, wodurch der Rückgang des Feuers durch die Regeneratoren aufhört; hierauf werden sowohl Gaswechsel B', als auch Luftwechsel B'' zur Mitte gestellt, so dass die Klappen derselben die punktirten Stellungen h' annehmen.

Bei dieser Stellung der Ventile theilt sich sowohl der Gas- wie auch der Luftstrom in zwei Theile.

Durch die Regeneratoren C' und F' gehen jetzt Ströme Gas, und durch die Regeneratoren C'' und F'' Ströme Luft, welche sich in den Verbrennungskanälen D' und D'' vereinigen und zwei Flammen bilden, wodurch das Feuer im Ofen selbst gleichmässig vertheilt wird. Durch Stellung der Klappen der Wechselventile kann man jede dieser beiden Flammen verstärken oder schwächen.

Damit nun die Flammen ihren Ausweg nicht durch die Arbeitslöcher nehmen, und hier die Arbeiter in ihrer Arbeit stören, sondern dazu benutzt werden, die Häfen und deren Inhalt auf der richtigen Temperatur zu erhalten, wird der Schieber x gezogen. Hierdurch wird das ·abgehende Feuer gezwungen, um die Häfen herum seinen Ausweg durch die Oeffnungen kk zu nehmen. Durch Zufluss von Gas und Luft und durch Stellung des Schornsteinschiebers in Kanal x hat man es in der Gewalt, den Inhalt der Häfen auf der gewünschten Temperatur zu erhalten, und auch aus den Arbeitslöchern nur so viel Flamme und Feuerluft austreten zu lassen, wie der Arbeiter zu seiner Arbeit bedarf.

Glasschmelzofen mit regenerativer Gasfeuerung.

Von Alb. Pütsch in Berlin.

Wie schon eingangs dieses Abschnitts hervorgehoben, unterscheidet sich der Glasofen von Pütsch von dem Siemens'schen und auch von allen bekannten Oefen wesentlich dadurch, dass die Flamme nicht im Boden des Schmelzraumes eintritt, sondern in den Stirnmauern und zwar in der ganzen Breite des Schmelzraumes, derart, dass das Feuer den Ofen seiner ganzen

Länge nach durchströmt, einmal von rechts nach links, dann von links
nach rechts.

Um dieses zu erreichen, sind die Regeneratoren, wie aus den Zeichnungen
des Ofens (Fig. 70 Schnitt AB) ersichtlich, an den Stirnmauern des Ofens
aufgestellt. A und A' sind die Regeneratoren für das Gas, B und B' diejenigen für die Verbrennungsluft.

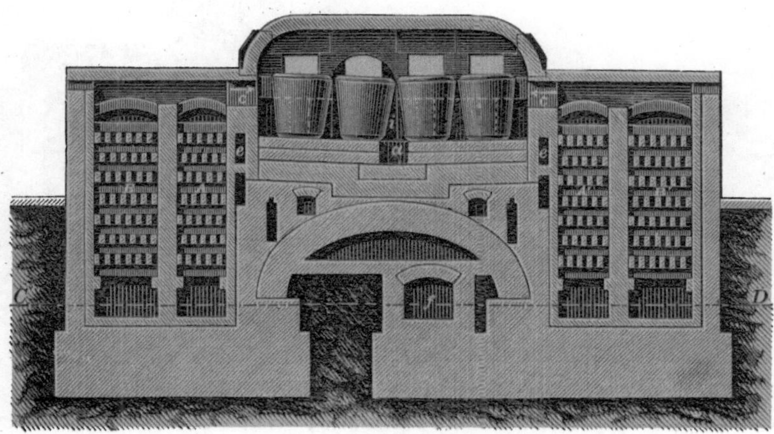

Fig. 70.

Die Glashäfen sind in zwei Reihen aufgestellt, und ist die Form der
Feuerbrücke c, d. h. desjenigen Ofentheils, in welchen die Flamme eintritt,
derartig angeordnet, dass diese in drei Strömen durch den Schmelzraum
gehen muss, nämlich auf beiden Arbeitsseiten des Ofens und in der Mitte
zwischen den Hafenreihen. Die Seitenströme sind die stärksten, um der
Abkühlung nach aussen hin wirksam vorzubeugen.

Durch diese Flammenführung stehen die Häfen nach allen Seiten hin
im Feuer, und da die Feuerbrücke tief gelegt ist, so gleitet die Flamme
hauptsächlich an den unteren Theilen der Häfen hin, wodurch dieselben
unten, also an der geeigneten Stelle, zumeist erwärmt werden.

Die Dimensionen der Feuerbrücke werden so gewählt, dass die Vereinigung von Gas und Luft erst im Ofen selbst vollkommen vor sich geht,
um die Eckhäfen vor der Stichflamme zu schützen. Der Effekt dieser
Anordnung zeigt sich darin, dass die Mittelhäfen den Eckhäfen in der
Schmelzung gewöhnlich etwas voraus sind.

Diese Umstände müssen bei gleicher Temperatur der eintretenden
Flamme eine schnellere und gleichmässigere Schmelzung herbeiführen, als
es bei anderen Konstruktionen möglich ist, erfahrungsgemäss ist selbst
Tafelglas in Häfen von ca. 1000 k Inhalt in 18—20 Stunden abgeschmolzen
worden.

Um das Heerdglas aus dem Ofen entfernen zu können, ist quer durch den Boden des Schmelzraumes eine Sammelrinne a angelegt, aus welcher das Glas, so oft wie erforderlich, durch das Abstichloch b abgelassen wird.

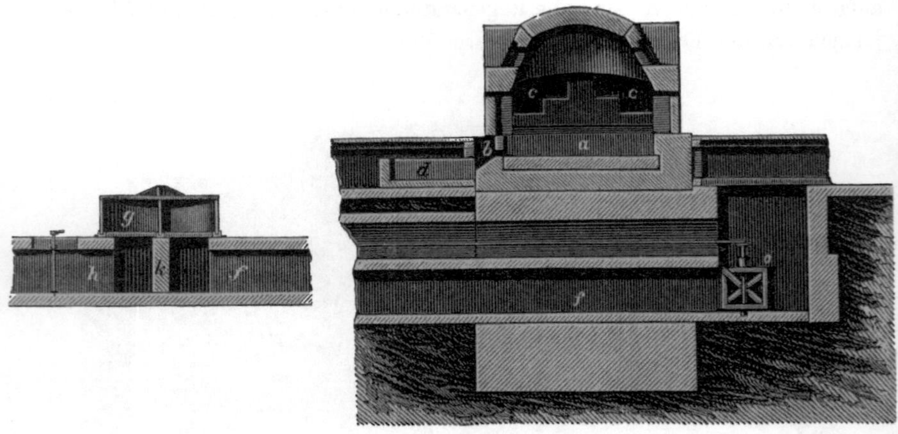

Fig. 71.

Das Heerdglas läuft alsdann in den Raum d, dessen Boden mit Schmelzsand bedeckt ist. Dadurch bleibt das Glas rein und ohne weiteres wieder benutzbar.

Diese Art und Weise, das Heerdglas zu entfernen, bietet noch folgende sehr erhebliche Vortheile.

Bekanntlich läuft bei den Siemens'schen und anderen Ofenkonstruktionen das Heerdglas in die sogen. Tasche ab, und zwar durch diejenigen Oeffnungen im Boden des Schmelzraumes, welche für den Ein- und Austritt der Flamme dienen, in welchen also auch die Mischung von Gas und Luft stattfindet.

Das Heerdglas greift nun die Seitenwände dieser Oeffnungen erfahrungsmässig an, und vergrössert dieselben. Dadurch wird aber die regelrechte Mischung von Gas und Luft selbst beeinträchtigt und damit auch die Intensität der Flamme. Infolge dessen nimmt dann auch der Brennmaterialverbrauch bei Oefen dieser Art nach längerer Betriebszeit erheblich zu.

Bei der Konstruktion von Pütsch liegt der Eintritt der Flamme geschützt gegen die nachtheilige Einwirkung des Glases, so dass selbst während längeren Betriebes die Dimensionen derselben und somit auch das Mischungsverhältniss von Gas und Luft nicht verändert werden. So brauchen erfahrungsgemäss Oefen dieser Art selbst kurz vor Abbruch nicht erheblich mehr Brennmaterial, als kurz nach ihrer Inbetriebsetzung.

Um noch einige Konstruktionsdetails anzuführen, sei zunächst darauf aufmerksam gemacht, dass zwischen den Regeneratoren und dem Ofen selbst ein Luftkanal *e* angeordnet ist, welcher einmal die Feuerbrücke gegen Abschmelzen schützen, dann aber auch verhindern soll, dass Glas in die Regeneratoren gelangt, und tritt dies thatsächlich hier auch niemals ein.

Die Häfen werden an den Arbeitsseiten des Ofens, nicht an den Stirnmauern, eingesetzt und sind die diesem Zwecke entsprechenden Oeffnungen mit *i* bezeichnet.

Die Regeneratoren sind, da sie nicht unter, sondern neben dem Ofen liegen, jederzeit leicht zugängig, und erfordert der Ofen auch eine geringere Tiefe als andere Konstruktionen.

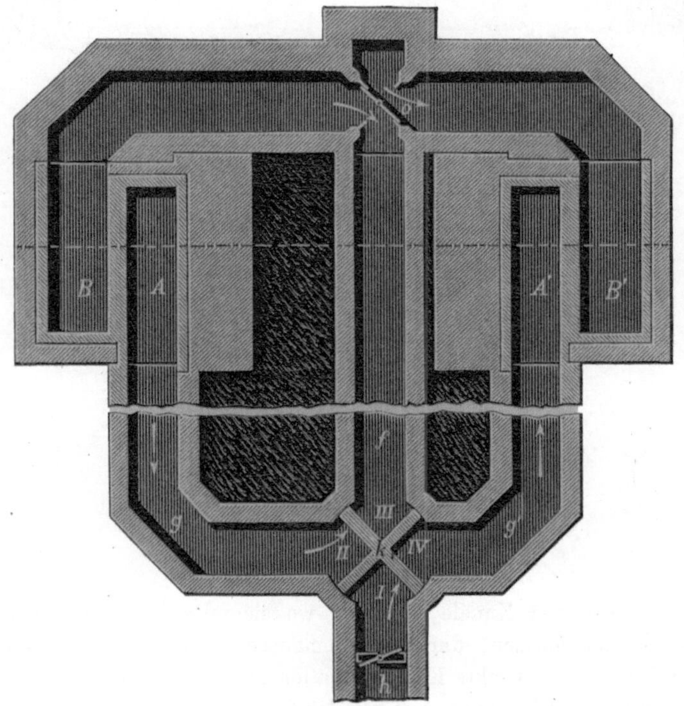

Fig. 72.

Besonderen Hinweis möchte das bei diesem Ofen an Stelle der bei Regeneratoren sonst üblichen Siemens'schen Wechselklappe angewendete Drehventil verdienen, dessen Einrichtung und Placirung aus den Fig. 72, 73, 74 und 75 hervorgeht.

Es weicht dieses Drehventil von den sonst gebräuchlichen Wechselvorrichtungen ganz wesentlich dadurch ab, dass es mit Wasser gedichtet wird und somit einen vollkommenen, hermetischen Abschluss der Regeneratorkanäle unter sich und auch nach aussen hin gewährt.

Die für Anwendung dieses Drehventils erforderliche Anordnung der Kanäle für das Gas und die Feuergase ist aus der Fig. 72 ersichtlich, in welcher h den Gaskanal nach dem Drehventil g, und g' die Gaskanäle nach den Regeneratoren A und A', f aber den Kanal nach dem Schornstein be-

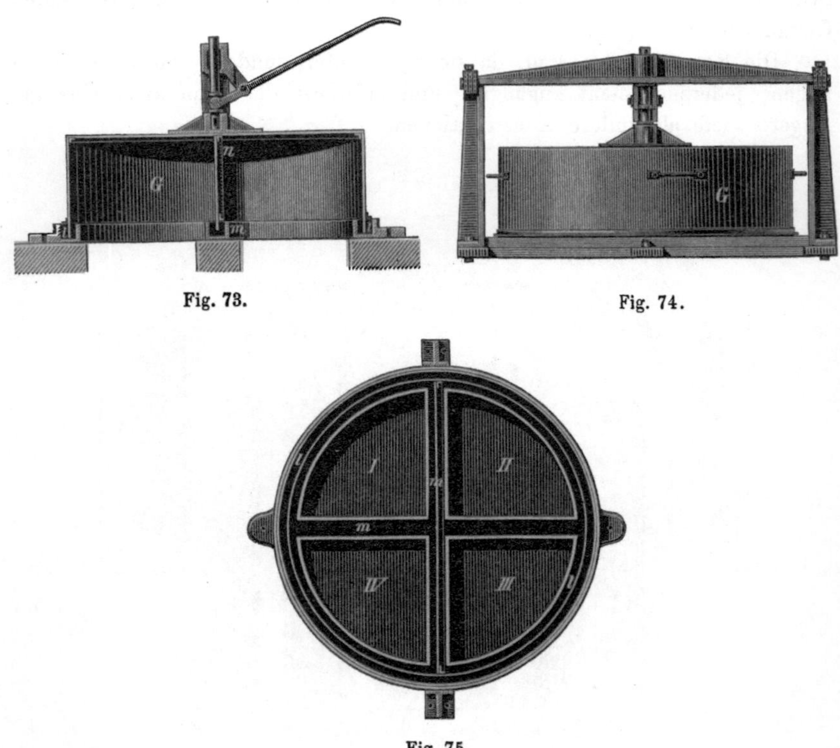

Fig. 73.   Fig. 74.

Fig. 75.

zeichnen. Diese vier Kanäle sind da, wo sie miteinander in Verbindung gebracht werden müssen, durch ein gemauertes Kreuz k von einander getrennt, so dass eine direkte Kommunikation zwischen denselben nicht stattzufinden vermag. Dies kann erst mit Hülfe des Drehventils geschehen, das auf das gemauerte Kreuz aufgesetzt wird.

Das Drehventil besteht aus zwei Haupttheilen:

1. der Glocke oder Trommel G (Fig. 73 und 74), und
2. dem Ventilkranz (Fig. 75).

Der Ventilkranz besteht aus einer ringförmigen Rinne l; der von dieser umschlossene kreisförmige Raum wird durch zwei sich kreuzende Rinnen $m\,m$ in die vier Quadranten I, II, III und IV getheilt.

Der Ventilkranz wird auf das gemauerte Kreuz k befestigt, und wird alsdann Quadrant I mit dem Gaskanal h, Quadrant II mit dem Schornsteinkanal *f*, die Quadranten III und IV aber werden mit den nach den Regeneratoren *A* und *A'* führenden Kanälen *g* und *g'* korrespondiren.

Wie aus der Fig. 73 ersichtlich, ist die Glocke *G* durch die Scheide *n* in zwei Hälften getheilt, wird nun diese Glocke so auf den Ventilkranz gestellt, dass der cylindrische Theil in die Rinne *l*, die Scheide aber in die Rinne *m* taucht, so entstehen innerhalb der Glocke zwei symmetrische, durch das Wasser der Rinnen *l* und *m* hermetisch von einander abgeschlossene Theile.

Jeder dieser beiden Theile der Glocke stellt nun eine Verbindung her zwischen dem Gasgenerator und dem einen der Gasregeneratoren einerseits, und zwischen dem Ofen und dem Schornsteinkanal *f* resp. dem Schornstein andererseits. Für die Fig. 72 ist die Stellung der Glocke derartig, dass Quadrant I mit Quadrant IV, und Quadrant II mit Quadrant III in Verbindung steht, und tritt daher das vom Generator kommende Gas bei I in die Glocke, durch diese hindurch bei IV mittels Kanal *g'* zum Regenerator *A'*, während die aus dem Regenerator A abziehenden Feuergase durch den betr. Kanal *g* bei II in das Drehventil, und von dort durch Quadrant III nach dem Schornstein abziehen. Neben dem Drehventil findet sich auch eine einfache Wechselklappe *o* bei dem Ofen angewendet, welche auf der einen Seite für den Luftregenerator *B'* atmosphärische Luft einlässt, auf der anderen Seite Feuergase aus dem Regenerator *B* in den Schornsteinkanal *f* entlässt, so dass durch das Drehventil nur Generatorgas und Verbrennungsgase, durch die Wechselklappe aber Verbrennungsgase und atmosphärische Luft passiren.

Wird das Ventil mittels seiner Hebevorrichtung gehoben und um 90° gedreht, so wird I mit II, und IV mit III in Verbindung gebracht, was zur Folge hat, dass die Gase den entgegengesetzten Weg nehmen. Wird damit zugleich auch die Wechselklappe *o* umgestellt, so ist der Flammenwechsel im Ofen erfolgt.

Dadurch, dass die Scheide *n* der Glocke nicht ganz so tief herabgeht, wie der Mantel derselben, bleibt dieser bei der Drehung noch im Wasser, während die Scheide bei der Drehung des Ventils über die kreuzförmige Rinne des Ventilkranzes hinweggleitet.

Das Drehventil wird so aufgestellt, dass es von allen Seiten zugängig ist. Das in den Rinnen allmählig verdampfende Wasser wird am besten dadurch ersetzt, dass man in dem Maasse des Abgangs Wasser aus einem Gefäss in die Rinne kontinuirlich einfliessen lässt, was mittels eines Hahnes leicht bewerkstelligt werden kann.

Die Vorzüge, welche diesem Ventil gegenüber der schwer dicht zu haltenden und leicht defekt werdenden Wechselklappe eigen sind, liegen auf der Hand. Sie bestehen in dem absolut dichten Schluss, so dass kein Gasverlust eintreten kann, und in grosser Haltbarkeit, was durch Anwendung des Ventils bei ca. 70 Ofenanlagen dokumentirt ist.

Glasschmelzofen mit Gasfeuerung und patent. Lufterhitzungsapparat.

Von C. Nehse in Blasewitz - Dresden.

Wie bei dem auf S. 197 abgebildeten und beschriebenen Brennofen für Thonwaaren dient auch bei dem älteren Glasschmelzofen von Nehse ein räumlich weit ausgedehntes System von Kanälen dazu, die Wärme der Verbrennungsgase an die für den Ofen erforderliche Verbrennungsluft zu übertragen.

Die Figuren 76 (Schnitt ab), 77 (Schnitt cd) und 78 (Schnitt cf) stellen den älteren Nehse'schen Glasschmelzofen dar, und bieten Gelegen-

Fig. 76.

heit, durch einen Vergleich mit der weiter unten zu beschreibenden neuen Konstruktion die Fortschritte zu übersehen, welche dieses Ofensystem in den letzten Jahren gemacht hat.

Das in den nahe am Schmelzraum liegenden Generatoren AA erzeugte Gas steigt in den durch Schieber oder Ventile regulirbaren Kanälen cc aufwärts, tritt aus diesen in die Schlitze ee ein und verbindet sich hier mit der auf dem Wege lm und d zuströmenden erhitzten Verbrennungsluft, so dass von zwei Seiten die Flamme in den Schmelzraum B eindringt.

Nachdem die Flamme hier ihre Wirkung gethan hat, entweichen die Verbrennungsgase durch die Oeffnung f in den Raum g, aus diesem mittels mehrerer Kanäle hh in den Fuchs i und endlich in den Schornstein.

Die Kanäle *h h* sind seitlich und nach oben hin umschlossen von den
Kanälen *l l*, in welche von aussen durch Oeffnungen *k k* atmosphärische
Luft eingelassen wird. Indem diese nun vom Ofen angezogen wird, be-
streicht sie die heissen Wandungen der Kanäle *h h* und erhitzt sich dabei
auf eine Temperatur, welche von ihrer Bewegungsschnelligkeit und von der
Wärmequantität abhängig ist, die von den Kanälen *h h* durch Leitung und
Strahlung an die Luftkanäle abgegeben wird.

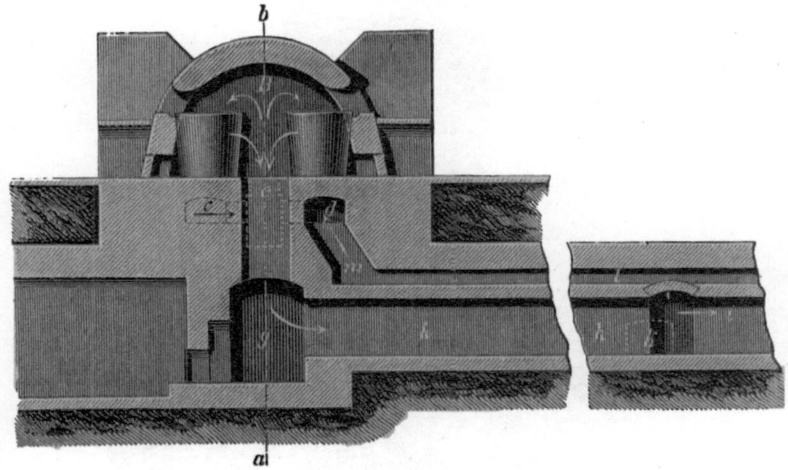

Fig. 77.

Ist es nun schon in mehr als einer Beziehung misslich, wenn zwei so
wichtige Theile einer Ofenanlage, wie Verbrennungsraum und Lufterhitzungsapparat, räumlich so weit von einander getrennt sind, wie es bei dem
Nehse'schen Ofen der Fall, so kann auch die Art, wie dieser Lufterhitzungsapparat nur funktioniren kann, als eine besonders rationelle nicht
betrachtet werden, deshalb nicht, weil bei der Anordnung der Kanäle und
der Massigkeit der Kanalmauern der Uebergang der Wärme an die Luftkanäle zu Anfang eines jeden Ofenprocesses nicht besonders effektvoll sein
kann, dies wird vielmehr immer erst dann der Fall sein können, wenn die
Verbrennungsgase bereits längere Zeit die betr. Kanäle passirt haben und
der Ofenprocess eine gewisse Höhe schon erreicht hat.

Diese unverkennbaren Mängel des Lufterhitzungsapparats sind bei der
neuen Ofenkonstruktion in sehr befriedigender Weise beseitigt worden.

Die jetzige Einrichtung des Lufterhitzungsapparats ist zunächst schon
darin eine andere, als derselbe in den Ofen selbst eingebaut ist, und die
Kanäle nicht mehr ausschliesslich nebeneinander, sondern nun auch übereinander liegen, so dass sie viel weniger Grundfläche beanspruchen. Dann

16*

ist aber auch die Form der Kanäle eine andere und ihre Einrichtung eine
solche geworden, dass sie nur aus Chamottesteinen gewöhnlicher Dimensionen ausgeführt, derart gestützt und gedichtet werden, dass alle Fugen
durch solche Steine überdeckt sind.

Fig. 78.

Die dadurch erreichte grosse Oberfläche der Kanäle gewährt bei der
dünnen Wandstärke derselben eine sehr rasche und umfangreiche Wärmeabgabe der Verbrennungsgase an die Verbrennungsluft.

Da es auch bei dieser neuen Anordnung des Ofens angängig ist, die
Generatoren dicht an denselben anzubauen, so hat Nehse noch die weitere
Verbesserung getroffen, einen Theil der aus dem Ofen abziehenden Verbrennungsgase für den Entgasungsprocess nutzbar zu machen, indem er
dieselben um den oberen Theil der Generatoren leitet, wodurch das Brennmaterial in denselben stark erhitzt wird. Es hat dies, wie des öfteren
dargelegt, zur Folge, dass die flüchtigen Bestandtheile der Brennstoffe frei
werden, und, indem sie gezwungenermassen durch die tiefer liegenden
glühenden Partieen der Generatorfüllung abziehen, eine Zersetzung erleiden,
so dass damit die andernfalls unvermeidliche Theerabsonderung in den
Gasleitungen verhindert wird. Im weiteren werden dadurch, dass in den

oberen Theilen des Generators, unabhängig von der in diesem selbst entwickelten Wärme, eine hohe Temperatur erzeugt wird, die günstigsten Bedingungen für eine vollständige Reducirung der mit den Generatorgasen übergehenden Kohlensäure geschaffen, für welche bei den Generatoren mit direkter Entgasung in den weitaus meisten Fällen die erforderliche hohe Temperatur nicht vorhanden ist. Jedenfalls wird durch diese Anordnung der Vergasungsprocess sehr viel besser durchgeführt als bei Generatoren gewöhnlicher Art, weil das Brennmaterial bereits glühend in die Vergasungszone gelangt, für die Entgasung dem Generator keine Wärme entnommen und so ein heisseres und besseres Heizgas erzeugt wird.

Fig. 79.

Die Fig. 79 (Schnitt AB), 80 (Schnitt CD) und 81 (Schnitt GK) veranschaulichen diesen verbesserten Glasschmelzofen, dessen Vergasungs- und Lufterhitzungseinrichtungen mit den entsprechenden Abänderungen auch für Brennöfen angewendet werden können.

Aus den Generatoren AA gelangen die Gase durch die Kanäle cc und die Schlitze dd in den Mischungskanal e. Die zur Verbrennung der Gase erforderliche Luft tritt bei ff in den Lufterhitzungsapparat ein, cirkulirt um die Kanäle gg, durch welche die Feuergase abziehen, und tritt durch

hh und die Schlitze ii ebenfalls in den Kanal e ein, wo sie sich mit dem Gase verbindet, um hiernach an zwei Stellen als Flamme in den Schmelzraum B einzutreten. Die Verbrennungsgase entweichen, sämmtliche Häfen

Fig. 80.

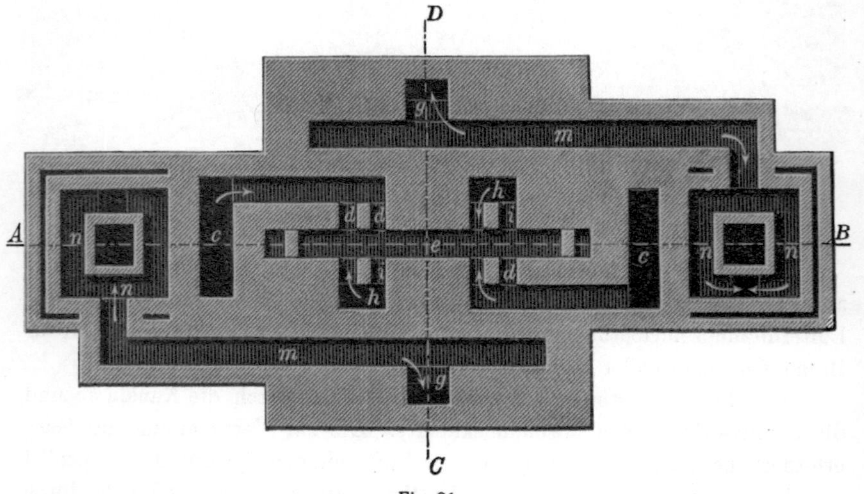

Fig. 81.

gleichmässig umspielend, durch die Kanäle *ll* in die Sammelkanäle *mm*, von wo aus ein Theil derselben dem Lufterhitzungsapparat, resp. den Kanälen *gg* desselben zugeführt, ein anderer Theil aber durch die Kanäle *nn* um den Schacht *b* der Generatoren geleitet wird. Beide Ströme vereinigen sich, nachdem sie ihren Zweck erfüllt, in dem Schornsteinkanal *o*.

Wannenöfen lassen sich mit dieser Feuerungseinrichtung in sehr einfacher Weise ausführen, indem die Flamme dann in horizontaler Richtung durch den Ofenraum geleitet wird. Der Lufterhitzungsapparat würde auch in diesem Falle seinen Platz unter dem Ofen finden, während die Generatoren dicht an die Wanne gestellt werden.

<hr>

Glasschmelzofen mit Gasfeuerung[1].

Von Theodor Kleinwächter.

Der Ofen ist, wie aus den Fig. 82 (Schnitt *ab*) und 83 (Schnitt *cd*) ersichtlich, bezüglich des Lufterhitzungsapparates der älteren Nehse'schen Konstruktion sehr ähnlich und hat dieserhalb auch jene Uebelstände zu eigen, welche an dem Nehse'schen Ofen hervorgehoben wurden.

Fig. 82.

Die Verbindung zwischen Ofen und den ausserhalb desselben belegenen Generatoren wird durch den Gaskanal *a* hergestellt, der sich nahe dem Ofen in zwei Kanäle theilt. Durch diese Kanäle wird das Gas in den

<hr>

[1] **Sprechsaal** 1875. No. 27.

Unterbau des Schmelzraumes geleitet und trifft, indem es dieselben verlässt, mit der durch die Kanäle *dd* eintretenden heissen Verbrennungsluft
zusammen, so dass sich bereits in *mm* die Verbrennung einleitet. Die sich
hier bildende Flamme dringt alsdann in aufsteigender Richtung durch die

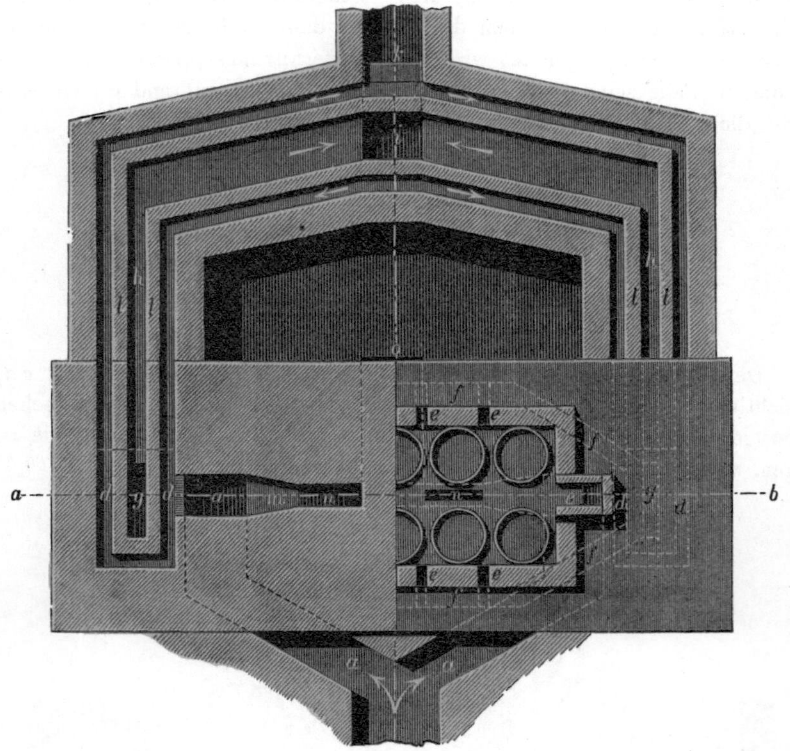

Fig. 83.

Füchse *nn* in den Schmelzraum *b*, von wo ab die Verbrennungsgase mittels
der zwischen je zwei Häfen liegenden Abzugsöffnungen *ee* in die Sammelkanäle *ff* und aus diesen durch *g*, *h* bei *i* in den Schornsteinkanal *k* entweichen.

In der Nähe des Schornsteinkanals *i* tritt durch regulirbare Oeffnungen
die Verbrennungsluft in die Kanäle *dd* ein, die von den Kanälen *hh* durch
Mauern *ll* getrennt sind, welche die Wärme der Verbrennungsgase an die
dd passirende Luft übertragen, die bei *cc* in den Verbrennungsraum tritt.

Das aus dem Schmelzraume durch die Füchse *nn* abfliessende Heerdglas sammelt sich in der oberhalb von der Gasflamme bestrichenen Vertiefung *o*, in welcher das Glas während der Schmelze flüssig erhalten wird.

Da die Seitenwände der Füchse geschlossene Flächen bilden, so kann eine eigentliche Betriebsstörung durch Beschädigung derselben nicht in dem Maasse eintreten, wie es bei solchen Oefen der Fall sein möchte, deren Konstruktion die Anordnung der Gas- und Luftschlitze in den Füchsen selbst bedingt.

Kontinuirlicher Wannenofen mit regenerativer Gasfeuerung.

Von Friedrich Siemens in Dresden.

Beim Schmelzen des Glases erfolgt die Veränderung des Aggregatzustandes, das Flüssigwerden des Glassatzes, stets zunächst in den der Hitze zumeist ausgesetzten Theilen des Schmelzgefässes, bedingtermassen also im oberen offenen Theile desselben. Je grösser daher dessen Umfang und in Folge dessen die der direkten Einwirkung der Hitze ausgesetzte Oberfläche des zu schmelzenden Glases ist und je niedriger die Schmelzgefässe sind, desto rascher und vortheilhafter wird die Schmelze von statten gehen.

Die Beschleunigung der Schmelze ist aber nicht blos ökonomisch wichtig, durch sie wird auch die Schönheit des resultirenden Produkts im hohen Grade befördert, Gründe genug für das Bestreben, ein geeignetes Schmelzgefäss auffindig zu machen, welches geeignet war, diesen Gesichtspunkten Rechnung zu tragen.

Diese Erwägungen und die Thatsache, dass das specifische Gewicht des schmelzenden Glases sich mit den fortschreitenden Stadien des Schmelzprocesses erhöht, dass also das geschmolzene Glas in dem Schmelzgefässe untersinkt, während das in der Schmelze begriffene specifisch leichtere an die Oberfläche steigt, veranlassten Friedrich Siemens, einen besonderen, dieser Erscheinung angemessen funktionirenden Schmelzhafen zu konstruiren, der von F. Steinmann ausführlich beschrieben worden ist[1]), der hier aber nur deshalb erwähnt wird, weil er die unmittelbare Veranlassung für die Erfindung des kontinuirlichen Wannenofens gewesen ist, den die Figuren 84—86 darstellen. Beiläufig bemerkt, hatten schon vor Siemens Donzel und nach diesem Chance nach eben derselben Richtung Versuche gemacht, ohne damit besondere Erfolge erzielt zu haben.

Der Siemens'sche Wannenofen resp. der Schmelzraum desselben besteht analog dem eben erwähnten Hafen aus dem Schmelzraume A, dem Läuterungsraume B und dem Arbeitsraume C. Unter dem Schmelzraume A befinden sich die doppelpaarigen Generatoren, von denen nur D und D' in der Zeichnung (Fig. 84) sichtbar sind; diese stehen durch vier Kanäle EE, deren je zwei an jeder Langseite des Ofens liegen, und durch eine Anzahl

---

[1]) Kompendium S. 69 f.

von Schlitzen *hh* mit dem Schmelz- und Läuterungsraume in Verbindung.
Durch die Schlitze *hh* dringen aus den Regeneratoren die darin erhitzten
Substanzen Gas und Luft gesondert in den Ofen, wo die Entzündung sofort
eintritt. Die stets nur auf einer Seite sich entwickelnde Flamme nimmt

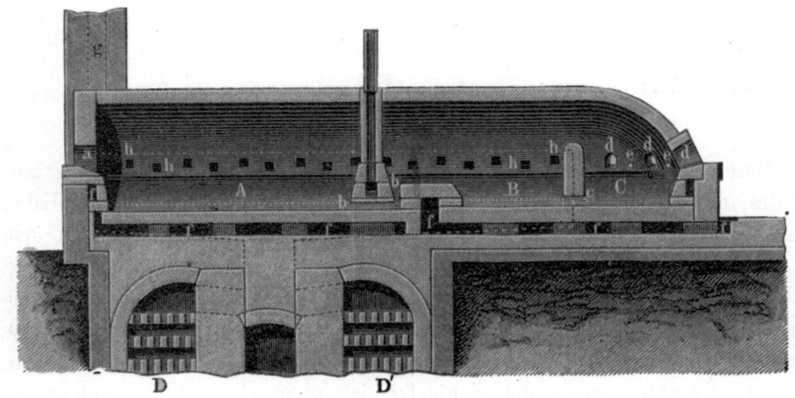

Fig. 84.

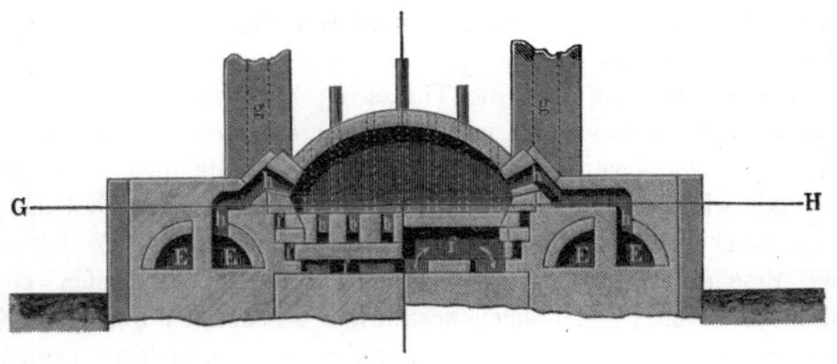

Fig. 85.

ihre Richtung nach den gegenüber liegenden Schlitzen *hh*, resp. nach den
damit in Verbindung stehenden Kanälen *EE*, und gelangt durch diese in
die zugehörigen Regeneratoren, aus welchen die Verbrennungsgase in den
Schornstein entweichen. Durch die tiefe Lage der Gas- und Luftdüsen
wird die Flamme gezwungen, unmittelbar den Spiegel des Schmelz- und
Läuterungsraumes zu bestreichen, so dass das Schmelzen des Glases, das
den Schmelzraum *A* etwa 40 cm hoch anfüllt, nur an der Oberfläche
erfolgt.

Um der schnellen Zerstörung der Wanne durch die Hitze vorzubeugen,
werden der Boden und die Seiten derselben fortwährend durch atmo-

sphärische Luft gekühlt, welche in den Kanälen ff cirkulirt, sich hier stark erwärmt, daher specifisch leichter wird, und dann in den Ventilationskaminen gg aufsteigt, wodurch fortwährend kalte Luft nachgezogen wird.

Das zu schmelzende Glasgemenge wird durch die Oeffnung a in den Schmelzraum A eingebracht; nachdem es hier geschmolzen, sinkt es aus

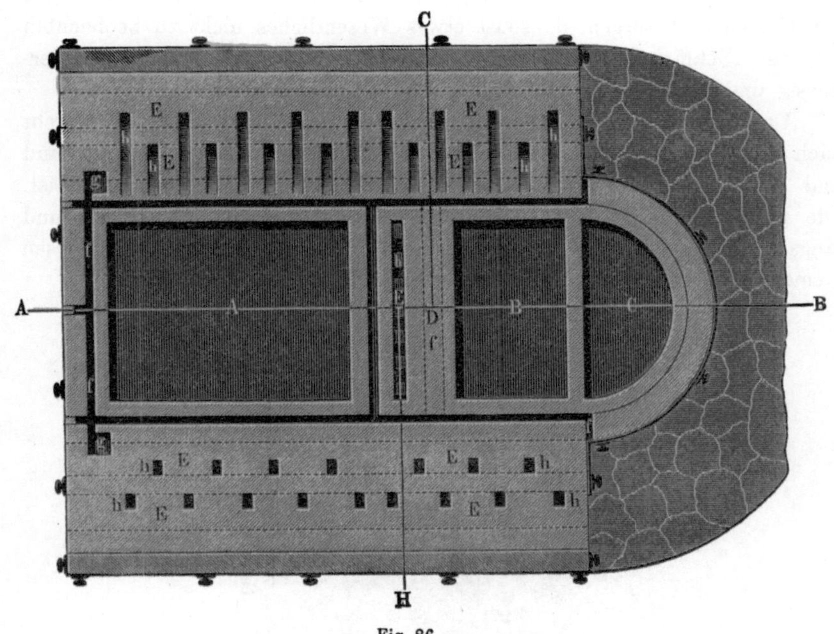

Fig. 86.

oben erwähnten Gründen zu Boden und fliesst durch die Oeffnung bb der Scheidewand, welche A von B trennt, in den Läuterungsraum, wobei es die dicht hinter der Scheidewand liegende Brücke zu passiren hat, welche dazu dient, das Glas zum Läutern an die heisse Oberfläche zu bringen. In B sinkt das unter Einwirkung der starken Hitze vollständig geläuterte Glas wieder zu Boden und dringt nun, vollkommen ausarbeitungsfertig geworden, durch Oeffnungen c der B und C trennenden Zwischenwand in den Arbeitsraum, der mit den Arbeitslöchern dd versehen ist, durch welche das Glas ausgearbeitet wird. Die neben den Arbeitslöchern vorhandenen kleinen Oeffnungen sind für das Vorwärmen der Pfeifen bestimmt.

Die Vorzüge des Siemens'schen Wannenofen sind nach F. Steinmann folgende:

1. Der Ofen gestattet eine Betriebsführung wie jedes andere Fabrikationsverfahren, d. h. es wird mit demselben täglich eine Schicht gemacht und werden 3750—4000 k Glas verarbeitet.

2. Der Umstand, dass das Schmelzfeuer ununterbrochen auch der Arbeit zu gute kommt, bietet ausser der Ersparniss an Brennmaterial, welche Regenerativöfen überhaupt gewähren, hier eine weitere Ersparniss von ca. 50 pCt. in Folge des Umstandes, dass der Wannenofen die doppelte Produktionsfähigkeit eines gewöhnlichen Hafenofens besitzt.

3. Der Siemens'sche Wannenofen ist ein selbstthätiger Ofen im eigentlichen Sinne des Wortes. Jeder gewöhnliche Arbeiter kann das Einlegen des Gemenges besorgen, da sonst etwas Wesentliches nicht zu beobachten ist; der „Schmelzer" in der eigentlichen Bedeutung des Wortes ist überflüssig und werden damit an Arbeitslohn 60 pCt. erspart etc.

Das Material, aus welchem die Schmelzwanne hergestellt ist, besteht nach Angaben Steinmann's aus einem Gemenge von stark geglühtem Sand und gut gebranntem Thon, welches mit ¼ rohem Thon verbunden ist. Die ganze Masse muss tüchtig getreten, sehr sorgfältig verarbeitet und langsam getrocknet werden. Je grössere Dimensionen man den aus diesen Gemengen gemachten Steinen geben kann, desto besser ist es.

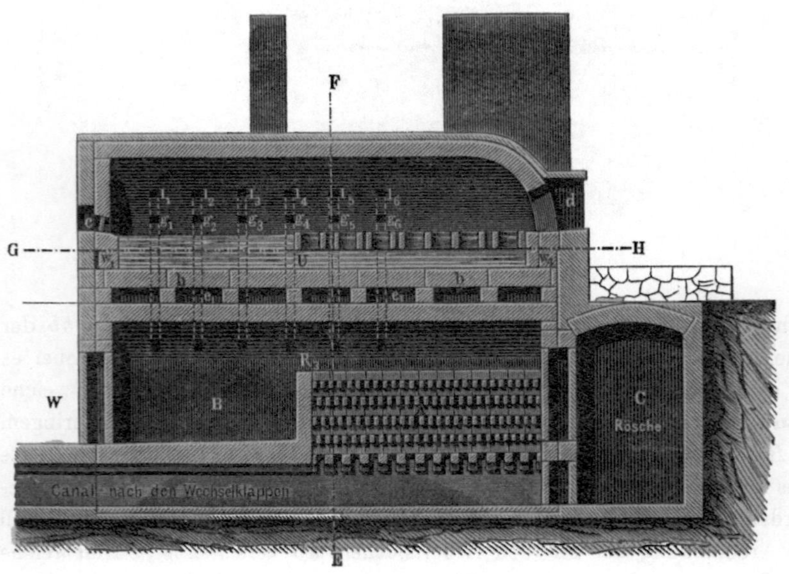

Fig. 87.

Der Wannenofen hat neuerdings ganz wesentliche Veränderungen und Verbesserungen erfahren, die in dem Siemens'schen Patent vom 18. Oktbr. 1877 zusammengefasst sind. Dieser verbesserte Wannenofen ist in den Figuren 87 (Schnitt nach $ABCD$), 88 (Schnitt EF), 89 (Schnitt GH)

dargestellt. Die Verbesserungen gipfeln nach Steinmann[1]), von dem die nachstehende Beschreibung herrührt, in der veränderten Einrichtung und Anordnung der Regeneratoren und der Wanne selbst.

Abweichend von der früheren, oben dargelegten Konstruktion liegen, wie aus den Zeichnungen ersichtlich, die vier Regeneratoren $R_1 R_2 R_3 R_4$

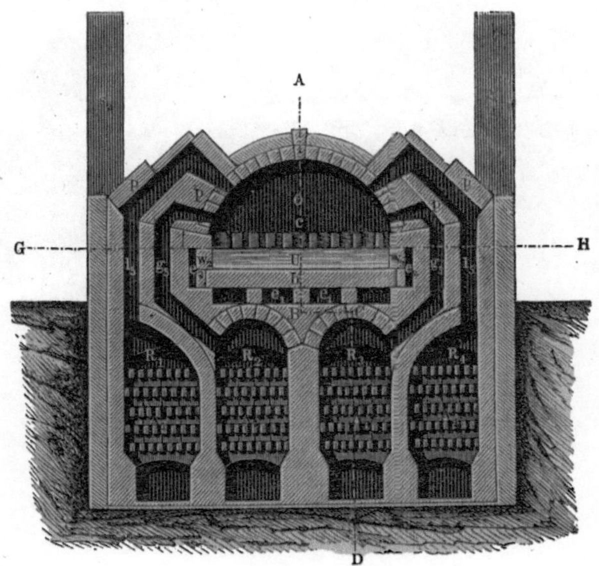

Fig. 88.

dicht nebeneinander, auch nehmen sie die ganze Breite des Ofens ein. Es bildet sonach der gesammte Ofen ein zusammenhängendes Ganze, und ist auch infolge dessen die Möglichkeit der Abkühlung desselben durch Strahlung und Leitung eine viel geringere als früher.

Wie Fig. 87 zeigt, ist der grössere Theil A der Regeneratoren mit Chamotteziegeln ausgesetzt, während die kleineren, der Einlegestelle des Ofens zunächst liegenden Theile B davon befreit sind. Diese letzteren vertreten die Stelle der „Taschen", sie sind von den eigentlichen Regeneratoren A durch eine Wand getrennt und dienen zur Aufnahme des mechanisch fortgerissenen Gemenges.

Es leuchtet sofort ein, dass durch diese Anordnung die Dauerhaftigkeit der Regeneratoren wesentlich erhöht wird, weil sie von jener strengflüssigen Glasmasse des übergerissenen Gemenges stets befreit bleiben, auch sind

---

[1]) Bericht über die neuesten Fortschritte auf dem Gebiete der Gasfeuerungen Berlin, 1879. S. 1 f.

beide Theile der Regeneratoren mit Leichtigkeit zu reinigen, ohne besondere Gruben anzulegen, denn AA sind von der Rösche C, BB aber von den Wechselklappen-Kammern W aus leicht zugängig.

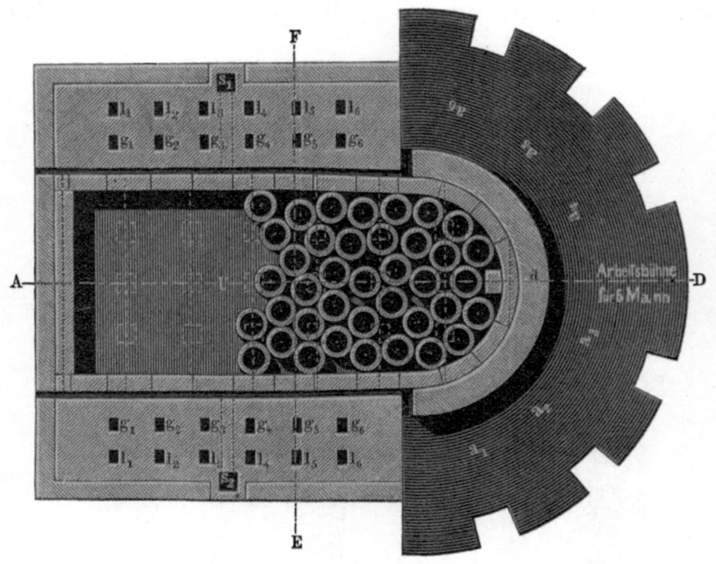

Fig. 89.

Der zweite Theil der veränderten Konstruktion betrifft den Oberofen oder die Wanne selbst.

Während nämlich die ältere Wanne durch Zwischenwände in verschiedene Räume getrennt war, bildet die gegenwärtige ein Ganzes. In dem unteren Theile U derselben befindet sich das Glas in den verschiedenen Stadien der Schmelzung, und es schwimmen an dem den Arbeitsstellen $a_1 \, a_2 \, a_3 \ldots$ zugewendeten Ende des Ofens, je nach der Grösse des letzteren, eine Anzahl Ringe, während die Gasflamme, den Raum O erfüllend, die Schmelzung der nur flach stehenden Glasmasse bewirkt.

Die Luftkanäle $e_1 \, e_2 \, e_3$ in Verbindung mit den kleinen Schornsteinen s_1 und s_2 konserviren das anliegende Mauerwerk gegen die Einwirkung der Hitze und die zersetzende Wirkung des Glases, und verhindern zugleich dessen Eindringen in die Regeneratoren.

Durch die schon oben erwähnte physikalische Thatsache, dass das specifische Gewicht des Glases mit der fortschreitenden Schmelzung steigt, erklärt sich nun folgender Vorgang.

Das bei c eingelegte Gemenge sinkt mehr und mehr zu Boden und verdrängt dadurch eine andere Partie Glas, welche durch die Bodenkühlung

steifer und damit specifisch leichter geworden ist, nach oben, diese wird
also aufs neue der direkten Einwirkung der Flamme ausgesetzt, dadurch
specifisch schwerer und sinkt wiederum zu Boden. Dieses sich unaufhörlich
wiederholende Manöver in Verbindung mit dem beim Ausarbeiten des Glases
auftretenden hydrostatischen Druck in der Richtung nach den Arbeitsstellen a
hin ruft eine schlängelnde Bewegung der Glasmasse hervor, und diese
Bewegung drängt die Ringe an die Arbeitsstellen dergestalt dicht aneinander,
dass noch nicht völlig durchgeschmolzene Masse von den Arbeitsstellen
gänzlich abgesperrt wird. Die noch nicht gehörig durchgeschmolzenen
Glasmassetheilchen werden also an oder in den mittleren Ringen je nach
fortgeschrittener Schmelzung aufgehalten, durch die Einwirkung der Hitze
durchgeschmolzen, sinken sie alsdann zu Boden und verdrängen eine andere
specifisch leichtere Partie der Glasmasse nach oben in die nächstliegenden
Ringe, worauf das Spiel von Neuem beginnt.

Dieses Spiel des Auf- und Niedersteigens und kontinuirlichen Fort-
schreitens verursacht ein jedesmaliges Durchschmelzen des Glases, bis dasselbe vollkommen geläutert zur Bearbeitung gelangt, und da die Ringe
tief eintauchen, so muss das Glas immer ziemlich bis zum Boden unter-
tauchen, wodurch Stagnation und daraus entstehende Entglasung vermieden
wird.

Wie ferner aus den Zeichnungen ersichtlich, streicht die Flamme
quer durch den Ofen, Gas und Luft treten getrennt durch übereinander-
liegende Kanäle g_1 g_2 g_3 . . . . und l_1 l_2 l_3 . . . . ein, und an der gegenüberliegenden Seite verlassen die Verbrennungsprodukte den Heerd durch die
mit jenen korrespondirenden Kanäle, um durch die Regeneratoren endlich
nach dem Schornstein zu gelangen.

Durch die Anordnung dieser Kanäle g und l erhält das Glas im freien
Raum der Wanne vor den Ringen, den man mit dem Schmelzraume der
älteren Konstruktion vergleichen könnte, die grösste Hitze, während sich
in dem übrigen Theile des Ofens nach den Arbeitsstellen zu die Zahl der
Kanäle verringert und somit die Hitze abnimmt.

Zur Regulirung der Hitze in dem vordersten Theile der Wanne bei
den Arbeitsstellen benutzt man den Schornsteinzug, und ist jeder Theil
der Wanne von den Luft- und Gaskanälen aus durch die nach aussen ab-
schliessenden Chamotteplatten p zugänglich. Um die abgenutzten Ringe,
besonders die, aus welchen geblasen wird, erneuern zu können, ist es
nöthig, alle Ringe um den Raum, den die neuen einnehmen, zurückzu-
schieben, und um dies zu erleichtern, ist der durch die Ringe bedeckte
Theil der Wanne konisch angelegt. Die neuen Ringe werden bei d ein-
getragen, woselbst sie zum Antempern schon vorher aufgestellt werden
können.

Die Vortheile dieser verbesserten Ofenkonstruktion gegenüber der
älteren resumiren sich in Folgendem:

1. in der Vergrösserung der Arbeitsleistung des Ofens,
2. in der längeren Haltbarkeit desselben,
3. in der vollkommenen Regelmässigkeit des Betriebes.

Da ferner die bei der älteren Konstruktion vorhandenen, ziemlich starken Zwischenwände wegfallen, so kann man in einem verhältnissmässig viel kleineren Ofen dasselbe Quantum schmelzen. Es ist somit die Arbeitsleistung des Wannenofens erhöht.

Endlich ist auch seine Dauerbarkeit dadurch vergrössert, dass sich die Regeneratoren rein halten, also ein Aufreissen derselben nicht mehr stattfindet; auch fallen die häufig stattgehabten Reparaturen an den Zwischenwänden fort und sind in Folge dessen Betriebsstörungen gegen sonst weit seltener. Als den eigentlichen bedeutendsten Vortheil dieser verbesserten Konstruktion aber giebt F. Siemens selbst die weit grössere Lauterkeit des Glases an, welche mit diesem Wannenofen erzielt wird, eine Folge des so häufigen Auf - und Niedersteigens der Glasmasse in und zwischen den Ringen und des dadurch bedingten wiederholten Durchschmelzen desselben.

Universal-Schmelzofen mit Gasfeuerung[1].

Von Friedr. Siemens in Dresden.

Während bei dem Wannenofen die Trennung des Schmelzraumes in mehreren Abtheilungen erforderlich ist, welche den verschiedenen Stadien des Schmelzprocesses und den dafür nöthigen Temperaturabstufungen entsprechen, sind für den Universal-Schmelzofen derartige Abtheilungen nicht mehr erforderlich; derselbe ist in seiner Einrichtung der eines gewöhnlichen nicht-kontinuirlichen Wannenofens nicht nur sehr ähnlich, sondern nähert sich sogar in mancher Beziehung der der Hafenöfen, da bei mannigfacher äusserer Form, rund, quadratisch, oval etc. sich verschiedene Glassorten gleichzeitig verarbeiten lassen. Während jedoch bei jenen Oefen erst geschmolzen und dann ausgearbeitet wird, finden beim Universal-Schmelzofen beide Arbeitsprocesse gleichzeitig nebeneinander statt.

Die Figuren 90 (Schnitt $ABCD$), 91 (Schnitt EF) und 92 (Schnitt $GHIK$) veranschaulichen den auf der Siemens'schen Glasfabrik zu Ellbogen i. B. ausgeführten Ofen, und lassen erstere erkennen, dass der Unterbau desselben den Einrichtungen eines gewöhnlichen Siemens-Regenerativ-Ofens entspricht.

Auf diesem Unterbau erhebt sich der eigentliche Wannenofen, der anscheinend sich von den bisher bekannten, vielfach ausgeführten paten-

---

tirten Einrichtungen nicht wesentlich unterscheidet, jedoch wird man sofort
finden, dass die Wanne durch gekühlte Brücken oder Halbscheidewände
kreuzweise in vier Abtheilungen getheilt ist, welche je nach Bedürfniss
vermehrt oder vermindert werden können.

Fig. 90.

Fig. 91.

Die Thatsache, dass überhaupt in der Wanne mehrere Glassorten gleichzeitig geschmolzen und ausgearbeitet werden können, betrachtet Siemens bei
diesem Ofen als nichts wesentlich Neues, da er selbst schon seit längerer
Zeit die Zwischenwände dazu benutzt hat, zwei Glassorten in der Wanne
zu schmelzen; allein wie die Erfahrungen auf der Dresdener Glasfabrik
Friedr. Siemens gezeigt haben, wurde hierdurch kein rechter Erfolg erzielt,

denn die durch die ebengenannte Verwendung der Zwischenwände erhaltenen
Vortheile gingen wieder durch die häufigen Reparaturen an denselben ver-
loren. Ein wirklich praktischer Erfolg war daher nicht zu verzeichnen.
Jahrelange aufmerksame Beobachtung und Versuche gehörten dazu, um die

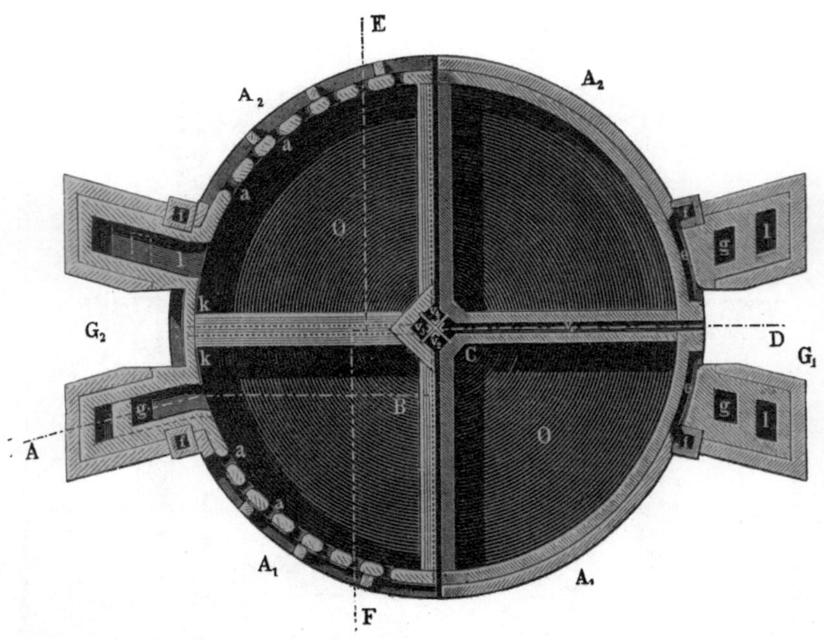

Fig. 92.

Gründe dieser unverhältnissmässig raschen Abnutzung klar zu legen. Selbst
mit Hintansetzung des pekuniären Interesses seiner Hütten sind von
Friedr. Siemens diese Versuche durchgeführt worden und ist es ihm auch
gelungen, eine längere Haltbarkeit dieser Zwischenwände zu erzielen durch
die Erfindung der gekühlten Brücken. Siemens fand den Grund der geringen Haltbarkeit vollständiger, wenn auch gekühlter Scheidewände darin,
dass das Niveau des Glases auf beiden Seiten derselben nicht immer gleich
hoch ist. Infolge des hierdurch entstehenden hydraulischen Druckes, durch
das zeitweise Entblösstsein eines Theiles dieser Wände auf der einen oder
anderen Seite und der gleichzeitigen intensiveren Einwirkung der Flamme
werden diese Zwischenwände verhältnissmässig rascher zerstört. Die von
Siemens erfundenen Brücken nun gestatten eine freie Cirkulation des Glases
am Boden der Wanne von einer Abtheilung zur andern, sodass infolge des
hydrostatischen Druckes das Glas auf beiden Seiten der Zwischenwand

stets gleich hoch stehen muss, daher nur darauf zu achten ist, dass durch rechtzeitiges Nachlegen von Gemenge ein Sinken des Glasspiegels überhaupt verhindert wird.

Wie Siemens selber sagt, könnte zwar bei Anwendung der Brücken der Fall eintreten, dass durch grobe Nachlässigkeit in Bezug auf das Nachlegen von Gemenge, Glas aus der einen in die andere Abtheilung hinüber trete. Da aber das Glas am Boden der Wanne zähflüssig ist infolge der Abkühlung daselbst, so wird, wenn auch ein derartiges Hinübertreten von Glas stattgefunden hat, doch nimmermehr eine innige Mischung der verschiedenen Glassorten stattfinden können. Da die Wanne entsprechend dem Schiffchenbetrieb verhältnissmässig sehr tief ist, so ist es auch vollkommen unmöglich, dass ein derartiges Gemisch in die Schiffchen eintreten und zur Raffinirung und Verarbeitung gelangen kann. Dies wird um so weniger der Fall sein, weil durch Nachlegen von Gemenge in die sich im Rückstand befindliche Abtheilung sofort der Rücktritt des Glases herbeigeführt werden wird. Dass aber dem so ist, haben die Beobachtungen und Resultate an dem neuen Ofen bestätigt.

Die den Unterbau bildenden Regeneratoren R, zwischen denen sich das Zugangsgewölbe T befindet, stehen mit ihren oberen Enden mit den Seitenkanälen s' durch s in Verbindung. Durch die hakenförmigen Kanäle gg ll gelangen Gas und Luft von $s's'$ aus nach dem Ofen O. Die Betriebsführung und Wirkungsweise der Regeneratoren nebst Wechselventilen etc. ist als bekannt vorauszusetzen.

Wie aus der Zeichnung ersichtlich, ist für die Ofenkammer die runde Form gewählt worden.

Die ihrer Funktion nach oben beschriebenen sogenannten Brücken Z_1 bis Z_4 bilden ein rechtwinkliges Kreuz, so dass vier Abtheilungen für vier verschiedene Glassorten entstehen. Die Kühlungen $v_1 - v_4$ dieser vier Brücken laufen in dem gemeinsamen Ventilationsschornstein V zusammen, der durch das Ofengewölbe hindurch geführt ist und in allen vier Brücken gleichzeitig die nöthige Ventilation durch Einsaugen kalter Luft unterhält. Der untere Theil dieses Schachtes ist durch einen eisernen Fächer ca. 1 m hoch derartig getheilt, dass die Ventilation jeder einzelnen Brücke bis über das Glasniveau getrennt von den übrigen gehalten wird und von da ab erst gemeinschaftlich weiter geht. Diese Separirung ist nothwendig, einestheils, damit nicht gegenseitige Störungen in der Ventilation der einzelnen Brücken eintreten, andertheils damit, wenn eine Brücke defekt werden (welche Möglichkeit nie ausgeschlossen bleibt) und das Glas in die Kühlung eintreten sollte, trotzdem die Ventilation in den übrigen Brücken ungestört erhalten bleibt. In dieser lebhaften Ventilation besteht bekanntlich das beste Mittel, um eine vergrösserte Widerstandsfähigkeit gegen die Einwirkung der Hitze und des flüssigen Glases zu erzielen. Analog den älteren Konstruktionen sind Boden und Seitenwände der Wanne, soweit diese an anderes Mauerwerk angrenzen, mit derartigen Luftkühlungen *ee* umgeben, welche in die vier kleinen Schornsteine *f* einmünden. Entsprechend der Theilung der Wanne selbst ist die Bodenkühlung ebenfalls in vier Theile getrennt und durch den betr. Schornstein ventilirt, so dass bei einem etwaigen Defektwerden eines dieser vier Abtheilungen, z. B. im Boden, die übrigen drei nicht in Mitleidenschaft gezogen werden. Diese Konstruktion der getrennten Kühlungen entsprechend den einzelnen Abtheilungen des Ofens ist als vollkommen neu zu bezeichnen.

Zurückkommend auf die Brücken, so sei noch hinzugefügt, dass die Ventilationskanäle *v* derselben nach unten hin durch grosse entsprechend geformte Steine abgeschlossen sind, welche auf einer Anzahl kleiner Pfeiler aufliegen, zwischen denen die oben besprochenen, je nach Erforderniss verschieden grossen Passagen zur freien Cirkulation des Glases von einer Abtheilung in die andere entstehen.

Wie aus dem Grundriss, Schnitt $GHIK$, zu ersehen, sind an jeder Ofenabtheilung 7 Arbeitslöcher, also zusammen 28.

Vor jeder dieser Arbeitsöffnungen schwimmt in der halbgeschmolzenen Glasmasse ein Raffinirschiffchen (Patent Siemens), mit Hülfe dessen eine kontinuirliche Arbeit überhaupt nur möglich wird.

Zwischen den beiden einander gegenüberliegenden Gruppen der Kanäle *g* und *l* ist auf jeder Seite ein Raum G_1 und G_2 freigelassen, welcher mit den Gemengräumen in Verbindung steht. Hier befinden sich die Einlege-Oeffnungen *kk* entsprechend den vier Abtheilungen im Ofen. Durch diese Anordnung ist die Einlegestelle räumlich vollkommen von den Arbeitsstellen geschieden, so dass die Arbeit der Glasmacher durch das periodische Einlegen des Gemenges nicht im Geringsten gestört wird, was bei kontinuirlichen Oefen von nicht genug zu schätzendem Vortheil ist. Um diesen nicht zu verlieren, erscheint es auch als durchaus praktisch, nicht mehr als vier Abtheilungen zu machen, weil man bei mehr als vier Abtheilungen die äussere räumliche Trennung der Einlegestelle von den Arbeitsplätzen fallen lassen und bei den überzähligen Abtheilungen direkt durch die Arbeitsöffnung einlegen müsste, welche Anordnung aber mit sehr viel Störungen und Unzuträglichkeiten verbunden ist.

Die 28 Arbeitsplätze des Ofens sind je mit einem Meister und Motzer besetzt. An denselben wird in zwei zwölfstündigen Schichten, die 20 wirkliche Arbeitsstunden p. Tag repräsentiren, kontinuirlich gearbeitet. Da nun per Arbeitsloch im Durchschnitt per Stunde 50 Flaschen gefertigt werden können, so ergiebt sich per Tag eine Leistung von $50 \times 20 \times 28 = 28000$ St. Flaschen, hiervon ab für Bruch etc. etc. rund 3000 St. Flaschen, bleibt per Tag rund 25000 Flaschen, also per Monat ca. $^3/_4$ Millionen. Eine Leistung, wie sie bisher in der Glastechnik mit einem Ofen noch nicht erzielt worden und welche in jeder Beziehung bewunderungswürdig ist. Als Brennmaterial dient böhmische Braunkohle mittlerer Qualität, welche für den Schmelzofen in einem grossen Gaserzeuger mit doppeltseitigen Treppen und einem Planrost vergast wird.

Das zur Heizung der Kühlöfen nöthige Gas wird in zwei kleinen Gaserzeugern mit Planrost erzeugt.

Der Konsum an Kohlen beläuft sich p. Tag für den Schmelzofen auf 15000—18000 k, für die Kühlöfen auf ca. 2000 k.

Sachregister.